国家电网
STATE GRID

国家电网公司
生产技能人员职业能力培训专用教材

装表接电

国家电网公司人力资源部　组编

张　冰 主编

中国电力出版社
CHINA ELECTRIC POWER PRESS

内 容 提 要

《国家电网公司生产技能人员职业能力培训教材》是按照国家电网公司生产技能人员模块化培训课程体系的要求，依据《国家电网公司生产技能人员职业能力培训规范》（简称《培训规范》），结合生产实际编写而成。

本套教材作为《培训规范》的配套教材，共72册。本册为专用教材部分的《装表接电》，全书共7个部分21章45个模块，主要内容包括登高工具的使用与维护，仪器仪表的使用与维护，电能计量装置施工，电能计量装置的检查与处理，低压接户线、进户线及配套设备安装，电能表、互感器现场检验和营销业务应用。

本书可作为供电企业装表接电工作人员的培训教学用书，也可作为电力职业院校教学参考书。

图书在版编目（CIP）数据

装表接电/国家电网公司人力资源部组编. —北京：中国电力出版社，2010.11（2022.9重印）
国家电网公司生产技能人员职业能力培训专用教材
ISBN 978-7-5123-0974-6

Ⅰ. ①装…　Ⅱ. ①国…　Ⅲ. ①电工–安装–技术培训–教材
Ⅳ. ①TM05

中国版本图书馆 CIP 数据核字（2010）第 201638 号

中国电力出版社出版、发行
（北京市东城区北京站西街 19 号　100005　http://www.cepp.sgcc.com.cn）
北京雁林吉兆印刷有限公司印刷
各地新华书店经售

*

2010 年 11 月第一版　　2022 年 9 月北京第十次印刷
880 毫米×1230 毫米　16 开本　14.25 印张　434 千字
印数 37001—37500 册　　定价 **52.00** 元

前　言

　　为大力实施"人才强企"战略，加快培养高素质技能人才队伍，国家电网公司按照"集团化运作、集约化发展、精益化管理、标准化建设"的工作要求，充分发挥集团化优势，组织公司系统一大批优秀管理、技术、技能和培训教学专家，历时两年多，按照统一标准，开发了覆盖电网企业输电、变电、配电、营销、调度等34个职业种类的生产技能人员系列培训教材，形成了国内首套面向供电企业一线生产人员的模块化培训教材体系。

　　本套培训教材以《国家电网公司生产技能人员职业能力培训规范》（Q/GDW 232—2008）为依据，在编写原则上，突出以岗位能力为核心；在内容定位上，遵循"知识够用、为技能服务"的原则，突出针对性和实用性，并涵盖了电力行业最新的政策、标准、规程、规定及新设备、新技术、新知识、新工艺；在写作方式上，做到深入浅出，避免烦琐的理论推导和验证；在编写模式上，采用模块化结构，便于灵活施教。

　　本套培训教材涵盖34个职业的通用教材和专用教材，共72个分册、5018个模块，每个培训模块均配有详细的模块描述，对该模块的培训目标、内容、方式及考核要求进行了说明。其中：通用教材涵盖了供电企业多个职业种类共同使用的基础、专业基础、基本技能及职业素养等知识，包括《电工基础》、《电力安全生产及防护》等38个分册、1705个模块，主要作为供电企业员工全面系统学习基础理论和基本技能的自学教材；专用教材涵盖了单一职业种类专用的所有专业知识和专业技能，按照供电企业生产模式分职业单独成册，每个职业分为Ⅰ、Ⅱ、Ⅲ等3个级别，包括《变电检修》、《继电保护》等34个分册、3313个模块，可以分别作为供电企业生产一线辅助作业人员、熟练作业人员和高级作业人员的岗位技能培训教材，也可作为电力职业院校的教学参考书。

　　本套培训教材的出版是贯彻落实国家人才队伍建设总体战略，充分发挥企业培养高技能人才主体作用的重要举措，是加快推进国家电网公司发展方式和电网发展方式转变的迫切要求，也是有效开展电网企业教育培训和人才培养工作的重要基础，必将对改进生产技能人员培训模式，推进培训工作由理论灌输向能力培养转型，提高培训的针对性和有效性，全面提升员工队伍素质，保证电网安全稳定运行、支撑和促进国家电网公司可持续发展起到积极的推动作用。

　　本套教材共72个分册，本册为专用教材部分的《装表接电》。

　　本书中第一部分登高工具的使用与维护，由江苏省电力公司周长华编写；第二部分仪器仪表的使用与维护，由四川省电力公司张冰、黄晓青编写；第三部分电能计量装置施工，由湖南省电力公司黄辉、四川省电力公司谭开斌编写；第四部分电能计量装置的检查与处理，由陕西省电力公司刘晓莉编写；第五部分低压接户线、进户线及配套设备安装，由四川省电力公司谭开斌编写；第六部分电能表、互感器现场检验，由华北电网有限公司李明图编写；第七部分营销业务应用，由四川省电力公司黄晓青编写。全书由四川省电力公司张冰担任主编。河北省电力公司高永利担任主审，国家电网公司营销部葛得辉、河北省电力公司王卫民、杨顺尧参审。

　　由于编写时间仓促，本套教材难免存在疏漏之处，恳请各位专家和读者提出宝贵意见，使之不断完善。

目　录

第七部分　营销业务应用

第一部分

登高工具的使用与维护

第一章　登高工具的使用

模块1　登高工具和安全工具正确使用方法（ZY2400101001）

【模块描述】本模块包含登高工具和安全工具用途、使用方法及注意事项。通过操作技能训练，熟练掌握和规范使用与本岗有关的登高工具和安全工具。

【正文】

登高工具和安全工具是指在改造、检修等作业中为防止触电、坠落、灼伤等人身伤害所使用的工具。登高工具和安全工具的正确使用对安全生产至关重要。

一、登高工具

在装表接电工作中，进行接户线、进户线的敷设和搭接工作时，有时候需要高处作业，主要涉及的登高工具包括靠墙使用的梯子和登杆用的升降板、脚扣等工具，本模块将详细介绍登高工具和安全工具的使用方法。

（一）梯子

常用的梯子按材料不同分为竹梯、木梯、铝合金梯等，按结构不同分为单梯和人字梯，如图ZY2400101001-1（a）、（b）所示，下面以竹（木）直梯子为例说明梯子的使用方法和使用注意事项。

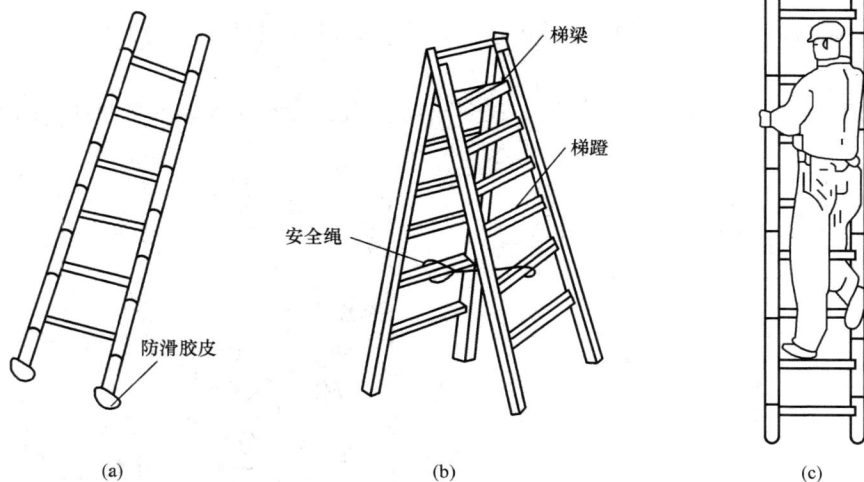

图 ZY2400101001-1　梯子

（a）单梯；（b）人字梯；（c）站在梯上作业的正确方法

竹（木）梯子由竹（木）制成，包括梯梁、梯蹬和防滑胶皮、安全绳（或拉链），按使用的环境不同，竹（木）梯长短不一，是在特殊场所短时间内可完成工作的必不可少的登高工具，如果使用不当，将会发生人身危险。

1. 竹（木）梯子使用方法

（1）单梯应斜靠在固定物（如墙面）上，工作前必须把梯子安置牢固，不可使其动摇或倾斜过度，梯子与地面的斜角为60°左右，工作人员必须登在距离梯顶不少于1m的梯蹬上工作。

（2）人字梯应完全打开并放置在坚实的地面上使用。

（3）工作人员到达工作位置后，应将一只脚从上一梯梁后穿出靠在下一步梯梁上，站立稳固后方可开始工作，如图 ZY2400101001-1（c）所示。

2. 使用竹（木）梯子注意事项

（1）使用前应检查梯子的牢固性。

（2）在梯子上工作必须要有专人扶持梯子，以防梯子下端滑动，且必须做好防止落物伤害梯子下方人员的安全措施。

（3）凡现场使用的梯子必须在距梯顶 1m 处沿两梯梁圆周方向涂红漆，长 20cm，以警示工作人员注意。

（4）在水泥地面或光滑坚硬的地面上使用梯子，须用绳索将梯梁下端与固定物缚住，也可采取防滑措施将两梯梁下端安置橡胶套或橡胶布。

（5）禁止将梯子架设在木箱等不稳固的支持物上或容易滑动的物体上使用。

（6）人在梯子上工作时，禁止移动梯子。

（7）在通道上使用梯子，应设监护人或设置临时围栏，梯子不准放在门前使用，如有必要时应采取防止门突然开启的措施。

（8）在转动设备附近使用梯子时，为了避免机械旋转部分突然卷住工作人员的衣服，应在梯子与机械转动部分之间设置护板或金属网防护。

（9）人字梯必须具有坚固的铰链和限制开度的拉链。

（10）在作业面高于梯子的高度时，不得将两架梯子绑扎增高使用。禁止在悬吊式的脚手架上搭放梯子进行工作。

（11）使用梯子时，必须使两梯梁的顶端紧紧着落于固定物；两梯梁下端平衡接触地面；禁止利用梯子最上端的梯蹬着落于固定物进行登高作业。

（12）只允许一人在梯子上登高作业。在梯子上工作时应使用工具袋，物件应用绳子传递，不准上下互相抛掷。

（13）在变电站或高压电力设施附近禁止使用竹（木）及金属材质的梯子。

（二）升降板

升降板由木质脚踏板、白棕绳、金属挂钩三部分组成，其结构和尺寸如图 ZY2400101001-2（a）所示。

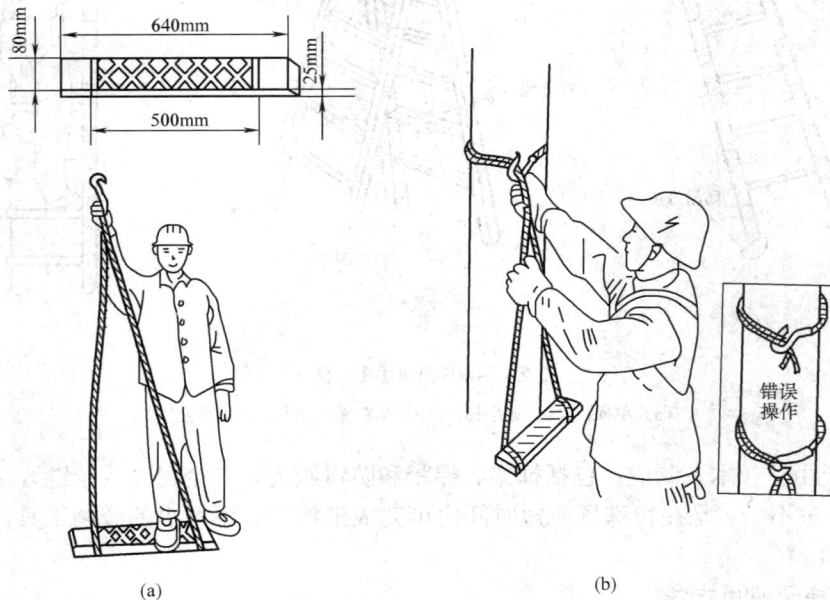

图 ZY2400101001-2　升降板
（a）结构和尺寸；（b）钩法

1. 升降板使用方法

左手拿住升降板白棕绳上部合适位置（依据电杆的直径确定）绕过电杆，右手顺势抓住挂钩，双手握住升降板绳将电杆包围向上举起，再举过头顶稍上部位，右手将挂钩由下往上钩住棕绳（正钩法）并收紧、调整好升降板位置，如图 ZY2400101001-2（b）所示。

2. 用升降板登杆方法

升降板登杆方法如图 ZY2400101001-3 所示，具体步骤如下：

（1）站在平地悬挂升降板，左手分别握住棕绳根部与木升降板绑扎处，右脚踏上升降板，右手抓牢棕绳与电杆挂钩处，另一块升降板背挂在肩上。

（2）两手及右脚同时用力使身体上升，左手立即扶电杆，人体随即站到升降板上。

（3）站在板上将提上的左脚围绕左边麻绳，踏入麻绳的三角档内站稳，然后脱卸肩上升降板。

（4）站在升降板上悬挂上面一级踏脚板。

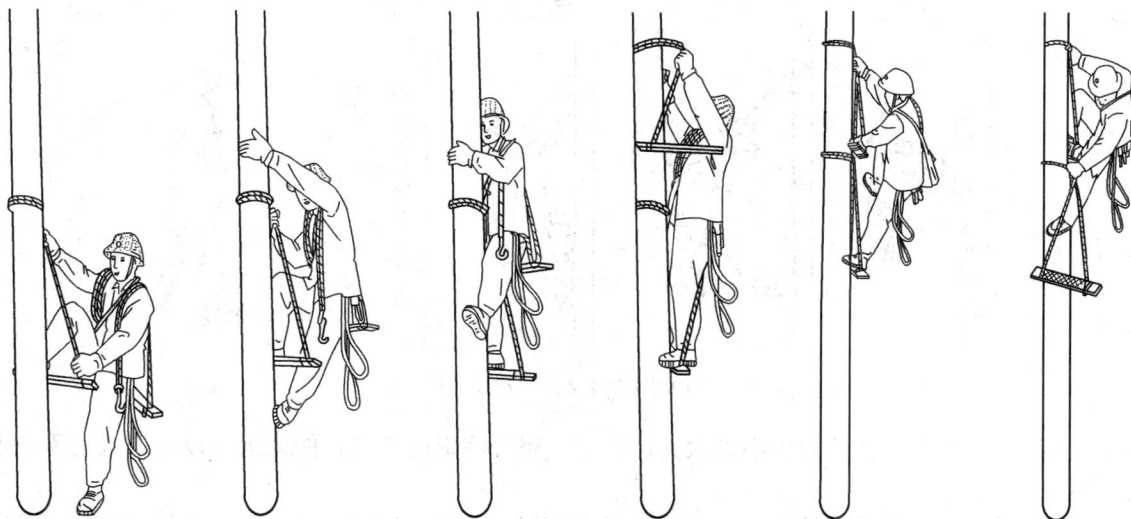

图 ZY2400101001-3　升降板登杆方法

（5）右手抓牢上一级升降板绳，右脚踏上以及升降板上用力引身向上攀登。

（6）同时，左脚顺电杆表面提至下一级升降板挂钩下面，此时右手用力抓牢升降板棕绳，左脚绷直脚掌横蹬于升降板挂钩下面，使右手、左脚和电杆构成一个支撑三角形，左手随即抓住下面一级升降板挂钩，脱掉下一级升降板后往上提吊，人体随即站到升降板上。

（7）重复上述步骤，继续登杆。

3. 用升降板下杆方法

升降板下杆方法如图 ZY2400101001-4 所示，具体步骤如下：

（1）下杆时将下一级升降板悬挂于腰部位置的电杆上，挂绳不能收紧、稍微松一点。

（2）右手抓牢升降板棕绳，左脚提出脚掌横蹬于电杆并侧身，右手放直，重心往下移，右脚屈腿蹬在升降板上，使右手、左脚和电杆构成一个支撑三角形。

（3）左手抓住下一级升降板棕绳和挂钩尽量往下移至左脚蹬杆位置并将挂绳收紧。

（4）下一级升降板位置挂好后，左手回到上一级升降板左边与棕绳绑扎处抓牢，右手顺升降板棕绳往下滑至升降板与右边棕绳绑扎处抓牢。

（5）双手吊牢后，右脚从上一级升降板抬出，踏到下一级升降板上，左脚放下绕下一级升降板右边棕绳，踏入棕绳的三角档内站稳。用双手取上上一级升降板。

（6）重复上述步骤，完成下杆。

4. 使用升降板注意事项

（1）登杆前，必须先检查电杆杆基是否牢固、杆体有无倾斜、裂纹，升降板有无断裂和腐朽，绳索有无断股，升降板及棕绳必须干燥。

（2）升降板挂钩时必须正钩，切勿反钩，同时将棕绳收紧，以免脱钩。

（3）登杆第一步，将升降板挂好后先用人体对升降板做人体荷载冲击试验，同时对腰带也要做人体冲击试验。

（4）上杆、杆上作业及下杆的动作幅度不宜过大，以免引起电杆剧烈晃动。

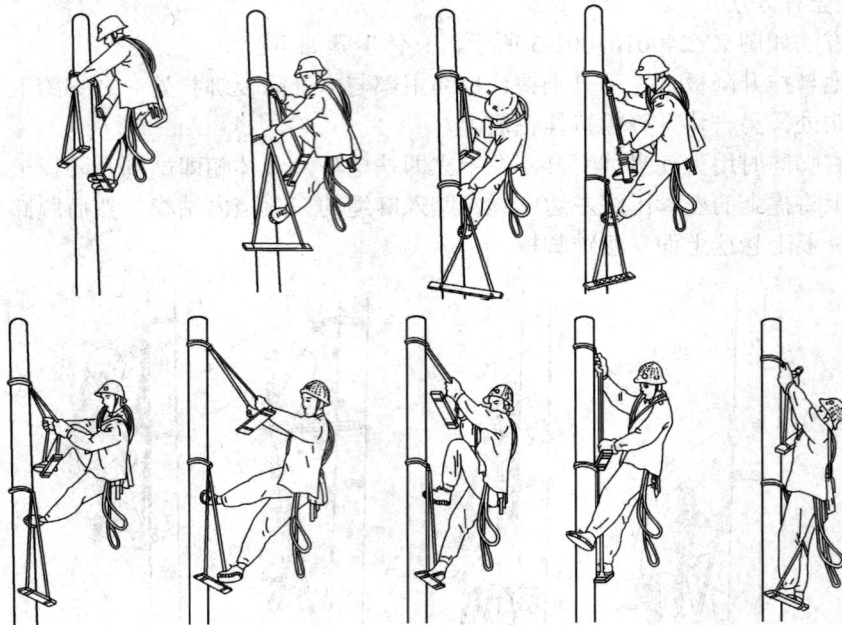

图 ZY2400101001-4　升降板下杆方法

（5）下杆时要注意下杆的步伐不能太大，挂下一级升降板时不能挂的太远，以免下来后无法取下上一级升降板。

（6）升降板绳索应采用直径为 16mm 的三股白棕绳，其长度应保持操作者一人加一手长，升降板和白棕绳应能承受 300kg 荷重，半年进行一次荷载试验。

（三）脚扣

1．脚扣使用方法

脚扣及登杆如图 ZY2400101001-5 所示，具体使用方法如下：

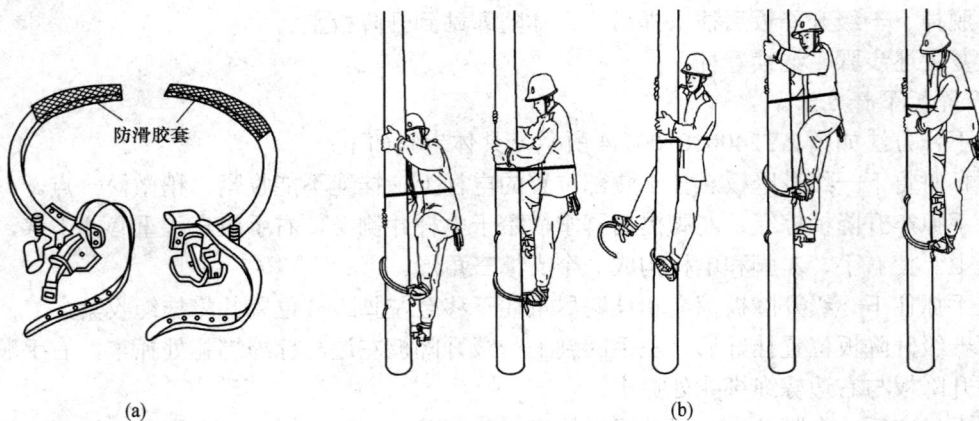

防滑胶套

（a）　　　　　　　　　　　　　　　　　（b）

图 ZY2400101001-5　脚扣及登杆

（a）脚扣的结构；（b）使用脚扣登杆方法

（1）仔细检查登高工具，做好上杆准备工作。

（2）上杆带好安全带；当左脚向上跨扣时，左手同时向上扶住电杆，右脚向上跨扣时，右手向上扶住电杆，两手脚的配合要协调；当脚扣可靠地扣住电杆后，再开始移动身体。

（3）下杆，同样要手脚协调配合往下移动身体。

（4）解下安全带和脚扣。

2．使用脚扣注意事项

（1）登杆操作要戴安全帽，穿着电工工作服和电工绝缘鞋。

（2）登杆前必须检查安全带并系扎正确。

（3）使用脚扣登杆的全过程应将安全带系于电杆上，操作者上、下杆时，应用一只手在扶住电杆时带住安全带，并随同上、下移动。

（4）对脚扣进行检查后还必须对脚扣做人体冲击试验后方可登杆。

（5）登杆前应检查电杆杆基是否牢固、杆体有无倾斜、裂纹。

（6）登杆作业应有专人监督、保护。

二、安全工具

（一）安全帽

安全帽如图 ZY2400101001-6 所示，佩戴要求及注意事项如下：

（1）凡进入现场进行工作的所有人员均必须佩戴安全帽。

（2）安全帽佩戴应正确规范，任何时候都要扣好下颏带。

（3）禁止将安全帽当板凳使用或贮存其他物品。

（4）安全帽应完好，使用前应进行下列外观检查：帽壳完整无裂纹，无损伤，无明显变形；帽内衬减振带完好，根据头型调整尺寸并卡紧；装有近电报警装置的安全帽的音响试验正常。

（5）对不合格，不能保障安全的安全帽应及时更换，不得带入现场使用。

图 ZY2400101001-6　安全帽

（二）安全带

安全带按其结构和使用功能包括围杆带（围杆绳）、腰带、保险绳（安全绳）。安全带如图 ZY2400101001-7 所示，使用要求及注意事项如下：

（1）工作时，安全带应挂在牢固的构架上或专为挂安全带用的钢架或钢丝绳上。

（2）不得低挂高用，禁止系挂在移动或不牢固的物件上，如避雷器、断路器隔离开关、互感器等支持不牢固的物件。

（3）系安全带后应检查扣环是否扣牢。

【思考与练习】

1．请说明竹（木）梯子使用注意事项。

2．请说明升降板使用注意事项。

3．分别用升降板和脚扣现场登高。

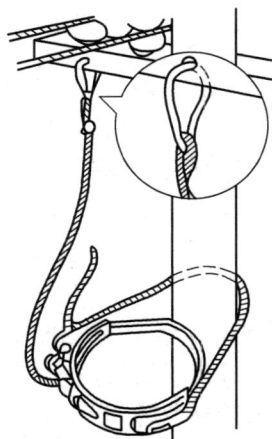

图 ZY2400101001-7　安全带

模块 1

ZY2400101001

第二章 登高工具的维护

模块 1 登高工具和安全工具维护、保管方法（ZY2400102001）

【模块描述】本模块包含妥善保管和维护本岗有关的登高工具、安全工具。通过要点讲解，熟练掌握妥善保管和维护与本岗有关的登高工具、安全工具。

【正文】

为确保登高工具和安全工具能正常使用，应掌握登高工具和安全工具维护、保管方法。

一、登高工具

1. 梯子

（1）梯子在运输过程中应放置平稳，严防金属尖韧物碰撞有关构件。

（2）梯子存放时宜基本直立或水平搁置存放，不可将一侧梯梁着地摆置。

（3）不准将合格与不合格的梯子混放。

（4）按《国家电网公司电力安全工作规程》规定，梯子应每月进行一次定期外表检查，每半年进行一次静荷重试验。

2. 升降板、脚扣

（1）使用中的升降板、脚扣以工区为单位统一编号建立台账清册。

（2）升降板应定置放在干燥通风的工具室内，对号入座。

（3）按《国家电网公司电力安全工作规程》规定，使用中的升降板每半年进行一次静荷重试验；脚扣每年进行一次静荷重试验。

二、安全工具

1. 一般规定

（1）安全工器具宜存放在温度−15～＋35℃、相对湿度80%以下、干燥通风的安全工器具室内。

（2）安全工器具室内应配置适用的柜、架，并不得存放不合格的安全工器具及其他物品。

（3）安全工器具经检查不合格时，必须就地报废，不得与使用中的安全工器具混放。

（4）安全工器具应分类存放，防止受潮、霉烂、变形、受热、机械损伤，不可接触各种油类、酸碱物质，以防腐蚀。

（5）安全工器具应有专人负责维护管理，班组安全员负责监督检查。

2. 安全帽

安全帽的购置，应由安监部门认可，物资部门统一购置。所购置的安全帽必须通过部、省级鉴定。生产厂家必须持有鉴定证书、生产许可证、产品合格证及各网省公司电力系统安全工器具入网许可证。鉴定证书和入网许可证等统一存放在安监部门。

3. 安全带

（1）使用中的安全带以工区为单位统一编号，并建立台账清册和检查试验记录。

（2）安全带应定置存放在干燥通风处，不得与其他锋利物件混放。

（3）每月及每次使用前，使用者应对安全带进行检查，确认合格完好后使用。

（4）安全带试验未超周期。

（5）腰带、围杆带、保险绳（安全绳）不应有破损、断（丝）裂、霉变等现象；带子的缝线完好无损（如果带有缓冲功能的，还应检查缓冲器外壳完好无损坏，壳内无橡胶液溢出，缓冲器上下口绳子无磨损断线断股现象等）。

（6）双控钩灵活可靠，金属钩舌弹簧能有效复位，钩体与钩舌的咬口必须平整不偏斜。

（7）金属配件表面光洁无锈蚀，不得有麻点、裂纹等，金属铆钉无明显偏位、铆面光洁无锈斑。

（8）安全带使用中应该高挂低用，注意防止摆动碰撞，不准将安全带打结使用，更换新保险绳时要注意加护套。

（9）安全带上各部件不得任意拆除，更不能缺损掉落。

【思考与练习】

1．请说出登高工具的维护、保管方法。

2．请说出安全工具的维护、保管方法。

模块 2　登高工具、安全工具的保养与定期试验（ZY2400102002）

【模块描述】本模块包含登高工具、安全工具的保养与定期试验。通过要点讲解，掌握保养登高工具和安全工具以及定期试验管理的方法。

【正文】

确保登高工具和安全工具能正常使用，对安全生产至关重要。为有效地防止各类人身事故的发生，应对登高工具和安全工具进行保养与定期试验并做好记录，登高工具、安全工具须经试验合格后方可使用。

一、登高工具

1．梯子的保养与定期试验

（1）按《国家电网公司电力安全工作规程》规定，梯子应每月进行一次定期外表检查，主要检查梯子的梯梁、梯蹬（踏板）无破裂、外斜、变形、扭曲等，榫楔钉完好胀紧而不松脱或移动。

（2）防松及防滑装置应完好，人字梯的金属铰链应紧固完好，无锈蚀，固定螺钉应压平压紧不歪斜，不突出或凹陷不平整。

（3）长期搁置不用的梯子注意防因霉变、变质、腐朽而影响了强度，必须经检查和静荷重试验合格后方可继续使用。

（4）竹（木）梯的定期试验周期每半年一次，进行静荷重试验，静荷重为 1765N（180kg），时间 5min，梯子本身应无明显损坏和变形。

2．升降板的保养与定期试验

按《国家电网公司电力安全工作规程》规定，使用中的升降板必须每半年进行一次试验和检查，升降板每次使用前及每月定期检查项目内容有：

（1）脚踏板无腐朽、劈裂、严重磨损及其他机械或化学损伤。

（2）绳索无腐朽、断股或松散。

（3）绳索与脚板固定牢固。

（4）金属钩无损伤及变形。

（5）金属钩与绳索连接处固定物件完好、紧固无松动现象。

（6）试验不超周期。

（7）升降板使用年限不超过 5 年。

3．脚扣的保养与定期试验

按《国家电网公司电力安全工作规程》规定，使用中的脚扣必须每年进行一次试验和检查，脚扣每次使用前及每月定期检查项目内容有：

（1）金属母材及焊缝无任何裂纹及可目测到的变形。

（2）橡胶防滑条（套）完好无裂损。

（3）皮带完好无霉变、裂缝或严重变形。

（4）试验不超周期。

（5）脚扣使用年限不超过 5 年。

二、安全工具

1. 安全帽的保养与定期试验

（1）安全帽应妥善保管、存放，禁止抛落坚硬地面，不与金属物体碰撞。

（2）安全帽损坏后应以旧换新，有关单位做好申领登记手续。

（3）安全帽的使用寿命：从制造之日起，塑料帽使用寿命不大于 2.5 年，玻璃钢帽使用寿命不大于 3.5 年。

2. 安全带的保养与定期试验

按《国家电网公司电力安全工作规程》规定，使用中的安全带必须按规定周期进行检查和试验，并做好记录。安全带使用年限不超过 5 年。

【思考与练习】

1. 请说明登高工具的保养与定期试验周期。

2. 请说明安全工具的保养与定期试验周期。

模块 3 登高工具、安全工具维护和保管制度的建立
（ZY2400102003）

【模块描述】本模块包含登高工具、安全工具的维护和保管制度的建立。通过要点讲解、列表说明，掌握建立登高工具、安全工具维护和保管制度的方法。

【正文】

确保登高工具和安全工具能正常使用，对安全生产至关重要，为有效地防止各类人身事故的发生，应建立登高工具、安全工具的维护和保管制度。

（1）制订安全工器具管理职责、分工和工作标准。

（2）应建立安全工器具台账，并抄报安监部门。

（3）每季对安全工器具检查一次，所有检查均要做好记录。

（4）应建立安全工器具管理台账，做到账、卡、物相符，试验报告、检查记录齐全。

（5）安全工器具的保管及存放，必须满足国家和行业标准及产品说明书要求。

（6）安全工器具应统一分类编号，定置存放。

（7）应建立安全工器具的报废制度。

安全工器具登记清册见表 ZY2400102003-1。

表 ZY2400102003-1　　　　　　　　安全工器具登记清册

	单位		工区			日期		
序号	名称	型号	编号	数量	生产厂家	出厂日期	领用日期	备　注
1	梯子			3		10-07-15	10-08-09	
2								
3								

审核人＿＿周×× 　　　　　　　　　　　　　登记填报人＿＿张××

【思考与练习】

怎样建立登高工具、安全工具的保管制度？

第二部分

仪器仪表的使用与维护

第三章　电工仪表的使用与维护

模块 1　常用电工仪表的使用方法和注意事项（ZY2400201001）

【模块描述】本模块包含常用电工仪表的结构和基本工作原理、主要技术指标、用途及使用注意事项。通过操作流程介绍，掌握常用电工仪表的使用方法。

【正文】

装表接电工在日常安装和维修工作中离不开电工仪表，电工仪表质量的好坏和使用方法的不当，都会直接影响工作质量和工作效率，甚至会造成生产事故和人身伤亡事故。因此，掌握常用电工仪表性能和正确使用方法，对提高工作效率和安全生产具有重要意义。

常用的电工仪表包括万用表、钳形电流表、相位伏安表、相序表、绝缘电阻表、接地电阻表、直流单臂电桥、直流双臂电桥等，下面分别介绍其使用方法。

一、万用表

（一）万用表的用途

万用表如同其名称，是一种多用途和多量程的直读式仪表，万用表一般可测量交直流电流、交直流电压和电阻，有的还可测量电感、电容、功率及晶体管直流放大系数等。

（二）基本原理和结构

万用表按结构和工作原理的不同可以分为指针式和数字式两大类。

1. 指针式万用表

指针式万用表通常由磁电式测量部件（表头）、电子测量线路和转换开关（一个或两个）等组成。指针式万用表的工作原理是将大小不同、类型不同的被测电学量通过转换开关接通至相应的测量线路，把被测电学量变换成表头所能识别的直流电流，从而驱动表头显示出测量结果。

指针式万用表从外观上一般可以看到指针、指示面板、转换开关旋钮、调零旋钮及插孔（或端钮）等，如图 ZY2400201001-1 所示。

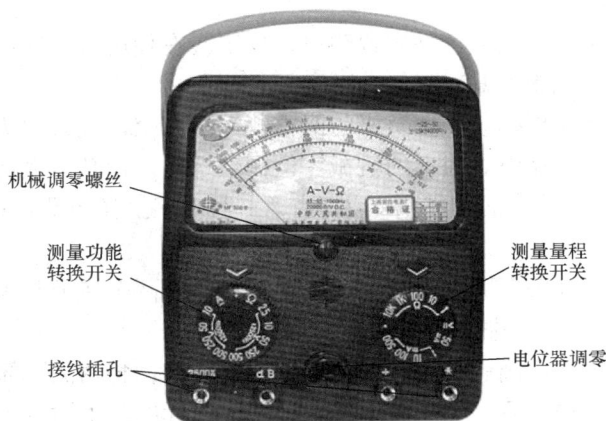

机械调零螺丝

测量功能
转换开关

测量量程
转换开关

接线插孔

电位器调零

图 ZY2400201001-1　指针式万用表外观图

指示面板上一般印有多种符号、刻度线和数值。如符号"A-V-Ω"表示可以测量电流、电压和电阻。多条刻度线各有不同的用途，其中右端标有"Ω"的是测电阻专用刻度线，与一般的刻度线不同，其右端为 0，左端为 ∞，且刻度值分布是不均匀的；符号"—"或"DC"表示测直流用，" ～ "或"AC"

表示测交流用，"≈"则表示交流和直流共用的刻度线。刻度线下的几行数字是与量程转换开关的不同档位相对应的刻度值。

2. 数字式万用表

虽然数字万用表种类很多，但基本工作原理则是大同小异，一般以直流数字电压表和各种转换电路组成。其中直流数字电压表由量程开关选择器、A/D 转换器、显示驱动电路和液晶显示器组成，可将模拟直流电压信号转换为数字信号并在液晶显示屏上显示出来，转换电路有 AC/DC 转换器、I/V 转换器、Ω/V 转换器等。数字式万用表各种不同的被测量经功能开关选择器送到相应的转换电路，转换为直流电压后输入到直流数字电压表，通过液晶显示屏以数字形式显示出来，外观图如图 ZY2400201001-2 所示。

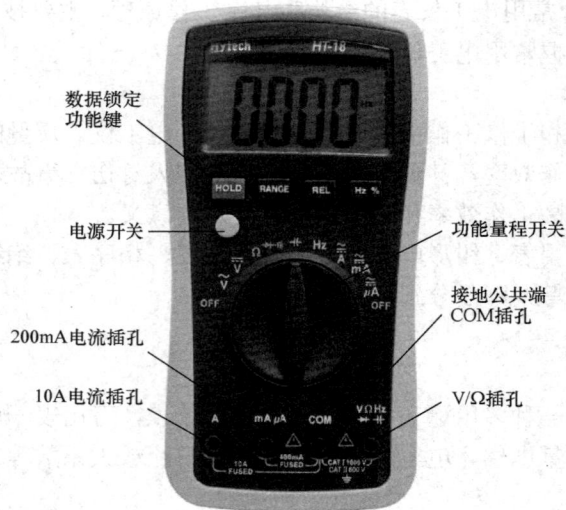

图 ZY2400201001-2　数字式万用表外观图

数字式万用表较指针式万用表的优势体现在读数迅速直观、测量精度高、过载能力强、消耗功率小、可测电学量多、测量结果可保持或保存等几个方面。

（三）具体操作步骤

万用表的型号和种类很多，使用方法大同小异，下面首先介绍指针式万用表测量交、直流电压，直流电流，直流电阻的方法。

1. 测量交流电压

（1）测试前检查。使用前仔细阅读使用说明书，仪表应在使用有效期内，检查配件齐全完好，测试导线及测试棒（笔、夹）绝缘良好。

（2）机械调零。将连接面板插口正、负极的两根测试棒悬空，观察表头指针是否向左满偏，指在零位上，如不在零位，可适当调整表盖上的机械零位调节螺丝，使其恢复调至零位上。

（3）测试线连接。红色测试棒插入红色（或标有"＋"）插孔，黑色测试棒插入黑色（或标有"－"、"*"）插孔。

（4）量程选择。将转换开关置于适当的交流电压量程，有两个转换开关的（一个是功能选择、一个是量程选择），两个开关应配合进行选择。

（5）测试点确认。测量之前确认被测试量和测试位置正确，将两测试棒与被测电路两端并联。

（6）数据读取。待指针稳定后，在交流电压量程对应的标度尺上读取测试数据。

（7）测试线拆除。测量读数完毕后，拆除测试棒（笔、夹），将万用表、测试导线及测试棒（笔、夹）放入专用箱包中。

2. 测量直流电压

测试前检查、机械调零、测试线连接、测试线拆除等步骤与测量交流电压相同，其他操作步骤如下：

（1）量程选择。将转换开关置于适当的直流电压量程。

（2）测试点确认。测量之前确认被测试量和测试位置正确，将红色测试棒接在被测电路的正极，黑色测试棒接在被测电路的负极。

（3）数据读取。待指针稳定后，在直流电压量程对应的直流电压标度尺上读数。

3．测量直流电流

测量时必须将两测试棒串联在被测电路中，被测电流应从红色测试棒流入，黑色测试棒流出，其他操作方法与测量直流电压类似。

4．测量直流电阻

（1）测试线连接。红色测试棒插入红色（或标有"＋"）插孔，黑色测试棒插入黑色（或标有"－"、"*"）插孔。

（2）电位器调零。将红黑两根测试棒短接，观察表头指针是否向右满偏，指在零位上，如不在零位，可适当左右旋转调零电位器，使指针指零。

（3）量程选择。将转换开关置于适当的欧姆档，倍率的选择应使测量时指针落在 0Ω至标度尺弧长 1/2 处附近。

（4）测试点确认。测量之前确认被测试量和测试位置正确，将两测试棒接于被测电阻两端。

（5）数据读取。待指针稳定后，在欧姆档标度尺上读数，则测量结果=读数×倍率。

（6）测试线拆除。测量读数完毕后，拆除测试棒（笔、夹），将万用表、测试导线及测试棒（笔、夹）放入专用箱包中。

数字式万用表基本使用方法与指针式万用表相似。测量具体操作步骤如下：

（1）测试前检查。使用前仔细阅读使用说明书，仪表应在使用有效期内，检查配件齐全完好，测试导线及测试棒（笔、夹）绝缘良好。

（2）测试线连接。将测试棒（笔、夹）分别插入对应插孔。通常连接黑色测试棒（笔、夹）到"COM"插口，进行电压、电阻测量时，连接红色测试棒（笔、夹）到"V/Ω"插口；进行电流测量时需连接红色测试棒（笔、夹）到"A"或"10A"端。

（3）量程选择。量程开关置于"ACV"、"DCV"或"Ω"位置，即可测量交流电压、直流电压、直流电阻；量程开关置于"mA"或"A"位置，即可测量直流电流。

（4）测试点确认。测量之前确认被测试量和测试位置是否选择正确。

（5）测试。将测试棒（笔、夹）与测试点正确连接。测量直流电流时，必须将两测试棒（笔、夹）串联在被测电路中；测量电阻时，红色测试棒（笔、夹）接电池正极，黑色测试棒（笔、夹）接电池负极。

（6）数据读取。待数据显示稳定后读取测试数据。

（7）测试线拆除。测量读数完毕后，拆除测试棒（笔、夹），关闭仪表电源，将万用表、测试导线及测试棒（笔、夹）放入专用箱包中。

（四）注意事项

1．指针式万用表

（1）指针式万用表在使用之前先调零。测量电阻时需要调节调零电位器，是因为不同的电阻档位需要不同的附加电阻，并且电池电压一直在变化。而机械调零在出厂调好后，一般不需要调整。

（2）测量时不得用手触摸测试棒（笔、夹）的金属部分，一方面可以保证测量的准确，另一方面也可以保证人身安全。

（3）为了保证万用表的安全，必须确认档位已经置于正确位置后方能进行测量。要注意插孔旁边所注明的危险标记数据，该数据表示该插孔所允许输入电压、电流的极限值，使用时若超出此值，仪表可能损坏，使用人员可能受到伤害。

（4）在测量某一电量时，严禁带电拨动量限选择开关，尤其是在测量高电压或大电流时，以免产生电弧，烧坏开关触点。

（5）测量电压时，红色测试棒（笔、夹）应接在被测电路的正极，黑色测试棒（笔、夹）应接在被测电路的负极；测量电流时，被测电流应从红色测试棒（笔、夹）流入，黑色测试棒（笔、夹）流出。

（6）不得使用欧姆档测量带电回路直流电阻，以免电路或指针损坏。不得使用欧姆档直接测量微安表表头及检流计的内阻，以免因电流过大而损坏被测元件。在使用欧姆档间歇中，不要让两根测试棒（笔、夹）长时间短接，尤其是 $R×1$ 档工作电流很大，不要长时间测量以免浪费电池。

（7）测量电阻时，被测对象两端不能有其他并联支路。

（8）使用欧姆档更换倍率后需重新调零。若无法调零，说明表内电池电压不足，需更换新电池。

（9）用欧姆档判别整流元件极性及三极管管脚时需特别注意测试棒（笔、夹）的正负极性，红色测试棒（笔、夹）与表内电池的负极相连，黑色测试棒（笔、夹）与电池的正极相连。

（10）刻度盘上有多条标度尺，分别适用于不同的被测对象，测量前要看好应从哪条标度尺读数，注意标度数字与被测量量值之间的关系。在被测量未知情况下，仪表档位应先选择最高量程估测，然后根据测量结果确定最适合的量程，一般以被测量落在量程的 2/3 及以上区域为宜。测量数据的读取应在测试数据相对稳定以后进行。

（11）在万用表测量高电压时，一定不要接触高压。万用表的测试棒脱离表体、导线漏电等，都有可能导致触电。因此，在测量高电压时，测试者一定要保持高度警觉。

（12）操作结束时，使转换开关在交流电压最大档位或空档上。

2. 数字式万用表

（1）测试前应开机察看电池是否充足。万用表在低电压下工作，读数可能出错，为避免错误的读数造成错觉而导致电击伤害，显示低电压符号时应及时更换电池。

（2）测量电流时，把万用表串入测量电路时不必考虑极性，数字式万用表可以显示测量极性。

（3）测量时要注意选择合适的量程与表笔插孔。在 mA 插孔下具自动切换量程的功能，万用表有保护电路。而在大量程下，没有设置保护电路，所以被测量绝对不能超过量程，测量时间也要尽可能短，一般不要超过 15s。万用表烧毁的原因中，大多数是由于把表笔插入没有保护电路的 10A 插孔而误测电压造成的。

（4）测量电阻时，切换开关应旋至欧姆档。测量表笔开路时，万用表显示"1"或"O.L"的溢出符号。测量电阻之前，数字万用表无须调零，只需确认表笔的引线电阻，即短接表笔的显示值。严禁在欧姆档测量电压或电流值。

（5）检查二极管时，进行正向测试时，若显示值为 500～800mV（硅管）或 150～300mV（锗管），表明二极管正常。若损坏，则显示"000"（二极管烧短路）或"1"（二极管烧断）。进行反向测试时，正常应显示"1"，但显示"1"也可能是二极管烧断，显示"000"表明二极管烧短路。多数数字万用表电阻档与蜂鸣器档是合用一个档位，因此两表笔测试点之间的电阻值小于一定值，一般为几十欧姆时，蜂鸣器便发出声响，此功能常用于测试电路和导线的通断。

（6）使用数字万用表时要注意插孔旁边所注明的危险标记数据，该数据表示该插孔所允许输入电压、电流的极限值，使用时若超出此值，仪表可能损坏，使用人员可能受到伤害。

（7）测量时如果在最高数字显示位上出现"1"，其他位均不显示，表明量程不够，应选择更大的量程。

（8）"HOLD"键是读数保持功能键，使用此键可使被测量的读数保持下来，便于记录和读数，此时进行其他测量，显示不会随被测量改变。使用中如果误操作此键，就会出现显示数据不随被测量改变的现象，这时，只需松开"HOLD"读数保持键即可。

（9）使用数字万用表测量时会出现数字跳跃的现象，为确保读数准确，应在显示值稳定后再读数。

（10）操作结束时，将电源开关置于 OFF 档。

二、钳形电流表

（一）钳形电流表的用途

钳形电流表在外观上都有一个可以开合的"钳口"，主要用来"非接触"测量交直流电流，即不用切断电路测量电流。钳形电流表按其结构形式不同，分为互感器式钳形电流表和电磁式钳形电流表；

ZY2400201001

模块 1

按显示方式不同，分为指针式钳形电流表和数字式钳形电流表。

（二）基本原理和结构

（1）互感器式钳形电流表。互感器式钳形电流表，也称磁电式钳形电流表，由一个特殊的电流互感器和磁电式电流表组成，用来测量交流电流。测量时，将被测导线夹进钳口内，此时的被测导线相当于电流互感器的一匝线圈，属于一次绕组，有电流通过时，钳形电流表内的二次绕组感应出二次电流。对于指针式，二次电流经整流后送至磁电式电流表，从而在钳形电流表刻度盘上显示出流过被测导线的电流大小；对于数字式，将二次电流转换为直流电压送至数字电压表，通过液晶显示屏以数字形式显示出来。数字式钳形电流表外观图如图ZY2400201001-3所示。

（2）电磁式钳形电流表。电磁式钳形电流表的核心是电磁系测量机构，不仅可以测量交流电流，还可测量直流电流。测量时，将被测导线夹进钳口内，此时的被测导线相当于电磁系机构中的线圈，在铁芯中产生磁场，位于铁芯缺口中间的可动铁片受此磁场的作用而偏转，从而带动指针指示出被测电流的数值。

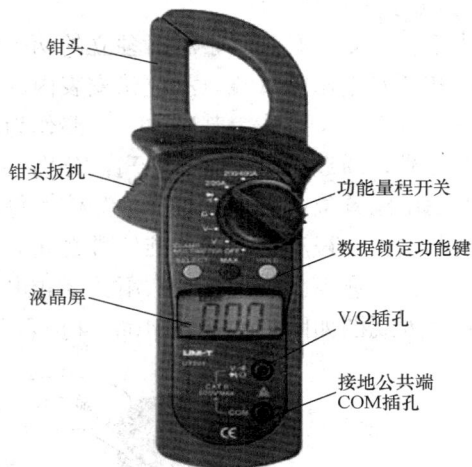
图 ZY2400201001-3　数字式钳形电流表外观图

（三）具体操作步骤

各种钳形电流表操作步骤基本相同，具体如下：

（1）测试前检查。使用前仔细阅读使用说明书，仪表应在使用有效期内，检查配件齐全完好，钳口应清洁无污物。

（2）量程选择。将功能量程开关置于交流电流量程范围。如果被测电流范围事先不知道，首先将功能量程开关置于最大量程，然后逐渐降低直至取得满意的分辨力。指针式钳形电流表应使被测量落在量程的2/3及以上区域为宜，而数字式钳形电流表要选择最靠近被测量且大于被测量的量程。

（3）电流测量。电流测量时，应按动手柄使钳口张开，把被测导线置于钳口中央，使钳口闭合。

（4）数据读取。待数据指示稳定后读取测量结果。

（四）注意事项

（1）要根据被测电流回路的电流大小选择合适的钳形电流表，在操作时要防止构成相间短路。同时要注意被测电流的频率，因为对于直流电流或频率较低的电流只能使用电磁式钳形电流表才能正确测量。

（2）严禁在测量过程中切换量程开关的档位，以免造成钳形电流表中电流互感器二次瞬间开路，产生高电压造成匝间击穿，损坏钳形电流表。

（3）在测量时，应将被测导线置于钳形电流表的钳口中央，保证测量数据准确，要注意钳口咬合良好，不能触及其他带电体或接地点，以免引起短路或接地。如有杂声，可将钳口重新开合一次。

（4）测量小电流时，为了得到较准确的读数，若条件允许，可将导线多绕几圈放进钳口进行测量，但实际电流值应为读数除以放进钳口内的导线圈数。

（5）测量时应注意被测导线的电压，不能超过钳形电流表的允许值，不宜测裸导线电流。测量电流时最好戴绝缘手套。

（6）测量完毕后一定要把调节开关放在最大电流量程位置上，以免下次使用时，由于未经选择量程而造成仪表损坏。

三、相位伏安表

（一）相位伏安表的用途

相位伏安表主要是用来测量同频率两个量（如工频电压和电流）之间相位差，既可以测量交流电压、电流之间的相位，也可以测量两个电压或两个电流之间的相位，同时还可以测量交流电压、电流。使用该仪表可以确定电能表接线正确与否（相量图法）、辅助判断电能表运行情况、测量三相电压相序等。

（二）基本原理和结构

由于相位测量必须基于相对独立的两个测量回路，相位伏安表一般制成双测量回路形式，有两把电流钳和两对电压测试线。相位伏安表内部由比较器、光电耦合器、双稳电路和直流电压表组成，当两路信号输入（一路作为基准波，一路作为被测信号）时，通过内部比较器变换状态，使正弦波转换成方波信号，通过光电耦合器隔离，分别触发双稳电路的复位端和置位端。基准信号的每个正半周前沿使双稳电路置位，输出高电平；被测信号每到正半周前沿则使双稳电路复位，输出低电平。在0°~360°相位角范围内，被测信号与基准信号之间的相位差愈大，双稳电路输出高电平的时间就愈长，其平均输出电压也就愈高。经过校准，用数字式电压表测量此电压就可以测出两信号之间的相位角。数字相位伏安表外观图如图 ZY2400201001-4 所示。

图 ZY2400201001-4   数字相位伏安表外观图

（三）具体操作步骤

相位伏安表主要用来测量相位差，也可测量电压、电流。测量电压时，档位应与电压测量回路保持一致，使用方法与万用表相同。测量电流时，电流钳的使用方法与钳形电流表基本相同，所以这里仅介绍相位差的测量步骤。

（1）测试前检查。使用前仔细阅读使用说明书，仪表应在使用有效期内，检查配件齐全完好，测试导线导电性能良好，测试导线之间绝缘良好，电流钳口清洁无污物。

（2）预热。打开电源，将仪表预热 3~5min 以保证测量精度。

（3）校准。有校准档位的相位伏安表，在使用之前要先进行校准。

（4）相位差测量。将旋转开关旋至 U_1U_2，两路电压信号从两路电压输入插孔输入时，显示器显示值即为两路电压之间的相位。将旋转开关旋至 I_1I_2，两路电流信号从两路电流输入插孔输入时，显示器显示值即为两路电流之间的相位。将旋转开关旋至 U_1U_2，电压信号从 U_1 插孔输入，电流信号从 I_2 插孔输入时，显示器显示值即为电压和电流之间的相位。将旋转开关旋至 I_1U_2，电流信号从 I_1 插孔输入，电压信号从 U_2 插孔输入时，显示器显示值即为电流和电压之间的相位。

（5）数据读取。待显示器上数据稳定后读取测量结果。

（6）关闭电源。关闭电源，拆除测试导线，并放入专用箱包中。

（四）注意事项

（1）相位伏安表仅用于二次回路和低压回路检测，不能用于高压线路，以预防通过电流钳触电。

（2）测量电压和电流之间的相位差时，注意电流钳的极性。

（3）所测相位差均为 1 路信号超前 2 路信号的相位，所以与被测相位相关的两个量必须接入不同的测量回路，否则无法得到测量结果。

（4）保证两把电流钳分别对号入座，不可任意调换，否则难以保证精度。

（5）显示器上出现欠电符号提示时，应更换相应电池。

四、相序表

（一）相序表的用途

相序表是用来判别三相交流电源电压顺相序或逆相序的一种电工工具仪表。

（二）基本工作原理和结构

相序表主要分为电动机式和指示灯式两种。电动机式有一个可旋转铝盘，其工作原理与异步电动机转子旋转原理相同，铝盘旋转方向取决于三相电源的相序，因此可通过铝盘转动方向来指示相序。指示灯式一般有指示来电接入状况的接电指示灯，以及显示来电相序的相序指示灯，通过表内专用电路对三相电源间相位进行判断，并通过相序指示灯来指示相序。指示灯式相序表外观图如图ZY2400201001-5所示。

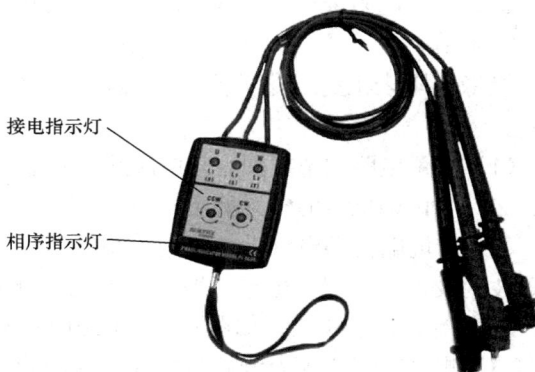

图 ZY2400201001-5　指示灯式相序表外观图

（三）具体操作步骤

（1）测试前检查。使用前仔细阅读使用说明书，仪表应在使用有效期内，检查配件齐全完好，测试导线导电性能良好，测试导线之间绝缘良好，对不接电的裸露金属部件用绝缘胶带裹缠。

（2）将三色测试线夹按顺序夹在三相电源的三个线头上。

（3）用电动机式时，"点"按接电按钮，当相序表铝盘顺时针转动时，为顺相序，反之为逆相序。用指示灯式时，当接电指示灯全亮，此时点亮的相序指示灯即为测试结果。

（4）拆除测试线路。

（四）注意事项

（1）当任一测试线已经与三相电路接通时，应避免用手触及其他测试线的金属端防止发生触电。

（2）对不接电的裸露金属部件进行绝缘处理时，应尽可能减少裸露面积。

（3）应在允许电压范围内进行测量，否则相序表测试结果有可能失准。

（4）对于有接电按钮的相序表，不宜长时间按住按钮不放，以防烧坏触点。

（5）如果接线良好，相序表铝盘不转或接电指示灯未全亮，表示其中一相断相。

五、绝缘电阻表

（一）绝缘电阻表的用途

绝缘电阻表又叫兆欧表，俗称摇表，是用来测量绝缘电阻的直读式仪表。

（二）基本工作原理和结构

绝缘电阻表按结构和工作原理的不同可以分为机电式和数字式两大类。

（1）机电式绝缘电阻表的种类很多，结构和工作原理基本相同，主要由测量机构（一般采用磁电系流比计）和电源（一般采用手摇发电机）两部分组成。

（2）数字式绝缘电阻表也由测量机构和电源组成，不同的是供电电源经 DC—DC 直流电源变换器而获得稳定的直流高压输出。

（三）具体操作步骤

数字式绝缘电阻表的使用方法与机电式绝缘电阻表相似，这里仅介绍机电式绝缘电阻表的操作步骤。

1. 测量前准备工作

（1）测试前检查。使用前仔细阅读使用说明书，仪表应在使用有效期内，检查配件齐全完好，测试导线导电性能良好，测试导线之间绝缘良好。

（2）测量前必须将被测设备电源切断，并对地短路放电（需 2～3min）。

（3）绝缘电阻表端钮与被测物之间的连接导线，应使用单股线分开单独连接，避免因绞线绝缘不良而引起误差。不得采用双股绝缘绞线，否则就相当于在被测设备上并联了一个绝缘电阻，使测量值变小。

（4）测量前要检查绝缘电阻表是否处于正常工作状态，要进行一次开路和短路试验。将绝缘电阻表的线路 L 和接地 E 两端钮开路，摇动手柄，指针应指在"∞"的位置；将两端钮短接，缓慢摇动手柄，指针应指在"0"处，否则绝缘电阻表有误差；在未摇动机电式绝缘电阻表且未接入任何线路时，仪表指针不应指向"0"或"∞"处，而是靠近刻度盘正中附近某个位置。

（5）绝缘电阻表放置要平稳，并远离带电导线和磁场，以免影响测量的准确度。

2. 接线

绝缘电阻表上有三个分别标有接地 E、线路 L 和保护环 G 的端钮，测试对象不同，接线方式也不同。

（1）测量电路如电压回路与电流回路的绝缘电阻时，可将被测的两端分别接于 E 和 L 两个端钮上，如图 ZY2400201001-6（a）所示。

（2）测量电机等电气设备对地绝缘时，应当用 E 端接地（指被测设备的接地外壳），L 端接电机绕组等被测设备，否则会由于大地杂散电流对测量结果造成影响，使测量不准。将电机绕组接于 L 端钮上，机壳接于 E 端钮上，如图 ZY2400201001-6（b）所示。

（3）测量电缆的导电线芯与电缆外壳的绝缘电阻时，除将被测两端分别接于 E 和 L 两端钮外，还需将电缆壳芯之间的内层绝缘接于保护环端钮 G 上，以消除因表面漏电而引起的误差，使用保护环后，绝缘表面的泄漏电流不经过线圈而直接回到发电机，如图 ZY2400201001-6（c）所示，L 端钮接芯线，E 端钮接外层铅皮，G 端钮接到芯线绝缘层上。

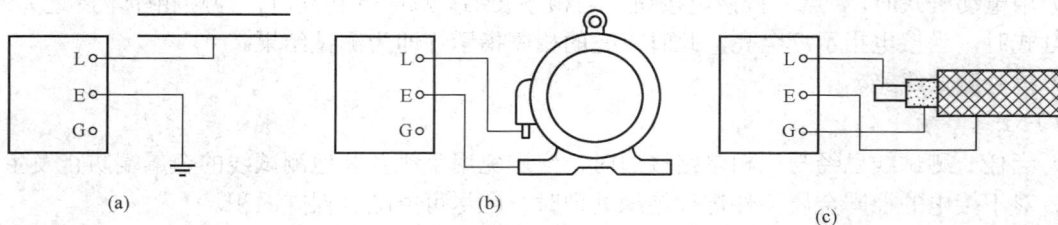

图 ZY2400201001-6　绝缘电阻表测量接线示意图

（a）测量线路间绝缘电阻的接线；（b）测量电机等电气设备对地绝缘时的接线；

（c）测量电缆的导电线芯与电缆外壳的绝缘电阻时的接线

3. 测量

（1）发电机转速应基本维持恒定，切忌忽快忽慢。摇动发电机手柄时应由慢到快，保持在 120r/min 左右。若指针指零，就不能再继续摇动手柄，以防表内线圈过热而损坏。

（2）绝缘电阻随着测试时间的长短而有差异，一般采用 1min 以后的读数为准。对电容量较大的被测设备（如电容器、变压器、电缆线路等），应待指针稳定不变时记取读数。

（3）不能全部停电的双回架空线路和母线，禁止进行测量。

（4）在绝缘电阻表的手柄没有停止转动和被测试物没有放电以前，不可用手去触及被测试对象的测量部分以防触电。

4. 拆线

（1）测试结束，等发电机完全停止转动后，拆除测试导线放入专用箱包中。

（2）做完具有大电容设备的测试后，应对被测设备进行放电。

（四）注意事项

（1）绝不允许设备带电进行测量，以保证人身和设备的安全。

（2）对可能感应出高电压的设备，必须消除这种可能性后，才能进行测量。

（3）被测设备表面要清洁，尽可能减少接触电阻，确保测量结果的正确性。

（4）当发电机手柄已经摇动时，在 E、L 端钮之间就会产生很高的直流电压，绝不能用手触及。

（5）测试结束，发电机还未完全停止转动或设备尚未放电之前亦不要用手触及导线和进行拆除导线工作。

（6）禁止在雷电时或在邻近有带高压导体的设备进行测量，只有在设备不带电又不可能受其他电源感应而带电时才能进行。

六、接地电阻表

（一）接地电阻表的用途

接地电阻表的外形和绝缘电阻表（摇表）相似，俗称接地摇表，主要用于直接测量各种接地装置的接地电阻。

（二）基本工作原理和结构

按结构和工作原理的不同可以分为机电式和数字式两大类。

（1）机电式接地电阻表是根据电位计原理设计的，由手摇交流发电机、相敏整流放大器、电位器、电流互感器及检流计构成。

（2）数字式接地电阻表是在机电式接地电阻表的基础上，将手摇发电机用逆变器替代，测量结果以数字显示，内部电路相应进行数字化得到的。测量时其接地电流和电位分布如图 ZY2400201001-7 所示。

接地电阻表通常都带有两根探测针，其中一根为电位探测针，另一根为电流探测针。

（三）具体操作步骤

数字式接地电阻表的使用方法与机电式接地电阻表相似，这里仅介绍机电式接地电阻表的操作步骤。

1. 测量前的准备工作

（1）测试前检查。使用前仔细阅读使用说明书，仪表应在使用有效期内，检查配件齐全完好，测试导线导电性能良好，测试导线之间绝缘良好。

（2）将两根探测针分别插入地中，使被测接地极 E、电位探测针 P 和电流探测针 C 三点在一条直线上，E 至 P 的距离为 20m，E 至 C 为 40m，然后用专用 P 和 C 接到仪表相应的端钮上，如图 ZY2400201001-8、图 ZY2400201001-9 所示。

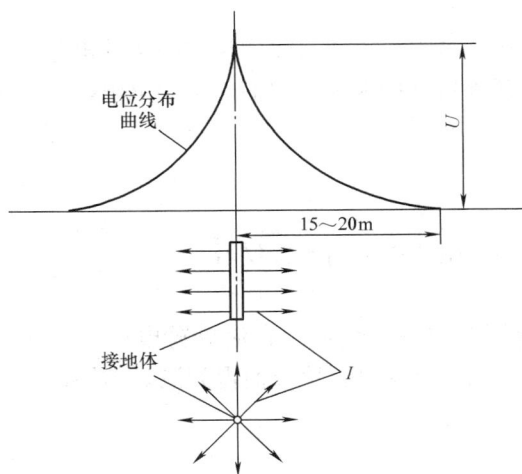

图 ZY2400201001-7　接地电流和电位分布

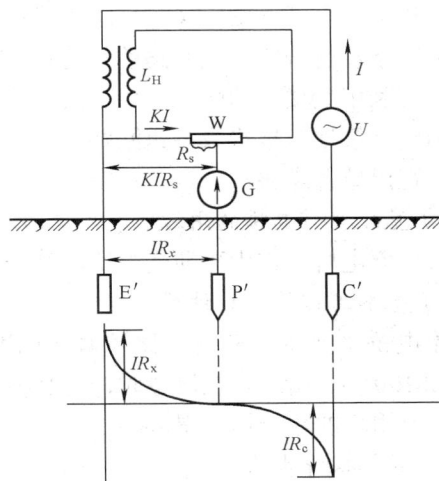

图 ZY2400201001-8　接地电阻测量原理图

（3）把仪表放在水平位置，检查检流计的指针是否指在红线上，若未在红线上，则可用"调零螺丝"进行调整，然后将仪表的"倍率标度"置于最大倍数。

2. 测量

（1）慢慢转动发电机的手柄，同时调整"测量标度盘"（即调节图 ZY2400201001-8 的 R_s），使检流计指针指向红线。当指针接近红线时，加快发电机手柄的转速至额定转速，达到 120r/min 以上，再调整"测量标度盘"，使指针稳定指于红线上，然后读数。

（2）当指针完全平衡在红线上以后，用"测量标度盘"的读数乘以倍率标度，即为所测的接地电阻值。

（3）如果"测量标度盘"的读数小于 1，则应将"倍率标度"置于较小的倍数，再重新调整"测量标度盘"，以得到正确的读数。

（4）被测接地电阻小于 1Ω 时，为了消除接线电阻和接触电阻的影响，宜采用四端钮测量仪。测量时将端钮 C2 和 P2 的短接片打开，分别用导线接到接地体上，并使端钮 P2 接在靠近接地体的一端，如图 ZY2400201001-9（c）所示。

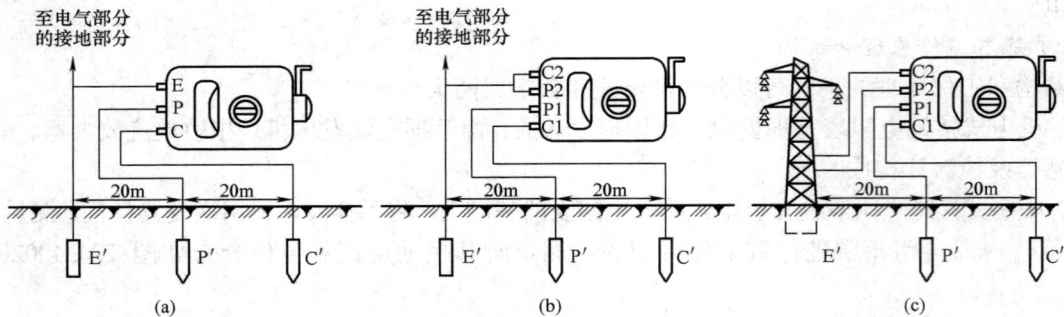

图 ZY2400201001-9　接地电阻表的接线

（a）三端钮式测量仪的接线；（b）四端钮式测量仪的接线；（c）测量小接地电阻时的接线

（四）注意事项

（1）当检流计的灵敏度过高时，可将电位探测针 P 插入土中浅一些；当检流计灵敏度不够时，可将电位探测针 P 和电流探测针 C 周围注水使其湿润。

（2）测量时，接地线路要与被保护的设备断开，以便得到准确的测量数据。

（3）当大地干扰信号较强时，可以适当改变手摇发电机的转速，提高抗干扰能力，以获得平稳读数。

（4）当接地极 E 和电流探测针 C 之间距离大于 40m 时，电位探测针 P 的位置可插入在离开 E、C 中间直线几米以外，其测量误差可忽略不计。当接地极 E 和电流探测针 C 之间距离小于 40m 时，则应将电位探测针 P 插入 E 与 C 的直线中间。

（5）对于没有构成接地回路的接地体，数字式钳形接地电阻表无法直接测量它的接地电阻，为形成回路，可利用大楼的消防水龙头、暖气管道或自来水管等自然接地体（它们的接地电阻很小，可忽略）作为辅助接地电极构成测量回路。

七、直流单臂电桥

（一）直流单臂电桥的用途

直流单臂电桥又称为惠斯登电桥，是一种用来测量中等阻值电阻的比较仪器。

（二）基本工作原理和结构

直流电桥主要由比例臂、比较臂（标准）、被测臂等构成桥式线路。直流单臂电桥原理图如图 ZY2400201001-10 所示。在测量时，它是根据被测量与已知标准量进行比较而得到测量结果，因而测量精度比万用表的欧姆档高得多。

（三）具体操作步骤

随着电子技术的发展，直流单臂电桥逐渐数字化，数字直流单臂电桥操作上更为简便，除了需要进行量程选择外，其使用方法和惠斯登电桥相似。所以下面仅介绍惠斯登电桥的使用方法。

（1）测试前检查。使用前仔细阅读使用说明书，仪表应在使用有效期内，检查配件齐全完好，测试导线导电性能良好，测试导线之间绝缘良好。

（2）调零。先将检流计锁扣打开，将指针调节到零位。

（3）连接线路。将被测电阻接到电桥面板上标有"R_x"的两个端钮上。

（4）选择适当的比例臂倍率。对被测电阻应该预先有个估计值（一般先用万用表预测一次），然后根据这个估计值，选择适当的倍率，以减少测量误差，获得准确的测量结果。

（5）电桥的平衡调节。测量时，首先接通电源，然后接通检流计。如果这时检流计指针沿正方向（表盘上标有"＋"号的方向）偏转，就应增加比较臂电阻（先调大电阻，后调小电阻）；如果检流计的指针反向偏转，则应减少比较臂电阻。反复调节，直到检流计指零为止。

（6）测量完毕后的操作。测量完毕后应先断开检流计支路，然后断开电源。

（7）读取读数，计算被测电阻。被测电阻 R_x（Ω）按式（ZY2400201001-1）计算。

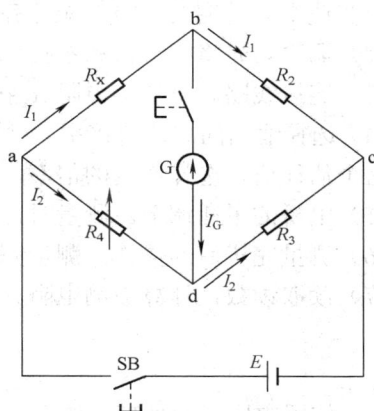

图 ZY2400201001-10　直流单臂电桥原理图

$$R_x = 比例臂的倍率 \times 比较臂的读数 \qquad （ZY2400201001-1）$$

（8）使用完毕后的处理。使用完毕后应将检流计锁扣锁住，并将检流计连接线放在"内接"位置，使检流计短路，以免搬动时损坏检流计。

（四）注意事项

（1）电桥通电时间不能过长，不测量时应关掉电源。

（2）接线时，应尽可能用短而粗的导线，以减少引线电阻。不要使用导线夹夹住被测电阻，以免一旦导线夹被碰掉使检流计损坏。

（3）各接线旋钮必须拧紧，否则接触电阻过大，影响测量的准确度，甚至无法达到平衡。

（4）每次开始重复测量时，都必须将保护电阻放到阻值最大处，以保护检流计。

（5）在测定待测电阻前，应先粗略估计待测电阻的阻值，选择标准电阻 R_0 接近待测电阻的阻值，以保证平衡点在电阻丝的中部，有利于减小测量误差。

（6）测试完毕后，严格按照先断检流计，再断电源的顺序，特别当被测电阻的自感系数较大时，以防电源突然断开时，被测电阻内产生的自感电势损坏检流计。

（7）单臂电桥不适用于测量 1Ω 以下的小电阻，因为当被测电阻很小时，由于测量中连接导线的电阻和接触电阻均将计入测量结果，势必造成很大的测量误差。

八、直流双臂电桥

（一）直流双臂电桥的用途

直流双臂电桥又称为凯尔文电桥，主要用途是测量低阻值的电阻，比如测量变压器绕组、互感器、电机绕组等感性设备的直流电阻以及高压断路器的接触电阻、电缆电阻等。

由于上述被测电阻与测量过程中无法避免的接线电阻和接触电阻在相同的数量级上，因此，采用单臂电桥无法准确地进行测量，而双臂电桥则可以消除接线电阻和接触电阻对测量结果的影响。

（二）基本工作原理和结构

双臂电桥电路有别于单臂电桥的最大不同是被测电阻 R_x 和标准电阻 R_n 各有两对端钮（4 个接头），电流端钮分别是 C1 和 C2、Cn1 和 Cn2，电位端钮分别是 P1 和 P2、Pn1 和 Pn2，被测电阻 R_x 只包含在电位端钮 P1 和 P2 之间。直流双臂电桥原理图如图 ZY2400201001-11 所示。

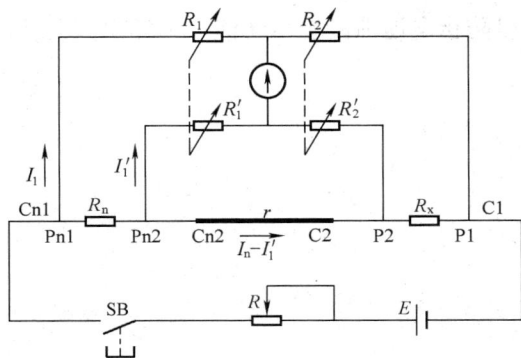

图 ZY2400201001-11　直流双臂电桥原理图

（三）具体操作步骤

直流双臂电桥的使用方法与单臂电桥基本相同。

（1）测试前检查。使用前仔细阅读使用说明书，仪表应在使用有效期内，检查配件齐全完好，测试导线导电性能良好，测试导线之间绝缘良好。

（2）调零。先将检流计锁扣打开，将指针调节到零位。

（3）连接线路。将被测电阻 R_x 按四端钮接法接在电桥相应的接线柱上。

（4）选择适当的比例臂倍率。对被测电阻应该预先有个估计值（一般先用万用表预测一次），然后根据这个估计值，选择适当的倍率，以减少测量误差，获得准确的测量结果。

（5）电桥的平衡调节。测量时，首先接通电源，然后接通检流计。

（6）测量完毕后的操作。测量完毕后应先断开检流计支路，然后断开电源。

（7）读取读数，计算被测电阻。被测电阻 R_x 按式（ZY2400201001-2）计算。

$$R_x = \frac{R_2}{R_1} R_n \tag{ZY2400201001-2}$$

（8）使用完毕后的处理。使用完毕后应将检流计锁扣锁住，并将检流计连接线放在"内接"位置，使检流计短路，以免搬动时损坏检流计。

（四）注意事项

（1）被测电阻的电流端钮、电位端钮与双臂电桥的对应端钮应一一对应连接。

（2）当被测电阻没有专门的电位端钮和电流端钮时，应设法引出四根线和双臂电桥连接，并用靠近被测电阻的一对导线接到电桥的电位端钮上。

（3）连接导线应尽量用短线和粗线，接头要接牢。

（4）测量时，先按下电源按钮并锁住，再试探性按下接通检流计的按钮。若按下按钮时检流计指针（或光标）急剧偏转，应立即释放按钮。根据指针偏转方向及偏转程度调整读数盘后再次接通检流计按钮，重复上述步骤，直到指针（光标）偏转不大时，方可锁住检流计按钮。

（5）由于双臂电桥的工作电流远较单臂电桥为大，所以测量要迅速，以避免电池的无谓消耗。

（6）调节平衡时，严禁将双臂电桥"粗"、"细"按钮同时锁住。

（7）双臂电桥"粗"、"细"按钮测量完毕后必须将按钮放松。

九、仪表的维护与保养

仪表维护保养的主要内容是防尘、防潮、防腐、防老化工作，应做好以下几项工作：

（1）在搬运和使用仪表时，要轻拿轻放，防止振动和撞击，以免损坏，影响测量的准确度。

（2）钳形电流表或相位伏安表电流钳的互感器为高导磁金属材料，切勿碰撞摔打，为避免钳口生锈，应适当涂上油脂保护。定期检查钳口咬合面上是否存在污垢。如有污垢，可用汽油或清洁剂擦拭干净，避免接触腐蚀溶剂。

（3）仪表使用时，要经常保持清洁，每次用完后，用细软干布擦拭干净。对于仪表中的灰尘要请有关人员定期清除。

（4）仪表不使用时，应放入专用仪表箱包，置于干燥的箱柜内，不能放在太冷、太热或潮湿污秽的地方以及含有酸碱等腐蚀性气体的环境中，以免内部线路和零件受潮、霉断和腐蚀。

（5）仪表的附件和专用接线，要保持完整无缺。

（6）仪表如果长期不用，应及时取出仪表内的电池，以防止电池泄漏出电解液，损坏内部元件。更换电池时，新旧电池不能混用。

（7）仪表应定期进行校验，以保证测量的准确性。

【思考与练习】

1．简述机电式万用表的使用注意事项。

2．简述钳形电流表的使用注意事项。

3．简述绝缘电阻表的使用注意事项。

4．简述接地电阻表的使用注意事项。

5．仪表的维护与保养要注意哪些方面？

第四章　电工工具的使用与维护

模块 1　常用电工工具的使用方法和注意事项
（ZY2400202001）

【**模块描述**】本模块包含常用电工工具的结构、用途及使用注意事项。通过操作流程介绍，掌握常用电工工具的使用方法。

【**正文**】

装表接电工在日常安装和维修工作中离不开电工工具，电工工具质量的好坏和使用方法的不当，都会直接影响操作质量和工作效率，甚至会造成生产事故和人身伤亡事故。因此，掌握常用电工工具的性能和正确的使用方法，对提高工作效率和安全生产具有重要意义。

常用的电工工具包括电工安全用具、钳具、手动旋具、电动工具等。现场使用电工工具的一般性规定如下：

（1）严禁使用电工工具从事与本工具不相符的工作，例如用扳手撬东西或充当榔头，普通手钻当冲击钻使用等。

（2）使用电工工具前，应检查工具性能是否符合现场工作要求。

（3）凡需要进行带电作业的电工工具，应检查其试验合格证是否在有效期内，是否按有关规定进行定期试验。

（4）当发现电工工具的绝缘部分有破损时，严禁从事带电作业，应及时更换绝缘护套或更换工具后方可进行带电作业。

一、电工安全用具

电工安全用具可分为绝缘安全用具和一般防护安全用具两种。绝缘安全用具用于防止工作人员直接接触带电体，一般防护安全用具用于保证检修工作安全及提供个人劳动保护。

（一）绝缘安全用具

绝缘安全用具分为基本安全用具和辅助安全用具两类。

凡是绝缘强度能够长时间承受电气设备或线路的工作电压，能直接用来操作带电设备或接触带电体的用具称为基本安全用具。装表接电工常用的基本安全用具主要有 12kV 绝缘手套、装有绝缘柄的工具、验电笔、钳形电表等。

用来加强基本安全用具的可靠性和防止接触电压及跨步电压危险的用具，称为辅助安全用具，其绝缘强度不足以承受电气设备或线路的工作电压，因此不能直接用来操作带电设备。装表接电工常用的辅助安全用具主要有 5kV 绝缘手套、绝缘鞋等。

1. 低压验电器

验电器是用来检查导线和电器设备是否带电的工具，分为高压和低压两种，装表接电工主要使用低压验电器，又称验电笔，常做成钢笔式或螺丝刀式。

使用低压验电器时，手触及金属笔挂（或金属螺钉），电流经被测带电体、验电器、人体到大地，形成通电回路。只要被测带电体与大地之间的电位差超过 60V，验电器中的氖管就会发光，这就表示被测体带电。

低压验电器使用时还应注意以下事项：

（1）低压验电器使用前，应在已知带电体上测试，证明验电器确实良好方可使用。

（2）使用时，应使低压验电器逐渐靠近被测物体，直到氖管发亮；只有在氖管不发亮时，人体才可以与被测物体试接触。

（3）使用时，应注意手必须触及尾部的金属体（金属笔挂或金属螺钉），否则构不成通电回路，氖管不发光。

（4）因氖管亮度较低，使用时应注意避光检测，以防误判。

（5）低压验电器的检测电压范围为 60～500V。

（6）若氖管两极都发光，则被测体带交流电；若一极发光，则被测体带直流电。

2. 绝缘手套

绝缘手套是用绝缘性能良好的特种橡胶制成，可以使人的两手与带电体绝缘。规格有 12kV 和 5kV 两种。12kV 绝缘手套，工作电压在 1kV 以下，可作为基本安全用具使用。5kV 绝缘手套，工作电压在 1kV 以下，用作辅助安全用具；工作电压在 250V 以下，可作为基本安全用具使用。

使用前，应仔细检查其是否损坏、变形。使用前还要对绝缘手套进行气密性检查，具体方法为将手套从口部向上卷，稍用力将空气压至手掌及指头部分检查上述部位有无漏气，如有则不能使用。戴绝缘手套时应将外衣袖口放入手套的伸长部分。

绝缘手套使用时还应注意以下事项：

（1）使用时注意防止尖锐物体刺破手套。

（2）使用具有检验合格证并且在有效期内的绝缘手套。

（3）绝缘手套使用后必须擦干净，存放在干燥处与其他工具分开，并不得接触油类及腐蚀性药品等。

（4）绝缘手套每半年检验一次。

3. 绝缘鞋

绝缘鞋是在任何电压等级的电气设备上工作时用来与地面保持绝缘的辅助安全用具，也是防护跨步电压的基本安全用具。应根据作业场所电压高低正确选用绝缘鞋，低压绝缘鞋禁止在高压电气设备上作为安全辅助用具使用。

使用前，应仔细检查其是否损坏、变形。低压绝缘鞋若底花纹磨光，露出内部颜色时则不能作为绝缘鞋使用。穿用绝缘鞋时，裤管不宜长及鞋底外沿条高度，更不能长及地面，保持布帮干燥。

绝缘鞋使用时还应注意以下事项：

（1）非耐酸碱油的橡胶底，不可与酸碱油类物质接触，并应防止尖锐物刺伤。

（2）应有检验合格证并且在有效期内。

（3）布面绝缘鞋只能在干燥环境下使用，避免布面潮湿。

（4）绝缘鞋穿旧以后，有的纯粹没有绝缘能力，应经常检查其绝缘能力。

（5）绝缘鞋每半年检验一次。

（二）一般防护安全用具

一般防护安全用具也称非绝缘安全用具，装表接电工常用的非绝缘安全用具主要有携带型接地线、可移动遮栏、标志牌、安全帽、安全带和一些登高作业工具等。非绝缘安全用具的具体使用方法参见本书有关科目。

1. 携带型短路接地线

携带型短路接地线是将已经停电的设备临时短路接地的非绝缘安全用具。

（1）使用方法。

1）分相式："接地线"每套三组，每组由导线端线卡、短路线和接地端线卡连接成一体。使用时分组进行操作。按规程规定先验电，确认已停电后，首先将接地端线卡紧固在接地极上，然后按停电线路电压等级，选定操作棒，将导线端线卡挂在导线上。工作完毕，应先拆除导线端线卡，后拆除接地端线卡。

2）组合式："接地线"由于电压等级不同，线卡组合形式及数量、导线长短也不相同，一般由三只导线端线卡，短路线、接地线及一只接地端线卡组成一份"接地线"。使用时按规程规定先验电，确认已停电后，将接地端线卡紧固在接地极上，然后按不同电压等级使用相应的操作棒将导线端线卡分别挂在导线上。（操作棒有固定式和折叠式）拆除时应先拆除导线端线卡，后拆除地线端线卡。

（2）注意事项。

1）使用前，应仔细检查其是否损坏、变形。

2）接地端线卡必须可靠紧固在接地极上。

3）经受短路电流后，接地线应做报废处理。

2. 可移动遮栏

可移动遮拦用来防止工作人员意外碰触或过分接近带电体。

3. 安全标志

安全标志分为禁止标志、警告标志、指令标志和提示标志四类六种。

4. 安全帽

（1）用途。安全帽用来保护工作人员头部，使头部减少冲击伤害的非绝缘安全用具。电报警安全帽还可在接近带电设备时自动报警。

（2）使用方法和注意事项。参见模块"登高工具和安全工具正确使用方法（ZY2400101001）"。

5. 安全带和安全绳

（1）用途。安全带用于预防高处作业人员坠落伤亡，保险绳（安全绳）是安全带上面保护人体不坠落的系绳。

（2）使用方法和注意事项。参见模块"登高工具和安全工具正确使用方法（ZY2400101001）"。

6. 登高作业工具

（1）用途。登高作业工具指在基建、改造、检修等作业中为防止触电、坠落、灼伤等对人身伤害所使用的工具。登高作业安全用具包括梯子、高凳、安全腰带、脚扣、登高板等。

（2）使用方法和注意事项。参见模块"登高工具和安全工具正确使用方法（ZY2400101001）"。

二、钳具

1. 钢丝钳

（1）用途。钢丝钳简称钳子，又叫卡丝钳、老虎钳，由钳头、钳柄和绝缘管三部分组成，是一种夹持或折断金属薄片、切断金属丝的工具。钳头又分钳口、齿口、刀口和铡口四部分。电工用的钢丝钳的柄部套有绝缘套管（耐压500V），其规格用钢丝钳全长的毫米数表示，常用的有150、175、200mm三种。钢丝钳的不同部位有不同的用途：钳口用来弯绞或钳夹导线线头；齿口用来紧固或松动螺母（有的地方规定不得如此使用）；刀口用来剪切导线、钳断铁丝或剥削导线绝缘层；铡口用来铡切导线线芯、钢丝等较硬的金属。

（2）使用方法。

1）使用前，必须检查绝缘柄的绝缘是否良好，绝缘如损坏，进行带电作业时会发生触电事故。

2）使用钢丝钳一般是用右手，使钳口朝内侧，便于控制钳切部位；用小指伸在两钳柄中间用以抵住钳柄，张开钳头，进行相关操作。

（3）注意事项。

1）剪切带电导线时，不得用刀口同时剪切相线和中性线，或同时剪切两根相线，以免发生短路事故。

2）切勿用刀口去钳断钢丝，以免损伤刀口。

3）铡切可带电进行，但操作前一定要检查绝缘管有无破损，以免手握钳柄触电。

2. 尖嘴钳

（1）用途。尖嘴钳的头部尖细，选用于在狭小的工作空间操作，主要用来剪切线径较细的单股与多股线、给单股导线接头弯圈以及夹取小零件等，有刀口的尖嘴钳还可剪断导线、剥削绝缘层。尖嘴钳的规格以全长的毫米数表示，有130、160、180mm等几种。它的柄部套有绝缘套管，耐压一般为500V。

（2）使用方法。

1）使用前，必须检查绝缘柄的绝缘是否良好，绝缘如损坏，进行带电作业时会发生触电事故。

2）使用尖嘴钳一般是用右手，使钳口朝内侧，便于控制钳切部位；用小指伸在两钳柄中间用以抵住钳柄，张开钳头，进行相关操作。

3）用尖嘴钳弯导线接头的操作方法是：先将线头向左折，然后紧靠螺杆依顺时针方向向右弯即成。

（3）注意事项。使用时，避免同时碰触两根相线，发生短路事故。

3．断线钳

（1）用途。断线钳的头部扁斜，因此又叫斜口钳、扁嘴钳，是专供剪断较粗的金属丝、线材及导线、电缆等用的。断线钳由定刀架、动刀架、刀片、定手柄、动手柄组成。手柄又有铁柄、管柄、绝缘柄之分，绝缘柄耐压一般为 1000V。

（2）使用方法。

1）断线：将断线钳动手柄张开到最大位置。动刀架脱开，导线垂直放入刀口，闭合动刀架，摇动动手柄听到棘爪"喀喀"声即反摇，反复摇动至剪断导线。

2）退刀：动手柄张开到最大位置即可退刀。

（3）注意事项。

1）切勿高空抛投，以免损坏断线钳。

2）使用过程中及时清除弹簧、齿槽夹带的泥土等杂物。

3）螺丝、螺母松动应及时拧紧，传动部分及时加油。

4）严禁超范围、超负荷使用。

4．剥线钳

（1）用途。剥线钳是用来剥落小直径导线绝缘层的专用工具。它的钳口部分设有几个咬口，用以剥落不同直径的导线绝缘层。其柄部是绝缘的，耐压一般为 500V。

（2）使用方法。使用剥线钳时，把待剥导线线端放入相应的刃口中，然后用力握钳柄，导线的绝缘层即被剥落并自动弹出。

（3）注意事项。

1）在使用剥线钳时，不允许用小咬口剥大直径导线，以免咬伤线芯。

2）严禁当钢丝钳使用，以免损坏咬口。

3）带电操作时，要首先查看柄部绝缘是否良好，以防触电。

5．压接钳

压接钳是用于电气设备中铜导线与铜端头（包括裸端头和预绝缘端头）冷挤压连接时所使用的工具。压接钳分为手动单（双）手式压接钳、气动式压接钳、手动（或脚踏）液压式压接钳、电动机械式压接钳、电动液压式压接钳等几类，装表接电工作较常用的有手动单（双）手式压接钳、手动（或脚踏）液压式压接钳。

一般 $6mm^2$ 以下多股导线端头采用手动压接钳，$10mm^2$ 以上导线端头常采用液压钳处理。常用的压接钳配置有不同规格的压接模具，规格从 $10 \sim 300mm^2$ 不等，现场根据导线直径选取。压接成型模具有点式模具和六方模具供选择。

（1）铝芯多（单）股电线与多（单）股电线的直线连接方法，操作步骤如下：

1）根据导线横截面积选择压模和椭圆形铝套管。

2）把连接处的导线绝缘护套剥除，剥除长度应为铝套管长度一半加上 $5 \sim 10mm$（裸铝线无此项）。再用钢丝刷刷去芯线表面的氧化层（膜）。

3）用另一洁净的钢丝刷蘸一些凡士林锌粉膏（凡士林锌粉膏有毒，切勿与皮肤接触），均匀地涂抹在芯线上，以防氧化层重生。

4）用圆条形钢丝刷消除铝套管内壁的氧化层及油垢，最好也在管子内壁涂上凡士林锌粉膏。

5）把两根芯线相对地插入铝套管，使两个线头恰好在铝套管的正中连接。

6）根据铝套管的粗细选择适当的线模装在压接钳上，拧紧定位螺钉后，把套有铝套管的芯线嵌入线模。

7）对准铝套管，用力捏夹钳柄，进行压接。先压两端的两个坑，再压中间的两个坑，压坑应在一条直线上。接头压接完毕后要检查铝套管弯曲度不应大于管长的 2%，否则要用木槌校直；铝套管不应有裂纹；铝套管外面的导线不得有"灯笼"形鼓包或"抽筋"形不齐等现象。

8）擦去残余的凡士林锌粉膏，在铝套管两端及合缝处涂刷一层快干的沥青漆。然后在铝套管及裸露导线部分先包两层黄蜡带，再包两层黑胶布，一直包到距绝缘层 20mm 的地方。

（2）铝芯多（单）股电线与设备的螺栓压接式接线桩头的连接方法，操作步骤如下。

1）根据芯线的粗细选用合适的铝质接线耳。

2）刷去芯线表面的氧化层，均匀地涂上凡士林锌粉膏。

3）把接线耳插线孔内壁的氧化层刷去，最好也在内壁涂上凡士林锌粉膏。

4）把芯线插入接线耳的插线孔，要插到孔底。

5）选择适当的线模，在接线耳的正面压两个坑，先压外坑，再压里坑，两个坑要在一条直线上。

6）在接线耳根部和裸露的铝芯之间包缠绝缘带（绝缘带要从电线绝缘层包起）。

7）刷去接线耳背面的氧化层，并均匀地涂上凡士林锌粉膏。

8）使接线耳的背面向下，套在接线桩头的螺钉上，然后依次套上平垫圈和弹簧垫圈，并用螺母紧紧地固定。

（3）注意事项。

1）使用时不得用坚硬的钢制压接件或将实心和壁厚特厚的圆筒件塞入钳腔肆意压接，会损坏钳腔。

2）使用时避免压接钳受力过大，造成卡死或损坏。切勿在压接中途，强行扳压钳把，造成机构失灵或损坏。

三、手动旋具

（1）用途。装表接电工常用的手动旋具主要是螺丝刀，又叫改锥，俗称起子，是用来紧固或拆卸螺钉的工具。一般分为"一"字形、"十"字形和多用螺丝刀。

1）"一"字形螺丝刀的规格用柄部以外刀体长度的毫米数表示，常用的有 100、150、200、300、400mm 五种。

2）"十"字形螺丝刀分为四种型号，其中的 I 号适用于直径为 2～2.5mm 的螺钉，II、III、IV 号分别适用于 3～5mm、6～8mm、10～12mm 的螺钉。

3）多用螺丝刀是一种组合式的工具，既可作螺丝刀使用，又可作低压验电器使用。此外还可用它进行锥、钻。它的柄部和刀体是可以拆卸的，并附有规格不同的螺丝刀体、三棱锥体、金属钻头、锯片、锉刀等附件。

（2）注意事项。

1）电工不可使用金属杆直通柄顶的螺丝刀，否则易造成触电事故。

2）使用前，应对绝缘情况进行检查。

3）使用螺丝刀紧固或拆卸带电的螺钉时，手不得触及旋具的金属杆，以免发生触电事故。

4）为了避免螺丝刀的金属杆触及皮肤或触及邻近带电体，应在金属杆上穿套绝缘套管。

四、电动工具

1. 电动旋具

（1）用途。电动旋具是装表接电工使用最广泛的电动工具，可替代传统手动旋具、扳手紧固或拆卸螺钉、螺母。一般制成手枪式，按电源供电方式可分为交流型和交直流两用型两种，交流型一般采用交流 220V 供电，交直流两用型既可采用交流 220V 供电，也可使用随工具携带的可充电电池供电。

（2）注意事项。

1）使用前应检查电池电量是否充足，并按使用说明书要求对电池进行充电以延长电池使用寿命。

2）使用前，应对绝缘情况进行检查。

3）电动旋具一般有进退、转速选择开关，进退选择开关用于选择旋具是紧固（进）还是拆卸（退）。

4）转速选择开关用于选择不同的转速以适应不同的工作需要。

2. 手电钻

（1）用途。手电钻主要用于在金属、塑料、木材或其他材质的工件上钻孔。一般由电动机、钻夹头、钻头、手柄等部分组成，分为手提式、手枪式两种。手电钻通常采用电压为 220V 的交流电动机，钻夹头是用来夹持、紧固钻头的，钻头一般采用麻花钻头。

（2）注意事项。

1）使用前，应对绝缘情况进行检查。

2）使用时，将选定的钻头柄部塞入钻头夹的三爪卡内，用专用的钥匙夹紧。

3）工件应按要求划线打洋眼并固定牢靠。

4）要先进行试钻，使试钻出的浅坑保持在中心位置。

5）操作要平稳，压力不易过大，并经常退钻排屑。

3. 冲击钻或电锤

（1）用途。冲击钻或电锤主要用于在砌块、砖墙、混凝土上冲打孔眼。其外形与手电钻相似。当把锤、钻调节开关调节到"钻"的位置时，可作为普通电钻使用；当调节到"锤"的位置时，即可冲打孔眼，作为电锤使用。

（2）注意事项。

1）使用前，应对绝缘情况进行检查。

2）使用交流电源时，必须确保电动工具外壳可靠接地。

3）使用交流电源时，应确定交流电源电压在电动工具允许电压范围内。

4）操作前应确定转速或进退选择开关已置于适当位置，不得在按下启动按柄时切换选择开关。

5）操作时应集中精力，全力稳住电动工具机身进行操作，以防高速运转的旋具伤人或损坏现场表计、设备、线路。

五、其他电工工具

1. 扳手

（1）活络扳手。

1）用途。活络扳手是用于紧固和松动螺母的一种专用工具，主要由活扳唇、呆扳唇、扳口、蜗轮、轴销等构成，其规格以（长度×最大开口宽度）mm 表示，常用的有（150×19）mm（6in）、（200×24）mm（8in）、（250×30）mm（10in）、（300×36）mm（12in）等几种。

2）使用方法。使用时，将扳口放在螺母上，调节蜗轮，使扳口将螺母轻轻咬住，呆扳唇放在螺母受力的方向上，用力扳动手柄，紧固或松动螺母。

3）注意事项。活络扳手不可反用，以免损坏活扳唇。在扳动大螺母时，需较大的力矩时，应握住手柄端部；扳动较小螺母，需较小的力矩时，为防止螺母损坏，应握在手柄的根部。

（2）呆扳手。呆扳手又称死扳手，它的开口宽度不能调节，有单端开口和双端开口两种形式，分别称为单头扳手和双头扳手。单头扳手的规格是以开口宽度表示；双头扳手的规格是以两端开口宽度表示，如（8×10）mm、（32×36）mm 等。

（3）梅花扳手。梅花扳手都是双头形式。它的工作部分为封闭圆，封闭圆内分布了 12 个可与六角头螺钉或螺母相配的牙型，适用于工作空间狭小、不便使用活络扳手和呆扳手的场合，它的规格表示方法与双头扳手相同。

（4）两用扳手。两用扳手的一端与单头扳手相同，另一端与梅花扳手相同，两端适用同一规格的六角螺钉或螺母。

（5）套筒扳手。套筒扳手是由一套尺寸不同的梅花套筒头和一些附件组成，可用在一般扳手难以接近螺钉或螺母的场合。

（6）内六角扳手。内六角扳手用于旋动内六角螺钉，它的规格是以六角形对边的尺寸来表示，最小的规格为 3mm，最大的为 27mm。

2. 电工刀

（1）用途。电工刀是用来剖切导线、电缆的绝缘层、切削木台缺口、削制木枕的专用工具。

（2）注意事项。

1）使用时，电工刀的刀口应朝外剖削，以免伤手，剖削导线绝缘层时，刀面与导线呈较小的锐角，以免割伤导线。

2）使用电工刀时应注意避免伤手，不得传递未将刀片折进刀柄内的电工刀。

3）电工刀使用完毕后，随时将刀身折进刀柄。

4）电工刀刀柄无绝缘保护，不能用于带电作业，以免触电。

3. 手钢锯

（1）用途。手钢锯是用来锯切较硬的金属材料的，由锯弓、锯条、张紧螺母组成。

（2）使用方法。使用时，先通过张紧螺母调整锯条，然后右手满握锯柄，左手轻扶锯弓前端。起锯时，压力要小，行程要短，速度要慢。锯割时行程要长，以 20～40 次/min 为宜。快要锯断时，压力要小、行程要短、速度要放慢，用左手扶住被锯下的部分，以防落地损伤工件、砸伤腿脚。

4. 焊接工具

（1）用途。

1）电烙铁：熔解锡进行焊接的工具。一般分为外热式，内热式两种。新购的烙铁，在烙铁上要先镀上一层锡。

2）助焊剂（松香）：除去氧化物的焊接用品。

（2）注意事项。

1）掌握好电烙铁的温度，当在铬铁上加助焊剂时冒出柔顺的白烟，而又不"吱吱"作响时为焊接最佳状态控制焊接时间，不要太长，否则因过热可能损坏导线绝缘层甚至连接部分元件或电路板。

2）清除焊点的污垢，要对焊接的原件用刻刀除去氧化层并用松香或助焊剂和锡预先上锡。

5. 喷灯

（1）用途。喷灯是利用汽油或煤油做燃料的一种加热工具，因喷出的火焰具有很高的温度，常用于加热烙铁、烘烤等。装表接电主要用于电缆热缩头制作加热。

（2）喷灯的使用方法参见模块"低压三相四线电力电缆头的制作技术（ZY2400502003）"。

六、电工工具的维护与保养

（1）在运输过程中，带电绝缘工具应装在专用工具袋、工具箱或专用工具车内，以防受潮和损伤。

（2）新购入的工器具试验合格后方可入库。工器具不使用时应放置在专用的工具箱或工具柜中，应设专用的安全工器具室或专用安全工器具柜，并不得与不合格的工器具或其他物品混放。

（3）工器具应置于通风良好、备有红外线灯泡或去湿设施的清洁干燥的地方。

（4）不合格的带电作业工具应及时检修或报废，不得继续使用。

（5）对受潮、脏污、损伤的工具应单独存放在有标明不合格的货架上，以防拿错，修复后的工器具应经试验合格后方可使用。

（6）库房内应设高低层货架。滑车组、绝缘组、绝缘绳应按组、按条放置；金属工具应按大小和轻重分上下层放置；绝缘拉杆、拉棒、拉板等，应垂直挂在专用支架上；绝缘操作杆应水平放在托架上，屏蔽服应存放在专用箱内。绝缘手套、鞋、靴应存放在箱柜内，切勿放在过冷、过热、酸、碱、油类的地方，以防胶质老化，同时不得与硬、刺、锋利、脏物等混放在一起。

（7）发现绝缘工具受潮或表面损伤、脏污时，应及时处理并经试验合格后方可使用。

（8）定期给工器具加一些机油，以保持工器具的灵活，并用少许机油擦拭工器具的金属部分，防止锈蚀或锈迹的产生。

（9）每次使用前，检查工器具损坏、绝缘、灵活情况，使用完毕后及时将汗液、污渍擦拭干净。

（10）需要定期进行耐压试验的工器具，应经试验合格后方能使用。

【思考与练习】

1. 简述低压验电器使用注意事项。

2. 简述登高作业工具使用注意事项。

3. 常用的手动旋具有哪些？使用中要注意哪些问题？

4. 列举常用的扳手种类。

第五章 仪器的使用与维护

模块1 常用仪器的使用方法和注意事项（ZY2400203001）

【模块描述】本模块包含常用测试仪器主要技术指标、用途及使用注意事项。通过操作流程介绍，掌握常用测试仪器的使用方法。

【正文】

装表接电工在日常安装、检查和维修工作中常用的测试仪器有电能表现场校验仪、电压互感器二次回路压降和电流互感器二次负荷测试仪、计量故障测试仪等。掌握常用测试仪器的性能和正确的使用方法，对提高工作效率和安全生产具有重要意义。

一、电能表现场校验仪

1. 用途

电能表现场校验仪（以下称现校仪）主要在线测量三相电压、电流、有功功率、无功功率、功率因数、电能、相位、频率等电参数，并对三相有功和无功机电式、电子式电能表进行现场校验，确定运行中的电能表误差是否超差，有的还可以对电能计量装置综合误差进行现场测试。

2. 基本工作原理和结构

现校仪操作界面主要有电压输入端子、电流输入端子、控制输入端子。其中三相电压输入端子和公共地端，一般用黄、绿、红和黑区分 U_U、U_V、U_W 和 U_N。电流串接输入端子每相有一对，每一相的高端用黄、绿、红区分 I_U、I_V、I_W，低端均为黑色端子。电流输入一般有两种方式采样，一种是通过电流测试线直接接入测试回路；一种是通过标准钳形电流互感器。控制输入端子可以是光电脉冲信号输入或电子表脉冲输入或手动控制输入。校验仪操作界面还有电能脉冲信号输出端和 RS-232 串口端子。

3. 具体操作步骤

下面以校验三相三线电能表为例说明现校仪的使用方法。

（1）测试前准备工作。检查现校仪有效期、相别标志、测试导线。

（2）接线。首先把 U_V 电压端子与公共地端 U_N 连接，然后将 U、V、W 三相电压分别接入校验仪相应的电压端子 U_U、U_V、U_W。再把 U、W 相电流线串接入相应的电流端子 I_U、I_W（或用 U、V 相钳表，注意钳口清洁）。连接采样装置（光电采样器或电子表脉冲采样线）。

（3）开机预热。按操作面板上的开关或［ON］键仪器即通电，按开关或［OFF］键仪器即断电。

（4）菜单操作。

1）按［启动］对应的功能键进入主菜单。

2）进入主菜单后，现校仪屏幕上显示功能菜单，按功能菜单前的数字键（有的通过上下、左右箭头键选择）即可进入对应的功能菜单，选择校验模式到"三相三线"。

3）按电参数测量键即可进入电参数测量界面。在该界面显示电压、电流、功率因数、频率、瞬时有功功率、瞬时无功功率、瞬时视在功率等可测量的电参数。

4）按接线键可检查显示三相三线接线判别结果和电压电流相量图。

5）按校验功能键进入电能表校验界面。在该界面选择需要的设置项如校验序号、电能表编号、被校电能表类型、被校电能表常数、校验方式、校表圈数等。设置完成后按校表键开始校表。

6）现校仪自动给出修约之后的电能表的误差测试数据。

7）测试完成后，在功能键有效的界面里，按下保存对应的功能键即可存储当前的测量参数。存储的参数包括电表编号、测试时间、电压、电流、有功功率、频率、无功功率、功率因数、角度、电表常数 C、圈数 N、电能表误差、相量图等。

8）在主菜单中按查询键即可进入查询界面。按提示选中需要查询的被校电能表记录后，可进入该电能表的校表数据界面。

（5）测试结束工作。测试结束后，拆除测试导线，关闭电源。按仪器面板上的开关或［OFF］键仪器即断电，有的仪器具有自动断电功能，在测量信号为 0 且无按键操作的情况下，仪器会在设定时间后自动断电。

4. 注意事项

（1）严禁在仪器通电工作状态下用手去触摸仪器上的各端子。

（2）正确连接测试导线，正确选择电流输入方式，输入相应量限内的电流和电压量。切记电流输入值不得超过所选端子额定值的 120%。

（3）钳形电流互感器在使用过程中应轻拿轻放，必须保持钳口铁芯端面清洁，不得有任何异物。钳口端面可用干绸布擦拭（严禁沾酒精和水），擦拭过程中应保持铁芯端面光洁度。

（4）接线时，必须先加电压，后加电流；拆线时，必须先去电流，再断电压。请切记不要将电子表脉冲采样线接在相线或中性线上，以免损坏设备。

（5）在夹钳形电流互感器时，一定要让电流线从钳形电流互感器的圆孔中穿过，钳口要合严，不要将线夹到钳口上，以免影响测量精度。

（6）仪器在工作不正常（受到干扰或死机）时，可对其复位后再使用。

二、TV 二次回路压降和 TA 二次负荷测试仪

1. 用途

TV 二次回路压降包括电缆、端子接触电阻、熔线、中间继电器触点、空气小开关等电压降之总和。TA 的二次负荷是指 TA 二次回路所接的测量仪表、连接导线、继电保护、数据采集装置及回路接触电阻的总和。TV 二次回路压降和 TA 二次负荷测试仪就是用来测试 TV 二次回路压降大小以及压降引起的计量误差和 TA 二次负荷的阻抗和容量。

2. 基本工作原理和结构

TV 二次压降测试原理是由 TV 侧和仪表侧输入的信号经继电器切换后产生差压信号，由单片机运用计算机数字化实时采集方法，对 TV 侧信号和差压信号进行采样，然后进行矢量运算，分别测出差压信号与 TV 信号间的幅值与相位关系，并由之计算出比差值和角差值，从而计算出误差和综合误差。TA 二次负荷测试原理大多是采用伏安相位法来测试，即由 TA 二次回路的电压差和电流，根据欧姆定律计算得到 TA 二次负荷容量的大小，再根据测得的相位角，分别计算 TA 二次负荷的阻抗值。

3. 具体操作步骤

下面以测量三相三线接线方式的 TV 二次回路压降为例说明其使用方法。

（1）测试前准备工作。检查测试仪有效期、相别标志、测试导线。

（2）自校。自校有始端和末端两种方式，自校接线参照模块"TV 二次回路压降测试（ZY2400603001）"。按照示意图连接好导线时，选择自校界面，再选择"始端方式"或"末端方式"，确认，仪器自动开始自校，提示完毕后保存。

（3）接线。一般测试仪提供的接线方式有多种，使用时，应按照仪器使用说明书的要求，根据现场情况和测试需要选择合适的接线方式。所有测试线头都按照黄、绿、红、黑分相色，接入时应根据电能计量装置导线编号分别接入对应的电压回路。

（4）自动校对相序。检查接线无误时，仪器会自动校对 TV、电能表两侧接入电压的一致性，当出现错相报警时，应仔细检查两侧接线的对应关系，将其更正。

（5）测试。从主菜单选择"始端方式"或"末端方式"，按照仪器使用说明测试项目的选择和设置，启动测试功能，完成压降的测试。

（6）检查仪器测试数据并记录或保存。

（7）测试结束工作。测试结束后，拆除测试导线，关闭电源。按仪器面板上的开关或［OFF］键

模块 1

ZY2400203001

仪器即断电，有的仪器具有自动断电功能，在测量信号为 0 且无按键操作的情况下，仪器会在设定时间后自动断电。

4．注意事项

（1）电压互感器二次回路压降的测试，一般均在实际负荷运行情况下现场带电进行，为此必须严格执行《国家电网公司电力安全工作规程（电力线路部分）》有关内容。

（2）电压互感器二次回路严禁两点接地，以防电压互感器二次侧短路而损坏设备。

（3）使用前应先用绝缘电阻表（或万用表）检查专用测量导线各芯之间的绝缘是否良好，线是否良好接通，各接线头与导线接触是否牢固完好，以免造成短路或断路现象。

（4）测试完压降后，如需要测试二次负荷，必须拆线后换上测试负荷的专用线才能测试负荷。

（5）测试线与仪器之间的连接件应按照特定方向插入并锁紧，TV 侧、电能表侧采用带绝缘护套的鳄鱼嘴夹，夹入时应确保夹接的可靠，还应将连接鳄鱼嘴夹的电缆做临时悬挂固定，防止鳄鱼嘴夹受力脱落造成安全事故。

（6）如果在三相三线计量方式时测量，则电缆线只需要三芯通电，空余的一芯线的接线头要进行绝缘包扎，避免短路事故。

（7）如果出现数据长时间显示为"******"，复位仪器重新测量。

（8）电池组能量耗尽前，仪器内微机系统可能不能正常工作，因此请注意及时充电。

（9）当在室外工作时，最好不要将仪器长时间置于太阳下曝晒。

三、电能计量装置故障测试仪

1．用途

电能计量装置故障检测仪是用电检查、计量中心等部门对电力系统现场检查电网电能计量装置运行情况和故障检测的一种常用仪器。

2．基本工作原理和结构

电能计量装置故障测试仪按使用的电压等级分为高压电能计量装置故障测试仪和低压电能计量装置故障测试仪。

（1）高压电能计量装置故障测试仪。高压电能计量装置故障测试仪可全面检测 10kV 及以下用户 TV、TA 故障、电能表错接线、电能表故障、接线故障、超载运行等各种原因引起的电量流失。高压电能计量装置故障测试仪由两部分组成，即主机部分和分机部分，主机 1 台，配带分机 1～5 台。

1）主机功能：

a．在不停电、不打开高压计量箱（且不与高压接触）可在线测量高压用户整个计量回路的电量综合误差。

b．可存储多户高压计量用户综合误差数据，可进行数据查询。

c．具备和分机进行命令和数据传输功能，接收分机测得的各种参数。

2）分机功能：

a．可实时测量显示变压器低压侧三相电压、电流、功率、功率因数、电能、相位、频率。

b．通过无线通信接收主机下达的测量开始等同步命令，向主机传送测量数据。

c．可检测低压电能计量装置综合误差（含接线、TA、电能表误差）。

d．可测量低压 TA 变比、极性、比差和角差。

e．可直观显示低压电能计量装置电压、电流及相量图，并提示接线错误。

（2）低压电能计量装置故障测试仪。低压电能计量装置故障测试仪可实时测量低压电能计量装置三相电压、电流、功率、功率因数、相位、频率等参数，可测量低压 TA 变比、极性、比差和角差，可直接显示相量图，提示接线错误，并对电能表基本误差进行校验。

3．具体操作步骤

（1）测试前准备工作。检查测试仪有效期、相别标志、采样线和电流采样钳。

（2）接线。使用时，应按照仪器使用说明书的要求，分别接入电压采样线和电流采样钳。

（3）测试。按照仪器使用说明书的方法，正确操作测试仪，完成电能表基本误差、电压、TA 一次、二次电流，功率，相位，功率因数，频率，TA 变比误差的测量，查看相量图，检查电能计量装置的接线错误。

（4）检查仪器测试数据并记录或保存。

（5）测试结束工作。测试结束后，拆除采样线和电流采样钳。

4．注意事项

（1）电能计量装置故障测试均是现场带电进行，为此必须严格执行《国家电网公司电力安全工作规程（电力线路部分）》有关内容。

（2）测试过程中电压互感器二次回路严禁短路，电流互感器二次回路严禁开路。

（3）使用前应先用绝缘电阻表（或万用表）检查专用采样线各芯之间的绝缘是否良好，线是否良好接通，各接线头与导线接触是否牢固完好，以免造成短路或断路现象。

（4）使用测试仪配套的测试导线及标准钳形电流互感器。

（5）负荷电流应相对稳定，二次电流不低于启动电流。

（6）在通电情况下，任何人不得插拔任何接线。

（7）保持标准钳形电流互感器钳口的清洁及闭合良好。

（8）测试仪标准配置有 1A、5A 钳形电流互感器，应根据被测 TA 二次电流选择适当的钳形电流互感器，以提高测量精度。

（9）当在室外工作时，不要将仪器长时间置于太阳下曝晒。

（10）电池组能量耗尽前，仪器内微机系统可能不能正常工作，及时充电。

四、仪器的维护与保养

仪器维护保养的主要内容是防尘、防潮、防腐、防老化工作，应做好以下几项工作：

（1）在搬运和使用仪器时，要轻拿轻放，防止振动和撞击，以免损坏，影响测量的准确度。

（2）钳形电流互感器为高导磁金属材料，切勿碰撞摔打，为避免钳口生锈，应适当涂上油脂保护。定期检查钳口咬合面上是否存在污垢。如有污垢，可用汽油或清洁剂擦拭干净，避免接触腐蚀溶剂。

（3）仪器使用时，要经常保持清洁，每次用完后擦拭干净。对于仪器中的灰尘要请有关人员定期清除。

（4）仪器不使用时，应放入专用仪器箱包，置于干燥的箱柜内，不能放在太冷、太热或潮湿污秽的地方以及含有酸碱等腐蚀性气体的环境中，以免内部线路和零件受潮、霉断和腐蚀。

（5）仪器的附件和专用接线，要保持完整无缺。

（6）仪器如果长期不用，隔一段时间要开机通电一次，驱散仪器内部潮气，保护元器件。如有电池，应及时取出电池，以防止电池泄漏出电解液，损坏内部元件。更换电池时，新旧电池不能混用。

（7）仪器应定期进行校验，以保证测量的准确性。

【思考与练习】

1．简述电能表现场校验仪的用途。

2．使用电能表现场校验仪应注意哪些事项？

3．TV 二次回路压降对计量准确性有什么影响？测试 TV 二次回路压降的原理是什么？

4．简述电能计量装置故障测试仪使用注意事项。

第六章 仪器仪表工具的管理制度

模块 1 仪器、仪表和电工工具的管理（ZY2400204001）

【模块描述】本模块包含常用仪器、仪表和电工工具保管制度的建立；通过建立保管制度格式和内容介绍，掌握仪器、仪表和电工工具保管制度建立的方法。

【正文】

仪器、仪表和电工工具在运输、使用、保管各个环节中，如果管理方法不当，都有可能造成损坏或引起意想不到的缺陷，为防止在使用中造成生产事故和人身伤亡事故，常用仪器、仪表和电工工具应建立保管制度，规范管理。

一、仪器仪表的管理

1. 仪器仪表的领用与建账

根据装表接电工现场作业需要，向主管部门申请并领用仪器仪表。到货后，办理领用手续，建立账卡，验收仪器仪表。验收仪器仪表主要内容有：外观检查，即检查外壳包装是否损坏；成套性检查，即根据装箱单、说明书清点主机、辅机、附件和专用工具、随机图纸、技术资料、说明书和外设接线等；性能检验，即按说明书上规定的技术指标进行逐项检查。大型、精密、稀有仪器还应填写验收报告，同时将图纸、技术资料交上级主管部门存档，班组一般只保存说明书（或其复印件）。

2. 仪器仪表的周期检查制度

为了保证仪器仪表功能的准确性、一致性、可靠性，必须按照主管部门有关周期检定制度的规定，按时、按量把仪器仪表送交检验、检定，搞好计量仪器的量值传递工作，并保存好检定卡片或表格、记录。

3. 其他管理工作

（1）搞好仪器附件的管理。附件的遗失是仪器使用过程中容易发生的现象，而附件的遗失或损坏，往往使精密、贵重的仪器不能继续使用，严重影响生产或科研。因此要切实加强管理。管理的方法是附件随仪器一起建账，规定固定存放地点，建立借用制度，规定仪器和附件换人使用时的交接手续。

（2）做好仪器技术资料保管工作。仪器的说明书、操作规程和其他交班组保存的技术资料应和班组工艺文件一起保管，班组长换人，应清理移交。这些资料只能借阅，不能交私人保管。

（3）仪器仪表的遗失处理。对于个人保管的仪器仪表，不管主客观原因发生的遗失情况都应认真进行处理，并立即上报主管部门，针对不同情节，采取行政处分加经济赔偿的方法。各单位都应建立仪器遗失赔偿制度。

（4）仪器仪表事故的处理，参照设备事故处理的方法。

（5）仪器仪表的报废和利用。仪器仪表确因使用年限长久，性能低劣、事故造成严重损坏等而无法修复，或因科技发展而失其价值，可提出报废申请。主管部门经有关机构技术鉴定、审查同意后，填写报废申请单，报领导审批，正式报废。报废后的仪器由主管部门统一处理。

二、电工工具的管理

1. 电工工具的领用与建账

根据装表接电工现场作业需要，向主管部门申请并领用电工工具。到货后，办理领用手续，建立账卡。

（1）按规定数量配齐后，因试验不合格的凭试验报告到安监部门办理领用手续。

（2）因损坏需要重新领用时，部门出具损坏原因证明，到安监部门办理以旧换新手续。

（3）电工工具领用由单位安全员填写领料单，经单位负责人签字后，再到安监部门办理领用手续。

2．带电作业工器具的试验

工器具随着使用次数的增加和使用时间的延长，其电气性能和机械性能都将逐步劣化，因此，必须按一定周期进行定期试验（监督性试验和预防性试验）来鉴定带电作业工器具是否满足工作要求。应进行试验的安全工器具如下：

（1）按规程规定的试验周期进行试验的安全工器具。

（2）检修后及零部件经过更换的安全工器具。

（3）自制的安全工器具。

（4）对安全工器具有疑问或发现缺陷时。

安全工器具试验合格后，由试验人员贴上合格证，合格证应注明试验标准、试验人、试验周期及下次试验日期。并按规程规定制订试验周期表，定期检查核对，对检查不合格的安全工器具应立即停止使用并向上级报告。

【思考与练习】

1．仪器仪表的维护与保养应注意哪些问题？

2．电工工具的维护与保养应注意哪些问题？

第三部分

电能计量装置施工

第七章　电能计量装置施工方案编制

模块1　电能计量装置的施工方案（ZY2400301001）

【模块描述】 本模块包含电能计量装置施工方案的编制。通过编制方案讲解、实例操作，掌握编制电能计量装置施工方案的内容。

【正文】

电能计量装置施工方案主要包括两方面内容：电能计量装置配置方案和现场施工方案。电能计量装置配置方案主要包括电能计量装置的分类要求、电能计量装置配置原则、计量点的确定、计量方式的确定、电能计量的接线方式、电能计量柜的选择原则、电能表的选择原则要求、互感器的选择原则要求、计量二次回路的确定、电能量采集终端的选择原则要求。现场施工方案对装表接电工在现场作业一般规定进行介绍，并具体说明在电能计量装置新装、电能计量装置换装、电能计量装置拆除、工作结束、工作传票登记及退表处理等环节需要注意的内容和要求。

一、电能计量装置配置方案

1. 电能计量装置的分类要求

（1）电能计量装置包括各种类型电能表、计量用电压电流互感器及其二次回路、电能计量柜（箱）等。

（2）电能计量装置，按其所计量电能量的多少和计量的对象的重要程度分为五类（Ⅰ、Ⅱ、Ⅲ、Ⅳ、Ⅴ）。装表接电工应主要了解以下分类方法：

1）Ⅰ类：月平均用电量在 500 万 kWh 及以上或变压器容量在 10000kVA 及以上的高压计费客户。

2）Ⅱ类：月平均用电量在 100 万 kWh 及以上或变压器容量在 2000kVA 及以上的高压计费客户。

3）Ⅲ类：月平均用电量在 10 万 kWh 及以上或变压器容量在 315kVA 及以上的计费客户。

4）Ⅳ类：负荷容量在 315kVA 以下的计费客户。

5）Ⅴ类：单相供电的电力客户计费用电能计量装置。

2. 电能计量装置配置原则

（1）新建电源、电网工程的电能计量装置应采用专用电压、电流互感器的配置方式，35kV 及以上电压等级，应采用专用计量二次绕组。对在用电能计量装置有条件时也应逐步改造，使其满足现行技术管理要求。

（2）10kV 及以下的电能计量柜应采用整体式电能计量柜。

（3）10kV 以上 110kV 以下的电能计量装置：宜采用分体式电能计量柜。配置专用的电流、电压互感器、二次回路以及专用计量屏，以二次电缆与电能计量电压、电流互感器柜相连接。

（4）110kV 及以上的电能计量装置：应配专用的电流、电压互感器或专用计量绕组，具有专用二次回路及专用计量屏，以电缆与电流、电压互感器相连接。

（5）电能计量装置按不同用电类别，应配置的电能表、互感器的准确度等级不应低于表 ZY2400301001-1 规定。

表 ZY2400301001-1　　电能计量装置准确度等级表

电能计量装置类别	准 确 度 等 级			
	有功电能表	无功电能表	电压互感器	电流互感器
Ⅰ	0.2s 或 0.5s	1.0	0.2	0.2s

续表

电能计量装置类别	准　确　度　等　级			
	有功电能表	无功电能表	电压互感器	电流互感器
II	0.5s	1.0	0.2	0.2s
III	0.5s 或 1.0	1.0 或 2.0	0.2	0.2s
IV	1.0	2.0		0.2s
V	2.0（1.0）			

注　发电机出口电能计量装置中配用 0.2 级电流互感器。括号中为技术要求执行。

（6）整体式电能计量柜电压、电流互感器二次导线应从输出端子直接至计量柜内的电流、电压端子（试验接线盒），中间不得有任何辅助触点、接头或其他连接端子。手车式（中置柜）计量柜的二次回路需要通过转接触头连接电能表，此类转接触头的技术要求应满足相关技术标准。

（7）110kV 及以上电压互感器一次侧安装隔离开关，35kV 及以下电压互感器一次侧安装 0.5～1A 的熔断器。

（8）下列部位必须具备加封条件，并采取有效防窃电措施：电能表两侧表耳，电能表箱（柜）门锁，电能表尾盖板，试验接线盒防误操作盖板，计量互感器二次接线端子及快速熔断式隔离开关，计量互感器柜门锁，计量电压互感器一次隔离开关操作把手、熔管室及手车摇柄。

（9）大客户计量柜（箱）除电能表由供电公司提供以外，其他所有电气设备及器件，如互感器、失压计时器、负荷管理终端、试验接线盒等，均应随计量柜（箱）一同设置配置。这些电气设备及器件必须符合计量技术标准，并经计量管理部门检定、确认合格。

（10）安装在电网变电所内的电压互感器、电流互感器、电能表柜及二次回路用于贸易结算时应独立或专用设计。

（11）不宜采用套管式电流互感器，以方便增、减容电流互感器更换。有条件的地方，应采用多抽头或多绕组电流互感器，以方便增、减容处理。

3. 计量方式的技术要求

（1）居民客户，根据用电负荷大小及居住情况装设专用或公用单相 220V 电能表或 380/220V 三相电能表。

（2）由地区公共低压电网供电的 220V 照明负荷，线路电流大于 40A 时，宜采用三相四线制供电。

（3）低压供电客户其最大负荷电流为 50A 及以下时，采用直接入电能表，最大负荷电流 60A 以上时宜采用经互感器接入式电能表。

（4）高压供电客户，采用高压计量方式。对 10kV 供电，配电变压器容量大于 315kVA 时，应在高压侧计量。若高压计量条件不具备，亦可采用低压侧计量，但应加收配电变压器损失。

（5）受电容量在 100kW 及以上客户，应装设无功电能表，实行功率因数调整电费。对装设有无功补偿装置的客户，应装设可计量四象限无功电能量的多功能电能表。

（6）按照负荷管理的规定，对应实行分时电价的客户，应装设具有分时功能的多功能电能表。

4. 电能计量的接线方式

（1）接入中性点绝缘系统的电能计量装置，应采用三相三线有功、无功电能表。接入非中性点绝缘系统的电能计量装置，应采用三相四线有功、无功电能表或 3 只机电式无止逆单相电能表。

（2）接入中性点绝缘系统的 3 台电压互感器，35kV 及以上的宜采用 Yy 方式接线，35kV 以下的宜采用 Vv 方式接线。接入非中性点绝缘系统的 3 台电压互感器，宜采用 $Y_{N}yn$ 方式接线。其一次侧接地方式和系统接地方式相一致。

（3）三相三线的电能计量装置，其 2 台电流互感器二次绕组与电能表之间宜采用四线连接。

（4）三相四线制连接的电能计量装置，其 3 台电流互感器二次绕组之间宜采用六线连接。

5. 电能计量柜的选择原则

（1）10kV 及以下三相供电客户，应安装全国统一标准的电能计量柜；最大负荷小于 100A 的三相低压供电客户可安装电能计量箱；有箱式变电站的专用变压器客户宜实行高压计量，采用统一确定的计量安装方式；35kV 供电客户也应安装电能计量柜；实行一户一表的城镇居民住宅的电能计量箱应符合设计要求规定；实行一户一表的零散居民电能计量装置应集中装箱安装。

（2）电能计量柜应具备的基本功能应符合下列要求：

1）整体式电能计量柜应设置防止误操作的安全联锁装置。

2）人体接近带电体、带电体与带电体以及带电体及机械器件的安全防护距离应符合有关规程规定。

3）电气设备及电器器件，均应选用符合其产品标准，并经检验合格的产品。

4）电能计量柜的电气接地应符合规程规定。

（3）电能计量柜（箱）的结构及工艺，应满足安全运行、准确计量、运行监视和试验维护的要求，同时还应做到：

1）壳体及机械组件具有足够的机械强度，在储运、安装操作及检修时不发生有害的变形。

2）应具有足够空间安装计量器具，其计量器具的安装位置还应考虑现场拆换的方便。电能计量柜（箱）应具有可靠的防窃电措施。

3）电能计量柜（箱）的各柜（箱）门上必须设置可铅封门锁，并应有带玻璃的观察窗。其玻璃应用无色透明材料（或钢化玻璃），厚度应不小于 4mm，面积应满足监视和抄表的要求。

4）各电能表应装在电能表专用支架上。

5）各单元之间，宜用隔板或采用箱体结构体加以区分和隔离。

6）连接导线中间不得有接头，可移动部件及需经常试验或拆卸的连接导线，应留有必要的裕度。

7）须预留装设电力负荷管理终端的位置。

8）电能计量箱与墙壁的固定点不应少于 3 个，并使电能计量箱不能前后、左右移动。

6. 电能表的选择原则要求

（1）为提高低负荷计量的准确性，应选用过载 4 倍及以上的电能表。

（2）经电流互感器接入的电能表，其标定电流宜不超过电流互感器额定二次电流的30%，其额定最大电流约为电流互感器额定二次电流的 120%。直接入电能表的标定电流应按正常运行负荷电流的30%左右进行选择。

（3）执行功率因数调整电费的客户，应安装能计量有功电量、感性和容性无功电量的电能计量装置；按最大需量计收基本电费的客户应装设具有最大需量计量功能的电能表；实行分时电价的客户应装复费率电能表或多功能电能表。带有数据通信接口的电能表，其通信定位规约应符合 DL/T 645—2007《多功能电能表通信规约》的要求。

（4）电能表的额定电压应与接入回路电压相符。

（5）电能表安装前必须经过法定计量检定机构检定合格才能使用。严禁安装使用未经检定的电能表。

7. 互感器的选择原则要求

（1）互感器实际二次负荷应在 25%～100%额定二次负荷范围内；电流互感器额定二次负荷的功率因数应为 0.8～1.0；电压互感器额定二次功率因数应与实际二次负荷的功率因数接近。

（2）电流互感器额定一次电流的确定，应保证其在正常运行中的实际负荷电流达到额定值的 60%左右，至少应不小于 30%。否则应选用高动热稳定电流互感器或改变配置变比。

（3）电流互感器的额定电压与被测供电线路额定电压等级相符，电压互感器的一次侧额定电压必须与被测供电线路额定电压相符，二次侧额定电压值必须与电能表额定电压值相对应。

（4）计费电能表应装设专用互感器（或专用绕组），严禁与测量、保护、控制回路的电流互感器共用。

（5）互感器必须经过法定计量检定机构检定合格才能使用。严禁使用未经检定的互感器。

8. 计量二次回路的确定

（1） I、II、III类计费用电能计量装置应按计量点配置计量专用电压、电流互感器或专用二次绕组。电能计量专用电压、电流互感器或专用二次绕组及其二次回路不得接入与电能计量无关的设备。

（2）35kV 以上计费用电能装置中电压互感器二次回路，应不装设隔离开关辅助触点，但可装设熔断器；35kV 及以下计费用电能计量装置中电压互感器二次回路，应不装设隔离开关辅助触点和熔断器。

（3）未配置计量柜（箱）的，其互感器二次回路的所有接线端子、试验端子应能实施铅封。

（4）互感器二次回路的连接导线采用铜质单芯绝缘导线，多根双拼的宜采用专用压接头。电压、电流回路各相导线应分别采用黄、绿、红色线，中性线应采用黑色线，接地线为黄与绿双色线，也可以采用专用编号电缆。对电流二次回路，连接导线截面应按电流互感器的额定二次负荷计算确定，至少应不小于 $4mm^2$。对于电压二次回路连接导线截面应按允许的电压降计算确定，至少应不小于 $2.5mm^2$。

（5）电流互感器二次回路严禁与计量无关设备连接。

（6）二次回路导线额定电压不低于 500V。

（7）计量二次回路的电压回路，不得作其他辅助设备的供电电源，利用多功能表的失压、失流功能监察运行中的各相电压、电流和功率。

（8）二次回路具有供现场检验接线的试验接线盒。

二、现场施工方案

1. 现场作业一般规定

（1）装表接电现场工作一般不应少于 2 人，装表接电工工作时应出示证件或挂牌。

（2）装表接电工在现场应先按工作传票核对客户户名、用电地址、资产编号和工作内容，并检查有无其他异常，正常时方可开展工作。因客户门锁等原因，无法进入现场的，应主动与客户取得联系，约定下次工作时间，并向班组长汇报。

（3）发现客户有违约用电或窃电时应停止工作保护现场，通知和等候用电检查（稽查）人员处理。

（4）发现电能计量装置有传票中未列出的故障、接线错误、倍率差错等异常时，做好检查记录交客户签字确认并报业务部门后续处理。

（5）发现传票信息与实际不符或现场不具备装表接电条件时，应终止工作，及时向班组长或相关部门及人员报告，做好记录与客户确认，待处理正常后再行作业。

（6）发现电能计量装置失窃应终止工作，并进行失窃报办。

（7）安装工艺应符合规程规范要求。设备安装应牢固，电能表安装垂直，布线美观整齐，连接可靠。

（8）对登高、带电作业等危险工作，应做好保证安全的组织措施和技术措施，方可开始作业，具体参见本书有关模块。

2. 现场作业内容和要求

（1）新装电能计量装置。

1）一般安装次序为先装互感器、二次连线、专用接线盒，再安装电能表。

2）连线前应检查互感器极性标注正确性和一次电流方向。

3）对成套高压电能计量装置，应断开计量二次回路的连接。检查互感器极性关系和导线是否符合要求，合格后重新接线。

4）新装电能计量装置装出时间、资产编号、电能表底码等原始信息应以适当方式（如当面签字、发通知单等）及时通知客户检查核对。

（2）换装电能计量装置。

1）现场核对工作对象、工作范围、工作内容是否与传票或工作任务单一致，检查有无违约用电、窃电、隐藏故障、不合理结存电量等异常，如出现异常及时报办处理。

2）与客户共同做好作业前准备和安全措施后按传票或工作任务单要求实施换装作业。对有专用接线盒的电能计量装置，不停电时应短接电流，断开电压，抄录短接时客户用电功率和记录短接时间，计算出应补电量，记录在工作传票交客户签字确认。对没有专用接线盒的电能计量装置，停电换装作业应在切断电能计量装置（含二次连线）各侧电源后进行；如系带电作业（如居民单相表轮换），应断开设备负荷开关，空负荷操作。严禁在电能计量装置电流互感器一次有负荷电流的情况下，在电能计量装置二次回路上开展任何工作。

3）计量回路带有远方抄表或负荷管理装置时，换表时如更动其接线，换表后应予恢复正常（必要时，通知远方抄表或负荷管理装置管理机构做现场参数变更设置）。

4）换装电能计量装置装拆时间、资产编号、装拆示数等数据信息应以适当方式（如当面签字、发通知单等）及时通知客户检查核对。

（3）拆除电能计量装置。

1）现场核对工作对象、工作范围、工作内容是否与传票或工作任务单一致，检查有无违约用电、窃电、隐藏故障、不合理结存电量等异常，如出现异常及时报办处理。

2）切除负荷和电源，按传票或工作任务单内容拆除电能计量装置。

3）拆除电能计量装置时间、资产编号、拆表示数等数据信息应以适当方式（如当面签字、发通知单等）及时通知客户。

4）对现场需拆除或需处理的空接线路、设备等通知客户或相关部门与人员做好电气安全防护和相应后续处理。

（4）工作结束。装表接电工作结束，人员离开前应做好以下工作：

1）装出表通电前检查，设备安装是否牢固，二次连线是否准确、可靠，接线是否正确，电气回路是否畅通。

2）装出表通电检查，相序是否正确，电能表运行是否正常。

3）清扫施工现场，对电能表接线盒、试验接线盒、计量柜前后门、互感器箱前后门、计量电压互感器隔离开关把手、二次连线回路端子盒等应加封部位加装封印。

4）检查、整理、清点施工工具和拆下的电能计量装置。

5）做好应通知客户或需客户签字确认的其他事宜。

（5）工作传票登录及退表处理。

1）工作传票应在工作结束后的一个工作日内（工作量大时最多不超过三个工作日）完成在营销信息系统登录和向下传递。

2）传票填写和登录应及时、规范、准确、可靠。

3）按故障、现场检验流程拆回的电能计量器具，应在半个工作日内送电能计量中心鉴定。

4）按其他业务流程和轮换拆回的电能计量器具，在二、三级表库或退回一级表库保存1~2个抄表周期后，按计量资产管理规定后续处理。

三、案例

例： 某用户 10kV 供电、容量为 2000kVA、计量方式为高供高计、供电方为单电源、计量点设在用户端。请编制该用户电能计量装置施工方案。

解： 该用户电能计量装置施工方案编制如下。

（一）电能计量装置配置原则及要求

1. 互感器的配置原则及要求

（1）应采用专用电压、电流互感器的配置方式，不得接入与计量无关的设备。

（2）互感器实际二次负荷应在 25%~100% 额定二次负荷范围内；电流互感器额定二次负荷的功率因数应为 0.8~1.0；电压互感器额定二次功率因数应与实际二次负荷的功率因数接近。该户的电流互感器额定二次容量可选不小于 10VA，电压互感器额定二次容量可选不小于 30VA。

（3）电流互感器二次计量绕组的变比应根据变压器容量或实际负荷容量选取，使其正常运行中的工作电流达到额定值的 60% 左右，至少应不小于 30%。该户电流互感器变比可选 150/5A。

（4）电流互感器的额定电压与被测供电线路额定电压等级相符，电压互感器一次侧额定电压必须与被测线路额定电压相符，二次额定电压值必须与电能表额定电压值相对应。

---

2. 电能表的选择及要求

（1）为提高低负荷计量的准确性，应选用过载4倍及以上的电能表。

（2）经电流互感器接入的电能表，其标定电流宜不超过电流互感器额定二次电流的30%，其额定最大电流应为电流互感器额定二次电流的120%左右。直接接入式电能表的标定电流应按正常运行负荷电流的30%左右进行选择。

（3）应安装能计量有功电量、感性和容性无功电量的电能计量装置；按最大需量计收基本电费的用户应装设具有最大需量计量功能的电能表；实行分时电价的用户应装设多功能电能表。

（4）带有数据通信接口的电能表，其通信规约应符合 DL/T 645—2007《多功能电能表通信规约》的要求。

（5）具有正、反向送电的计量点应装设计量正向和反向有功电量以及四象限无功电量的电能表。

3. 电能计量柜的配置及要求

（1）应配置全国统一标准的电能计量柜。

（2）计量柜应设置防误操作的安全连锁装置。

（3）人体与带电体、带电体与带电体及带电体与机械附件的安全距离应符合规程要求。

（4）电能计量柜的电气接地应符合规程要求。

（5）电能计量柜门上必须设置可铅封门锁，并应有代玻璃的观察窗。其玻璃应用无色透明材料，厚度不小于 4mm，面积应满足监视和抄表的需求。

（6）计量柜内应具有固定电能表的专用支架。

（7）须预留装设负荷管理终端箱的位置。

4. 计量二次回路的选择

（1）二次计量回路的连接导线应采用铜质单芯绝缘线。电压、电流互感器二次计量回路导线截面积不小于 $4mm^2$。电流互感器二次端子与电能表之间的连接应采用分相独立回路的接线方式。

（2）二次计量回路 L1、L2、L3、N 相连接导线应分别采用黄、绿、红、黑色线，接地线为黄与绿双色线。导线两端有回路编号标志，颜色、标识清楚。

（3）电压互感器二次端子出线应直接接至联合接线盒，中间不应有任何辅助触点。

（4）电流互感器二次出线侧宜具有可铅封的独立端子，二次回路导线应由二次端子直接接至联合接线盒，中间不应有任何辅助触点。

（5）应装设具有封闭与防误接线措施的电能计量试验（联合）接线盒。

5. 应配置的电能表、互感器的准确度等级

电能计量装置根据用电类别应配置的电能表、互感器的准确度等级见表 ZY2400301001-2。

表 ZY2400301001-2　　　　应配置的电能表、互感器的准确度等级表

电能计量装置类别	准确度等级			
	有功电能表	无功电能表	电流互感器	电压互感器
Ⅱ	0.2s 或 0.5s	2.0	0.2s	0.2

6. 其他要求

（1）电能计量装置应加封，封印应具有防伪、防撬和不可恢复性。下列部位应施加封印：电能表表盖、电能表端钮盒、试验（联合）接线盒、互感器二次计量接线端子、计量监测及抄表装置、电压互感器一次侧隔离开关操作手柄、计费互感器室、计量柜（箱）门。

（2）电压互感器一次侧应安装 1A 或 0.5A 的熔断器。

（3）该户除计费电能表、电卡表由供电公司提供外，其他电气设备及附件，如互感器、试验接线盒等均有用户随计量柜一同配置。其技术规范应满足计量技术标准，并经计量管理部门鉴定合格。

7. 电能计量接线方式

（1）接入中性点非有效接地系统，应采用三相三线有功、无功电能表。电压互感器，宜采用 VV 方式接线。其 2 台电流互感器二次绕组与电能表之间直采用四线连接。

（2）接入中性点有效接地系统，应采用三相四线有功、无功电能表。电压互感器应采用 Yy 方式接线。其 3 台电流互感器二次绕组与电能表之间直采用六线连接。

（二）对电能计量装置配置及设计方案的审核

1. 审核依据

（1）DL/T 448—2000《电能计量装置技术管理规程》。

（2）《供电营业规则》。

（3）DL/T 825—2002《电能计量装置安装接线规则》。

2. 设计审查内容

设计审查内容包括计量点、计量方式（电能表与互感器的接线方式、电能表的类别、装设套数）的确定；计量器具型号、规格、准确度等级、制造厂家、互感器二次回路及附件等的选择、电能计量柜（箱）的选用、安装条件的审查等。

（三）电能计量装置投运前的全面验收

1. 验收技术资料

（1）电能计量装置计量方式原理接线图，一、二次接线图，施工设计图和施工变更资料。

（2）电压、电流互感器安装使用说明书、出厂检验报告、法定计量检定机构的检定证书。

（3）计量柜（箱）的出厂检验报告、说明书。

（4）二次回路导线或电缆的型号、规格、长度及电缆走向图纸资料。

（5）电压互感器二次回路中的熔断器、接线端子的说明书等。

（6）高压电气设备的接地方式及绝缘试验报告。

（7）施工过程中需要说明的其他资料。

2. 现场核查内容

（1）计量器具型号、规格、计量法制标志、出厂编号应与计量检定证书和技术资料的内容相符。

（2）产品外观质量应无明显瑕疵和受损。

（3）安装工艺质量应符合有关标准要求。

（4）电能表、互感器及其二次回路接线情况应和竣工图一致。

若验收合格，即可着手准备组织施工工作。

四、施工的作业要求

1. 工作前准备

（1）装表接电工根据业务主管分配任务在电力营销信息系统打印工作传票，凭工作传票和领表单至表库领取计量器具。在领取计量器具时，应认真检查、核对，内容包括：计量器具外观是否完好、封印是否齐全、标识是否合格，变比、资产编号、规格、类型、电压、容量、表底码、互感器极性等是否正确等。

（2）电能计量器具搬运，应放置在专用的运输箱内，运输时应轻拿轻放并有防雨淋、颠簸、振动和摔跌措施，保持计量器具完好。

（3）应提前与客户联系预约以提高工作效率和减少对客户正常生产及生活的影响。

（4）发现传票信息与实际不符或现场不具备装表接电条件时，应终止工作，及时向班组长或相关部门及人员报告，做好记录与客户确认，待处理正常后再行作业。

2. 安全要求

（1）安全工器具配置：应配置相应安全工器具，包括安全帽、安全带、绝缘鞋、绝缘手套、登高工具、接地线、警示标识等；所有安全工器具应经过定期安全试验合格，且在有效期限内。

（2）相应施工工器具、仪表配置：螺丝刀、钢丝钳、尖嘴钳、剥线钳、电工刀、扳手、绝缘胶布、万用表、钳形电流表等，所有工具裸露部位应做好绝缘措施。

（3）人员配置：现场施工前工作人员应出示证件或挂牌。严格执行《电力安全工作规范》和其他增补的各种安全规程，做好施工的安全组织措施和施工前的安全技术措施，互相监督，工作时，每组一般 2～3 人，明确 1 名负责人，负责现场监护（对于老用户改造的还应做好以下安全措施：熟悉用户的一次系统电气接线，对双电源用户做好防止反送电措施。应办理第一种工作票，要求被改造用户的人员全过程跟踪。用户停电前，应对原电能计量装置所配的电能表和互感器进行现场测试，做好原始记录，以便发现问题，及时告知用户妥善解决。待用户停电后，要按照《电力安全工作规程》的要求，做好计量柜内进出线两侧的验电、挂接地线，计量柜外装设遮栏、悬挂标示牌等安全措施，工作负责人向参与施工的工作人员交代本次工作范围，现场危险点状况，待所有工作人员在工作票上全部签名后方可进行电能计量装置的改造工作）。

3. 施工顺序

（1）一般安装次序为先装互感器、二次连线、专用接线盒，再安装电能表。

（2）在安装前应对新投运计量箱柜进行验收，检查是否符合防窃电的要求，计量箱柜附件及导线线径配置是否合理，不同电价类别计量是否齐全，计量回路与出线隔离开关是否正确对应，连线前应检查互感器极性和标注正确性。

（3）成套高压电能计量装置投运前，对计量二次回路应重点检查，内容包括：接线是否正确、计量配置和导线截面、标识是否符合规程要求，连接是否可靠，接地是否合格，防窃电功能是否完备等（应断开二次回路接线，进行接线正确性检查）。

（4）严格按 DL/T 825—2002《电能计量装置安装接线规则》等有关工艺要求进行现场施工，要求做到布线合理、美观整齐、连接可靠。

（5）新装电能计量装置投运后应将电能表示数、互感器变比等与计费有关的原始数据及时通知客户检查核对，必要时请客户在工作传票上签字确认。

4. 送电前的检查

（1）检查电流、电压互感器装置是否牢固，安全距离是否足够，各处触头是否旋紧，接触面是否紧密。

（2）核对电流、电压互感器一、二次线极性是否正确，是否与标准图样符合。

（3）检查电流和电压互感器二次侧、外壳等是否有接地。

（4）核对电能表接线是否正确，接头螺丝是否旋紧，线头有否碰壳现象。

（5）核对已记录的有功、无功、最大需量表及电卡表的倍率及起始读数及有关参数有否抄错，最大需量指标是否在零点。

（6）检查接线盒内螺丝是否旋紧，有否滑牙，短路小铜片是否关紧，连接是否可靠。

（7）检查电压熔丝插是否有松动，熔丝两端弹簧铜片的弹性及接触是否完好。

（8）检查所有封印是否完好，有无遗漏。检查工具物件是否遗留在设备中。

检查完毕确认无误，方可送电。

5. 通电后检查

（1）测量电压相序是否正确，拉开电容器后，有功、无功表是否顺转（或用相序表测试）。用验电笔试验电能表外壳中性线端柱，应无电压，以防电流互感器开路，电压短路或电能表漏电。若发现反相序，则应进行调整，可通过一次侧调换，也可通过二次侧调换。

（2）对于电卡表应作同样的检查，检查完毕后应对电卡表进行清零，并做动作测试，检查开关是否正确动作，当帮用户输入电卡时，应检查表内所输数据是否与开卡数据相同，并把电卡表使用的有关注意事项告之用户，待用户确定清楚使用事项后方可结束。

6. 清扫施工现场

对电能表接线盒、试验接线盒、计量柜前后门、互感器箱前后门、电压互感器隔离开关把手、二次连线回路端子盒等应加封部位加装封印。检查、整理、清点、收集施工工具和施工材料。做好应通知客户或需客户签字确认的其他事宜。

工作中，应始终遵守《国家电网公司文明服务规范》，做好优质服务。

五、工作传票登录处理

（1）工作传票应在工作结束后的一个工作日内（工作量大时最多不超过三个工作日）完成在营销信息系统登录和向下传递。

（2）传票填写和登录应及时、规范、准确、可靠。

【思考与练习】

1．为什么在 35kV 及以下电能计量装置的电压互感器一次侧不能安装 2A 的熔断器？

2．电流互感器二次与电能表之间的连接采用分相接线法与两相星形接线、三相星形接线各有何优缺点？适用哪些范围？

3．对计量专用的电流互感器、电压互感器接地线有何具体技术要求？

4．电能计量装置配置的基本原则是什么？

5．有两个二次绕组的计量电流互感器，哪一组的二次绕组接电能计量装置？为什么？

第八章　电能计量装置验收

模块 1　电能计量装置竣工验收（ZY2400302001）

【模块描述】本模块包含电能计量装置竣工验收的工作程序及相关注意事项。通过要点讲解、列表说明，掌握电能计量装置竣工验收方法和要求。

【正文】

电能计量装置投运前应由相关管理部门组织专业人员进行全面的验收，电能计量装置竣工验收的依据是 DL/T 448—2000《电能计量装置技术管理规程》。其目的是：及时发现和纠正安装工作中可能出现的差错；检查各种设备的安装质量及布线工艺是否符合要求；核准有关的技术管理参数，为建立客户档案提供准确的技术资料。

一、竣工验收项目和内容

1. 现场核查（即送电前检查）

（1）计量器具型号、规格、计量法定标志、出厂编号等应与计量检定证书和技术资料的内容相符。

（2）产品外观质量应无明显瑕疵和受损。

（3）安装工艺质量应符合有关标准要求，检查电能表、互感器安装是否牢固，位置是否适当，外壳是否根据要求正确接地或接零等。

（4）电能表、互感器及其二次回路接线情况应和竣工图一致。检查电能表、互感器一、二次接线及专用接线盒，接线是否正确，接线盒内连接片位置是否正确，连接是否可靠，有无碰线的可能，安全距离是否足够，各接点是否坚固牢靠等。

（5）检查进户装置是否按设计要求安装，进户熔断器熔体选用是否符合要求；检查有无工具等物件遗留在设备上。

（6）按工单要求抄录电能表、互感器的铭牌参数数据，记录电能表起止码及进户装置材料等并告知客户核对。

2. 验收试验（即通电检查）

（1）检查二次回路中间触点、熔断器、试验接线盒的接触情况。对电能计量装置通以工作电压，观察其工作是否正常；用万用表（或电压表）在电能表端钮盒内测量电压是否正常（相对地、相对相），用试电笔核对相线和中性线，观察其接触是否良好。

（2）进行电流、电压互感器实际二次负荷及电压互感器二次回路压降的测量。通过对某客户变电所电能计量装置的测评实例发现，当电流互感器带额定二次负荷时，测得其比差和角差均能满足规程要求；而当电流互感器带实际二次负荷时，虽然此时二次实际负荷值在额定范围之内，但其角差仍超标。由此可见，高压互感器必须经现场实际负荷下误差试验合格。

（3）接线正确性检查。用相序表核对相序，引入电源相序应与电能计量装置相序标志一致。带上负荷后观察电能表运行情况；用相量图法核对接线的正确性及对电能表进行现场检验（对低压电能计量装置该工作需在专用端子盒上进行）。

（4）对计量电流、电压互感器按规程进行现场二次负荷和二次压降测试。

（5）对最大需量表应进行需量清零，对多费率电能表应核对时钟是否准确和各个时段是否整定正确。

（6）安装工作完毕后的通电检查，有时因电力负荷很小，使有些项目（如六角图法分析等）不能进行，或者是多费率表、需量表、多功能表等比较复杂的电能计量装置，均需在竣工后三天内至现场进行一次核对检查。

3．验收结果处理

（1）经验收的电能计量装置应由验收人员及时实施封印。封印的位置为互感器二次回路的各接线端子、电能表端钮盒、封闭式接线盒、计量柜（箱）门等；实施铅封后应由运行人员或客户对铅封的完好签字认可。

（2）检查工作凭证记录内容是否正确、齐全，有无遗漏；施工人、封表人、客户是否已签字盖章。以上全部齐整后将工作凭证转交营业部门归档立户。转交前应将有关内容登记在电能计量装置台账上，填写电能计量装置账、册、卡。

（3）经验收的电能计量装置应由验收人员填写验收报告，注明"电能计量装置验收合格"或者"电能计量装置验收不合格"及整改意见，整改后再行验收。验收不合格的电能计量装置禁止投入使用。

（4）在进行竣工检查的同时，应按《高、低压电能计量装置评级标准》对计量装置进行等级评定工作，达不到Ⅰ级装置标准，不能投入使用。电能计量装置评级是计量技术管理的一项基层工作，通过评级既可全面掌握设备的技术状况，又可加强对设备的维修和改进。所有验收报告及验收资料应归档。

4．验收技术资料核查

应核对以下技术资料：

（1）电能计量装置计量方式原理接线图，一次、二次接线图，施工设计图和施工变更资料。

（2）电压、电流互感器安装使用说明书、出厂检验报告、法定计量检定机构检定证书。

（3）计量柜（箱）的出厂检验报告、说明书。

（4）二次回路导线或电缆的型号、规格及长度。

（5）电压互感器二次回路中的熔断器、接线端子的说明书等。

（6）高压电气设备的接地及绝缘试验报告。

（7）施工过程中需要说明的其他资料。

二、成套电能计量装置验收时重点检查项目

（1）电能计量装置的设计应符合 DL/T 448—2000《电能计量装置技术管理规程》的要求。

（2）电能计量装置所使用的设备、器材，均应符合国家标准和电力行业标准。各种铭牌标志清晰，并附有合格证。

（3）电能表、互感器的安装位置应便于抄表、检查及更换，操作空间距离、安全距离足够。

（4）计量屏（箱）可开启门应能加封。

（5）一次、二次接线的相序、极性标志应正确一致，引入电源相序应与电能计量装置相序标志一致。固定支持间距、导线截面应符合要求。

（6）核对二次回路导通情况及二次接线端子标志是否正确一致、计量二次回路是否专用。

（7）检查接地及接零系统。

（8）测量一次、二次回路绝缘电阻。

（9）各种图纸、资料应齐全。检查绝缘耐压试验记录。

三、电能计量装置验收评价表

除变电站安装竣工验收必须按照规程规定开展外，一般的现场安装施工则可以以编制竣工验收表的方式进行。例如编制电能计量装置安装验收表，将涉及本项工作的项目逐项列在表中，由装表接电工在安装工作完成后，逐项检查确认。

电能计量装置验收评价表格式见表 ZY2400302001-1、表 ZY2400302001-2，其中，表 ZY2400302001-1 适用变电站，表 ZY2400302001-2 适用专用变压器客户。

模块 1

ZY2400302001

表 ZY2400302001-1　　　　　　　电能计量装置验收评价表（适用变电站）

客户名称：××化工厂	安装地址：×××路 33 号		
线路名称：××线 10kV 7 号变电站	用电量情况：		
供电电压：10kV　　三相　　线	装置电压：　kV	装接容量：　kVA（kW）	装置类别：
装置接线：　相　　线	准确度等级：有功　　级，无功　　级，TV　　级，TA　　级		

电压互感器	变比：　kV/　kV	接线方式：　/	额定负荷：　VA	计量法定标志 □
	生产厂家	出厂编号	型　号	
	检定机构：　　检定人员：　　有效日期：　　证书□　　合格证□			
	高压熔断器□	低压熔断器：无□　螺旋式□　插接式□　自动空气断路器□　其他		
	专用 TV□　专用绕组□　回路其他设备：	回路接点：		
	二次线长　m 线径　mm²，铠装电缆　多股铜芯□　单股铜芯□　其他			
	二次压降：　，检验日期：　　实际二次负荷：　　，检验日期：			
	安装位置：高度　，户外变电所□　户内高压柜□　线路杆□　其他			
电力互感器	变比：　A/　A	接线方式：　/	额定负荷：　VA	计量法定标志□
	生产厂家	出厂编号	型　号	
	检定机构：　　检定人员：　　有效日期：　　证书□　　合格证□			
	专用 TA□　专用绕组□　回路其他设备：	试验端子：		
	二次线长　m 线径　mm²，铠装电缆□　多股铜芯□　单股铜芯□　其他			
	二次接线：三线制□　四线制□　六线制□	备用变比：　A/5A		
	安装位置：高度　，户外变电所□　户内高压柜□　线路杆□　其他			
电能表	规格：　相　　线，　V　A，常数	计量法定标志□		
	生产厂家	出厂编号	型　号	
	机电式□　全电子□　多功能□　三费率□　二费率□　需量计量□　正向有功□			
	正向无功□　反向有功□　反向无功□　四象限无功□　反向有功正计□　反向无功正计□			
	时间□　时段□	电量冻结：	通信规约：	表计数量：　只
	检定机构：　　检定人员：　　有效日期：　　证书□　　合格证□			
	现场实际接线：	现场实际误差：	检验日期：	
	安装位置：高度　，距离带电部位　，户内□　户外□　线路杆□　其他			
防窃电性能	全敞开式□　全封闭式□　互感器柜□　表箱□　一体式计量柜□　其他			
	监测：无□　监测仪□　失压□　全失压□　断流□　短流□　相序□　远程□　其他			
	加封方式：未加封 X　无需加封 0　专用铅封 1　普通铅封 2　纸封 3　加锁 4　专用螺杆 5　其他			
	加封部位：TV 一次□　TA 一次□　TV 二次端子□　TA 二次端子□　中间接线盒□			
	编程加密□表接线盒□　表大盖□　表箱□　计量柜□　其他			

结论与说明：

表 ZY2400302001-2　　　　电能计量装置验收评价表（适用专用变压器客户）

客户名称：××化工厂			安装地址：××路 33 号		
线路（公用变压器）名称：××线 10kV 7 号变电站			装接容量：		kVA（kW）
装置接线	相　　　　线			装置类别	

电压 互感器	变比：　　　　　　/0.1kV			接线方式：　　　　　/	
	型　号		出厂编号	生产厂家	
	精度等级		有效日期		
	专用 TV□	专用绕组□	回路其他设备：		

电流 互感器	变比：　　　　　/5A			接线方式：	
	型　号		出厂编号	生产厂家	
	精度等级		有效日期		
	专用 TA□	专用绕组□	回路其他设备：		

电能表	型　号	规格	精度等级	出厂编号	有效期	生产厂家

电能计量 装置封闭	加封部位：
	组合互感器二次端盖□　　　联合接线盒□　　　计量表箱□
	计量箱柜□　　　电能表大盖□　　　电能表表尾盖□
	其他：

结论与说明：

验收人：	验收时间：　　　　年　　月　　日

ZY2400302001

模块1

【思考与练习】

1．试证明为什么三相三线计量方式可以准确计量变压器中心点不接地系统的电量。

2．电能表联合接线时应遵守哪些基本规则？

3．对 10kV 电能计量装置中的电流互感器、电压互感器接地电阻和工频耐压试验有哪些要求？

4．如何确定 Vv12 型三相电压互感器二次 VW 相绕组极性接反？

5．在高供高计电能计量装置中，如何分别确定电流互感器、电压互感器的二次侧接地点？

第九章　低压电能计量装置的安装

模块 1　导线选择（ZY2400303001）

【模块描述】本模块包含低压电能计量装置导线选择。通过选择方法介绍、例题计算，掌握在现场正确选用导线线径和质量的方法。

【正文】

电能计量装置安装模式根据安装现场条件选择，一般条件下，低压计量装置安装在计量箱、柜、屏上，经电流互感器接入的电能计量装置，互感器、电能表一般都安装在同一个空间，直接接入型式连接电源和出线隔离开关的距离较近，对装置连接导线的选择条件较为简单。电能计量装置导线的选择主要技术依据是 DL/T 825—2002《电能计量装置安装接线规则》和导线的安全载流量技术指标。

一、导线截面的选择

1. 直接接入式电能表

（1）直接接入式电能表的导线截面应根据额定的正常负荷电流按表 ZY2400303001-1 选择，还可参考生产厂家提供的参数选择导线，见表 ZY2400303001-2。

表 ZY2400303001-1　　　　　　　负荷电流与导线截面选择表

负荷电流（A）	铜芯绝缘导线截面（mm²）	负荷电流（A）	铜芯绝缘导线截面（mm²）
$I < 20$	4.0	$60 \leq I < 80$	16（7×2.5）
$20 \leq I < 40$	6.0	$80 \leq I < 100$	25（7×4.0）
$40 \leq I < 60$	10（7×1.5）		

注　按 DL/T 448—2000《电能计量装置技术管理规程》规定，负荷电流为 50A 以上时，宜采用经电流互感器接入式的接线方式。

（2）所选导线截面应小于电能表端钮盒接线孔。

表 ZY2400303001-2　　　500V 铜芯聚氯乙烯绝缘导线长期连续负荷允许载流量

导线截面（mm²）	线芯结构 股数	导线明敷设 塑料	多根导线同穿在一根管内 30℃			
			穿金属管		穿塑料管	
			2 根	4 根	2 根	4 根
10	7	70	61	47	52	41
16	7	98	77	61	67	53
25	19	128	100	80	89	70
35	19	159	124	98	112	87
50	19	201	154	121	140	109

（3）一般不使用多股绝缘软铜导线作为电能表进、出线，必须使用时，对导线电能表侧压接部分的做镀锡处理，隔离开关连接侧焊接铜鼻子。

2. 经电流互感器接入式电能表

（1）导线应采用铜质单芯绝缘导线。

（2）计量用电流互感器二次应使用专用回路，不得与电流表及其他设备连接。

（3）二次回路导线额定电压不低于 500V。

（4）对电流二次回路，连接导线截面应按电流互感器的额定二次负荷计算确定，至少应不小于 4mm²。

电流互感器二次回路导线截面 A（mm²）应按式（ZY2400303001-1）进行选择

$$A = \rho L 10^6 / R_L \qquad \text{（ZY2400303001-1）}$$

式中　ρ——铜导线的电阻率，此处 $\rho = 1.8 \times 10^{-8} \Omega \cdot m$；

　　　L——二次回路导线单根长度，m；

　　　R_L——二次回路导线电阻，Ω。

R_L 值按式（ZY2400303001-2）进行计算

$$R_L \leqslant \frac{S_{2N} - I_{2N}^2 (K_{jx2} Z_m + R_k)}{K_{jx} I_{2N}^2} \qquad \text{（ZY2400303001-2）}$$

式中　K_{jx}——二次回路导线接线系数，分相接法为 2，不完全星形接法为 $\sqrt{3}$，星形接法为 1；

　　　K_{jx2}——串联线圈总阻抗接线系数，不完全星形接法时如存在 V 相串联线圈（如接入 90°跨相无功电能表）则为 $\sqrt{3}$，其余均为 1；

　　　S_{2N}——电流互感器二次额定负荷，VA；

　　　I_{2N}——电流互感器二次额定电流，A，一般为 5A；

　　　Z_m——计算相二次接入电能表电流绕组总阻抗，Ω；

　　　R_k——二次回路接头接触电阻，Ω，一般取 0.05～0.1Ω，此处取 0.1Ω。

根据以上设定值，对分相接法的二次回路导线截面 A（mm²）可按式（ZY2400303001-3）计算

$$A \geqslant 0.9L / (S_{2N} - 25Z_m - 2.5) \qquad \text{（ZY2400303001-3）}$$

例 1　一低压电能计量装置，配置 2.0 级三相四线电子式多功能电能表一只，经电流互感器接入，配置导线为 BV 型 4mm²，电流互感器容量为 10VA，电能表与电流互感器连接导线单根长度为 20m，采用六线制连接，试验算电流互感器二次回路导线截面积 A 是否满足要求？

解：查表得电能表一个电流元件消耗功率约为 1W，选用单芯 4mm² 铜质导线，测算是否满足技术要求。

已知：二次回路导线单根长度 L 为 20m，电流互感器二次额定负荷 S_{2N} 为 10VA，计算相二次接入电能表电流绕组总阻抗 $Z_m = 1/25 = 0.04\Omega$。

代入 $A \geqslant 0.9L / (S_{2N} - 25Z_m - 1.25)$

得 $A \geqslant 0.9 \times 20 / (10 - 1 - 1.25)$

即 $A \geqslant 2.3$（mm²）

答：经测算，原配置 4mm² 导线截面大于 2.3mm²，满足要求。

二、导线长度的确定

对于经电流互感器接入式电能表，因二次回路总阻抗的限制，对导线长度有技术要求，其主要原因是导线自身阻抗是互感器二次负荷的一部分，互感器承载负荷的能力及负荷容量必须得到满足，过轻或过重的二次负荷都对计量精度产生不利影响。当导线截面确定后，导线长度会影响二次回路的导线电阻，必要时可按照本模块式（ZY2400303001-3）测算所选择导线的截面、长度是否满足技术要求。

三、导线型号的确定

（1）一般选用 BV 型铜质绝缘导线，在变电站等场所，也选用满足截面要求的控制电缆。

（2）当互感器二次回路需要经过活动柜体（门）时，应采用多股绝缘软铜线，但必须对电能表压接部分导线做镀锡处理。使用二次导线压线鼻（压线叉）时，线鼻与导线在压接后还应做镀锡处理。

（3）二次回路导线要求分相色，以方便配线。当使用同色导线时，应使用线号管。

（4）一般情况下，装表人员在选择连接直接接入式电能表导线时主要考虑的是导线的安全载流量，

模块 1

ZY2400303001

诸如电压损失，机械强度、敷设方式和敷设环境等因数对此影响不大。而选择电能计量装置二次回路导线时，除必须满足接线规则的要求外，还要考虑导线阻抗与互感器容量的匹配。

四、导线质量要求

（1）应采用绝缘铜质导线，禁止使用铝质绝缘导线做电能表连接导线。

（2）一次回路使用铝线一定要用铜铝接头连接。

【思考与练习】

1．已知二次所接的电能表极限容量为 2VA，二次导线的总长度为 20m，截面积为 4mm^2，二次回路的接触电阻按 0.018Ω，计算，应选择多大容量的二次额定电流为 5A 的电流互感器？（铜线的电阻率 $\rho = 0.018$Ωmm^2/m）

2．直接接入式电能表对导线的选择主要原则是什么？

模块 2　安装工艺（ZY2400303002）

【模块描述】本模块包含安装工艺一般概念、安装程序及注意事项。通过安装步骤介绍、图解说明，掌握安装工艺操作程序、工艺要求及质量标准。

【正文】

电能计量装置安装的基本要求包括以下几个方面：

（1）环境条件：相对干燥、无机械振动、安装环境空气中无具有引起腐蚀的有害物质、电能表避免阳光直射。

（2）安装条件：便于互感器、电能表的安装、拆卸。

（3）抄表条件：抄表员读抄便利（具有清晰的透明读表窗口）。

（4）管理条件：便于用电检查、防窃电管理。

一、计量箱、柜安装工艺

（1）电力用户处的电能计量点应采用标准规范的电能计量柜（箱），柜（箱）应满足运行安全、封闭可靠的条件，低压计量柜（箱）应紧靠电源进线处。

（2）居民用户的计费电能计量装置，应采用满足装、换、抄表方便，维护安全简单，封闭可靠的计量箱。

（3）变电站模式主要是站用电计量，涉及低压电能计量装置安装，其安装方式由设计部门按照标准设计选择。

（4）电源线进入计量箱应穿管并与出线分开敷设。

二、电能表安装工艺

（1）电能表应安装在电能计量柜（屏）上，每一回路的有功和无功电能表应垂直排列或水平排列，无功电能表应在有功电能表下方或右方，安装在变电站的电能表下端应加有回路名称的标签，二只三相电能表相距的最小距离应大于 80mm，单相电能表相距的最小距离为 30mm，电能表与屏、柜边的最小距离应大于 40mm。

（2）室内电能表宜装在 0.8～1.8m 的高度（表水平中心线距地面尺寸）。

（3）机电式电能表安装必须垂直牢固，表中心线向各方向的倾斜不大于 1°，这主要是与电能表的结构有关，当电能表倾斜时，转盘上下轴承会受到侧向作用力，并产生负误差，该误差随倾斜度增大而增加。电子式电能表安装垂直度没有技术要求，除非生产厂家有要求，安装垂直主要是美观。

（4）在具有明显机械振动的场所不选用机电式电能表。

（5）无腐蚀性气体、易蒸发液体的侵蚀，无非自然磁场及烟灰影响。

（6）环境温度应不超过电能表规定的工作温度范围，电子式电能表应避免夏日阳光直射。

（7）电能表原则上装于室外的走廊、过道内及公共的楼梯间，或装于专用配电间内。高层住宅户表，宜集中安装于公共楼梯间配电装置内，装置内电能表部分应能抄读方便，封闭可靠。

三、互感器安装工艺

1. 互感器

（1）同一组的电流互感器应采用制造厂、型号、额定电流变比、准确度等级、二次容量均相同的互感器。

（2）两只或三只电流互感器进线端极性符号应一致，以便确认该组电流互感器一次及二次回路电流的正方向。

（3）低压电流互感器二次负荷容量不小于 10VA。对于配置电子式电能表，二次回路较短的装置，也可以采用二次负荷容量为 5VA 的 S 级电流互感器，必要时可以使用专用二次负荷在线测试仪器，对安装完毕并投入运行的电能计量装置二次回路负荷进行测试，确认回路配置是否合理。

（4）电能计量装置选用减极性电流互感器。

（5）互感器二次回路应安装试验接线盒，便于实负荷校表和带电换表。对于负荷重要程度不高的装置，也可以不用试验接线盒，互感器出线直接进电能表，当需要更换电能计量装置时，采取停电更换。

（6）低压穿芯式电流互感器应采用固定单一的变比，以防发生互感器倍率差错。

（7）电流互感器的安装位置应尽可能使铭牌向外，便于投入运行后的检查管理。

2. 一次回路部分

一次回路部分主要指直接接入式电能表一次回路。

（1）导线应按表计容量选择。施工配线中不得使用钳口弯曲绝缘导线，导线进出计量箱柜时，金属板开孔要做护口处理，防止导线被金属板材切压绝缘引起导线绝缘损伤。

（2）禁止使用铝质绝缘导线连接电能表。

（3）若遇选配的导线过粗时，应采用断股后再接入电能表端钮盒的方式。

（4）当导线小于端子孔径较多时，应在接入导线压接部分加扎直径适当的裸铜线后再接入电能表。

3. 二次回路部分

（1）二次回路接线应注意电流互感器的极性端符号和一次负荷电流潮流方向，保证按照减极性关系连接电能表。分相接线的电流互感器二次回路宜按相色逐相接入。电流回路简化接线时，公共线（N411）只与电能表每一相的流出端、互感器非极性端（S2）连接（贸易结算用电能计量装置电流回路不宜采用简化接线），如图 ZY2400303002-1 所示。

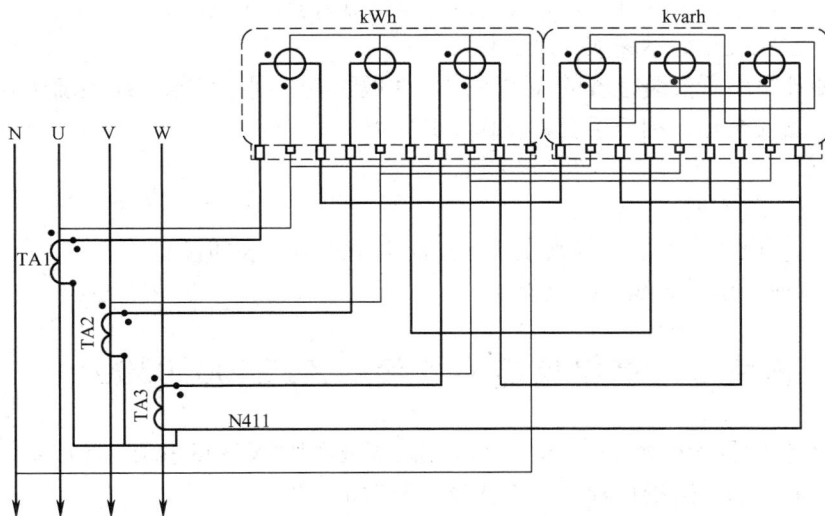

图 ZY2400303002-1　低压三相四线经 TA 有功、无功电能表联合接线图

（2）电流互感器二次回路每只接线螺钉只允许接入两根导线。

（3）当导线接入的端子是接触螺钉，应根据螺钉的直径将导线的末端弯成一个环，其弯曲方向应与螺钉旋入方向相同，螺钉（或螺帽）与导线间、导线与导线间应加镀锌垫圈。

（4）禁止使用铝质绝缘导线做互感器与电能表之间连接导线。

（5）二次回路接好后，应进行接线正确性检查。

四、工艺及质量

（1）按图施工、接线正确。

（2）电气连接可靠、接触良好。

（3）配线整齐美观。

（4）导线无损伤、绝缘良好。

五、安装程序

（1）依据工作票核对计量器具规格、型号、功能是否与计量方案相同。检查计量器具的完好性。内、外部完好，连接线齐备。

（2）计量器具是否经过强检、有效；封印完备、有效。检查现场安装位置是否满足安装、管理的技术要求；核对确认电能计量装置安装、连接的正确性。

（3）正确安装固定计量表计、电流互感器，完成电能计量装置一次、二次连接，一、二次回路接好后，应进行接线正确性检查。

（4）保证电流互感器一次潮流方向与二次侧的减极性关系满足正确计量的要求；认真核对电压回路与电流回路的同一性；保证电能表电压回路 N 线与电源 N 线的可靠连接。

（5）二次回路接线应注意电压、电流互感器的极性端符号。接线时可先接电流回路，分相接线的电流互感器二次回路宜按相色逐相接入，并核对无误后，再连接各相的接地线。

（6）当导线接入的端子是接触螺钉，应根据螺钉的直径将导线的末端弯成一个环，其弯曲方向应与螺钉旋入方向相同，螺钉（或螺帽）与导线间、导线与导线间应加装镀锌平垫圈，电流互感器二次回路每只接线螺钉只允许接入两根导线。

（7）直接接入式电能表采用多股绝缘导线，应按表计容量选择。若遇选择的导线过粗时，应采用断股后再接入电能表端钮盒的方式，当导线小于端子孔径较多时，应在接入导线上加扎线后再接入。

（8）施工结束后，电能表端钮盒盖、试验接线盒盖及计量柜（屏、箱）门等均应加封，清理工作现场，不得遗留任何施工器材在工作现场。

六、注意事项

（1）办理并认真阅读工作任务书。

（2）至少有 2 人一起工作（其中，1 人承担工作负责人及监护人）。

（3）应在工作位置设立标示牌或安全护栏。

（4）确认电能计量装置安装位置的停电范围，并做验电、回路可靠开断的确认。

（5）工作时应戴安全帽、棉质手套，操作工具完好。

【思考与练习】

1．电能表安装的基本要求是什么？

2．为什么机电式电能表安装有倾斜度要求，而电子式电能表却没有？

3．为什么不能使用铝质导线连接电能表？

模块 3　单相电能表安装（ZY2400303003）

【模块描述】 本模块包含单相电能表的一般概念、安装程序及注意事项。通过安装步骤介绍、图解说明，掌握单相电能表的安装操作程序、工艺要求及质量标准。

【正文】

国产单相电能表一般都是 DD 型，电压规格为 220V，电流规格一般为过载 4 倍，如 2.5（10）A、5（20）A、10（40）A、15（60）A、20（80）A 等，少数厂家开发了更高过载倍数的电子式电能表，如 5（50）A、5（100）A 等。

单相电能表安装技术要求已在模块"导线选择（ZY2400303001）"、"安装工艺（ZY2400303002）"中做了介绍，本模块主要涉及现场安装的管理、技术流程。

一、危险点分析与控制措施

（1）现场工作人员组织学习作业指导书，并补充完备。

（2）作业前培训工作要完成，人员培训要到位，当天工作内容要清楚做到心里有数。

（3）人员分工明确，工作场地具备作业条件。

（4）风险辨识及预控措施已落实到位，工作人员签字确认。

二、作业前准备

装表接电工接到装表工单后，应做以下准备工作。

（1）核对工单所列的电能计量装置是否与客户的供电方式和申请容量相适应，如有疑问应及时向有关部门提出。

（2）凭工单到表库领用电能表，并核对所领用的电能表是否与工单一致。

（3）检查电能表的校验封印、接线图、检定合格证、资产标记（条形码）是否齐全、校验日期是否在 6 个月以内、外壳是否完好、圆盘是否卡住。

（4）检查所需的材料及工具、仪表等是否配足带齐。

（5）电能表在运输途中应注意防振、防摔，应放入专用防振箱内，在路面不平、振动较大时，应采取有效措施减小振动。

三、现场工作

1. 营销管理

（1）装表接电现场工作一般不应少于 2 人，装表接电工工作时应出示证件或挂牌。

（2）在客户处安装电能表时，应事先与客户预约，避免工作组到现场后，因客户的原因不能开展工作。因特殊原因，不能正常开展装表接电工作时，除向客户说明外，还应派人汇报。

（3）装表接电工在现场应先按工作传票（工单）核对客户基本信息和工作内容，检查安装现场是否满足技术规程要求，条件具备时方可开展装表接电工作。

（4）发现电能计量装置有传票（工单）中未列出的事项或计量方式配置不合理等异常时，应做好检查记录报业务部门后续处理。必要时，向客户说明。

（5）发现传票（工单）信息与实际不符或现场不具备装表接电条件时，应终止工作，及时派人或向相关部门报告，做好现场记录并向客户解释清楚，待处理正常后再行作业。

（6）所安装的计量器具具备有效检定合格标志并与传票（工单）给定信息一致。

（7）发现客户有违约用电或窃电时应停止工作保护现场，通知和等候用电检查（稽查）人员处理。

2. 技术管理

涉及导线选择及安装工艺等内容，参见模块"导线选择（ZY2400303001）"、"安装工艺（ZY2400303002）"。此外还应满足以下要求：

（1）安装工艺应符合规程、规范要求。国产单相电能表规范接线为"相线 1 进 2 出，中性线 3 进 4 出"。规范接线如图 ZY2400303003-1 所示。

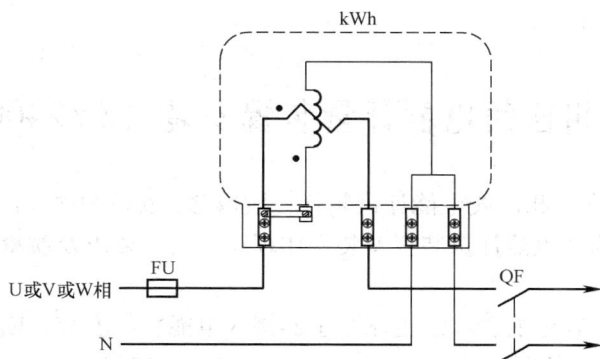

图 ZY2400303003-1　单相电能表规范接线图

（2）进户线必须经过表前熔断器或隔离开关转接后进入电能表。出表导线也应遵守先接入负荷开关，再接入负荷这个原则，这种配置，可以解决铝质进户线与电能表铜线的转接，同时也方便后期计量管理的表计更换。

（3）大容量电能表安装时，可采用"T"接的方式将中性线接入电能表。安装时，中性线也应与相线同时从电表配电箱内进出，不得将电能表中性线引至表箱外与主中性线"T"接。接线如图ZY2400303003-2 所示；中性线的压接必须可靠。

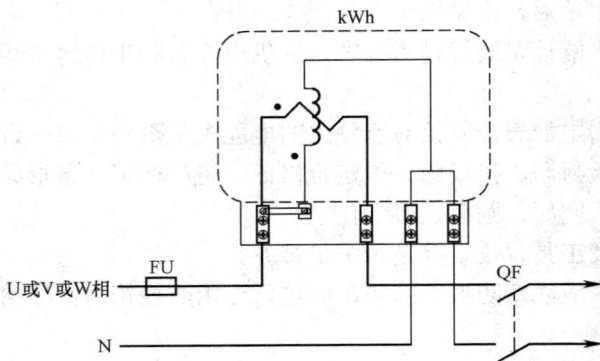

图 ZY2400303003-2　大容量电能表安装中性线处理示意图

3．工作终结

（1）通电前检查，表计安装是否牢固，导线连线是否正确、可靠，电能表前后隔离开关（熔断器）配置及功能是否完好。

（2）端钮盒电压连接片压接是否可靠。

（3）再次确认装表接电数据的完整、正确，客户检查核对并签字确认。

（4）清扫施工现场，对电能表接线盒、计量柜门、二次连线回路端子盒等应加封部位加装封印。

（5）通电带负荷检查，电表能否正常运行。上电指示及转盘转动趋势、脉冲闪烁频率是否与负荷大小对应。

（6）对具有复费率功能的电能表还要检查时钟偏差，时段设置是否符合要求。

（7）检查、整理、清点施工工具和装表接电现场材料。

四、注意事项

（1）在进行单相电能表安装工作时，应填用低压第二种工作票。

（2）在情况允许的条件下最好有 2 人一起工作。

（3）严格防止二次回路短路，应使用绝缘工具、戴手套等措施。

【思考与练习】

1．现场单相电能表安装有哪些具体步骤？

2．对电能表的安装场所和位置选择有哪些要求？

3．工作终结要做哪几项工作？

模块 4　三相四线电能计量装置安装（ZY2400303004）

【模块描述】 本模块包含三相四线电能计量装置一般概念、安装程序及注意事项。通过安装步骤介绍、图解说明，掌握三相四线电能计量装置安装操作程序、工艺要求及质量标准。

【正文】

模块介绍三相直接接入式电能表和经电流互感器接入电能表的安装。国产三相四线电能表型号的类别、组别代号为 DT 型，电流规格为：3×1.5（6）A、3×5（20）A、3×10（40）A、3×15（60）A、3×20（80）A、3×30（100）A，均属于 4 倍表。少数厂家开发了更高过载倍数的电子式电能表，如 5（50）A、5（100）A 等。

一、危险点分析与控制措施

（1）现场工作人员组织学习作业指导书，并补充完备。

（2）作业前培训工作要完成，人员培训要到位，当天工作内容要清楚做到心里有数。

（3）人员分工明确，工作场地具备作业条件。

（4）施工作业在高处进行必须使用安全带和安全绳，并在合格可靠的绝缘梯子或其他登高工具上工作。

（5）风险辨识及预控措施已落实到位，工作人员签字确认。

二、作业前准备

装表接电工接到装表工单后，应做以下准备工作：

（1）核对工单所列的电能计量装置是否与客户的供电方式和申请容量相适应，如有疑问应及时向有关部门提出。

（2）凭工单到表库领用电能表、互感器并核对所领用的电能表、互感器是否与工单一致。

（3）检查电能表的校验封印、接线图、检定合格证、资产标记（条形码）是否齐全、校验日期是否在 6 个月以内、外壳是否完好、圆盘是否卡住。

（4）检查互感器铭牌、极性标志是否完整、清晰、接线螺丝是否完好、检定合格证是否齐全。

（5）检查所需的材料及工具、仪表等是否配足带齐。

（6）电能表在运输途中应注意防振、防摔，应放入专用防振箱内，在路面不平、振动较大时，应采取有效措施减小振动。

三、现场工作

除遵守模块通用标准外〔见模块"导线选择（ZY2400303001）"、"安装工艺（ZY2400303002）"〕，还应满足以下要求：

1. 直接接入式电能表的安装

接线如图 ZY2400303004-1 所示。国产三相四线电能表标准接线为 I_U、I_V、I_W 分别通过三个元件的电流线圈，电压 U_U、U_V、U_W 分别并接于三个元件的电压线圈，这种接线广泛运用于中性点直接接地系统，不论三相电压、电流是否对称，均能准确计量。

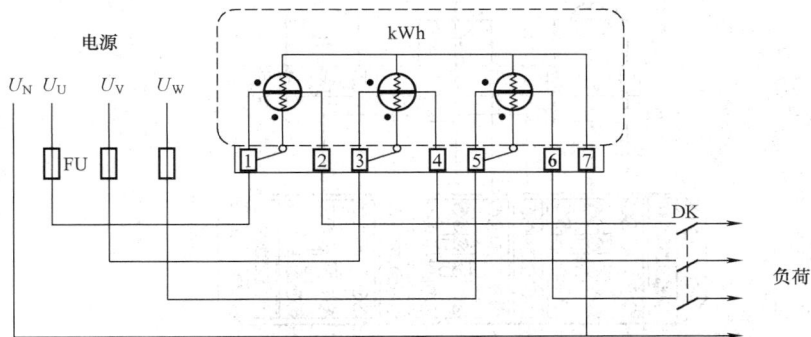

图 ZY2400303004-1　国产三相四线电能表标准接线图

（1）本模块所指导线的连接，只包含表前隔离开关（熔断器）到电能表、表后开关到电能表之间的导线安装。

（2）进户线必须经过表前熔断器或开关转接后进入电能表，出表导线也必须遵守先接入负荷开关、再接入负荷的原则。

（3）电能表的中性线不得开断后进、出电能表。正确的做法是在中性线上"T"接或经过零母排接取中性线接入电能表，防止由于中性线在电能表连接部位断路，引起在三相负荷不平衡时发生零点漂移而引发供电事故。

（4）属金属外壳的直接接通式电能表，如装在非金属盘上，外壳必须接地。JB/T 5467—1991《交流有功和无功电能表》规定：对在正常条件下连接到对地电压超过 250V 的供电线路中，外壳是全部或部分用金属制成的电能表，应该提供一个保护端。因此，单相 220V 电能表一般不设接地端，而三相机电式电能表大多采用金属底盘，按此规定，在底盘右侧制作一个外壳保护接地螺丝。对设有接地端钮的三相电能表，应可靠接地。

（5）三相电能表必须按正相序接线，以减少逆相序运行带来的附加误差。

（6）进表线导体裸露部分必须全部插入接线端钮内，并将端钮螺丝逐个拧紧。线小孔大时，应采取有效的补救措施（绑扎、加股等方式），线大孔小时，在保证安全载流量的前提下，允许采用断股的方法接入电能表。

（7）带电压连接片的电能表，安装时应确保其接触良好。

2. 经电流互感器接入电能表的安装

不经过试验接线盒连接方式，接线如图 ZY2400303004-2 所示。经过联合试验接线盒连接方式，接线如图 ZY2400303004-3 所示。

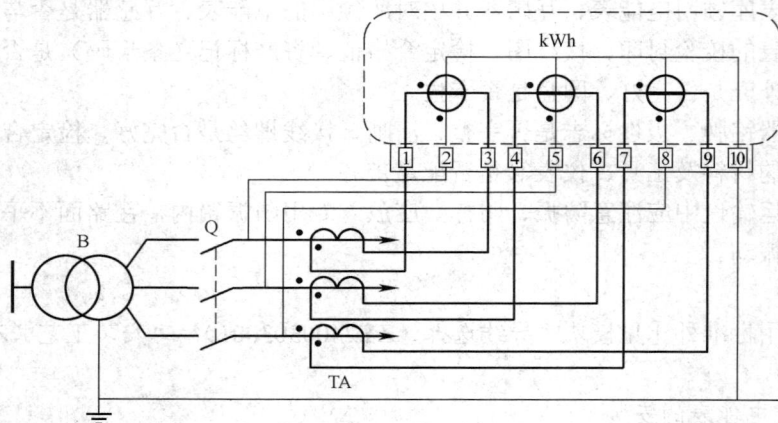

图 ZY2400303004-2　TA 二次直接进表接线方式

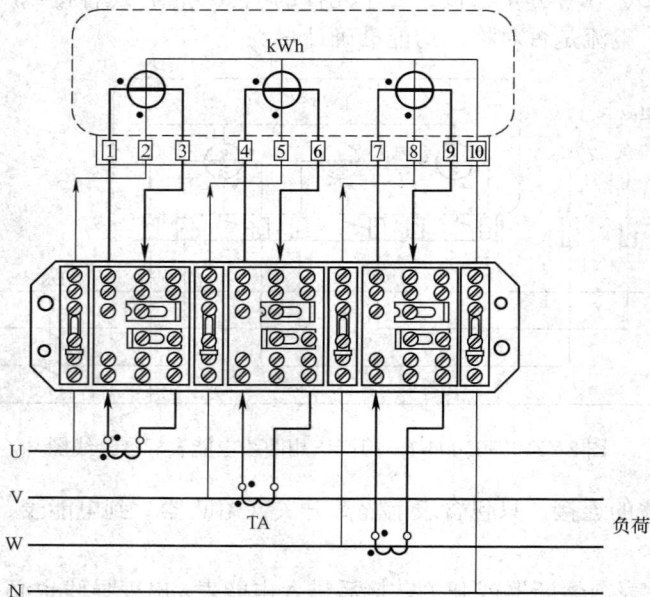

图 ZY2400303004-3　TA 二次经联合试验盒进表接线方式

除应遵循直接接入式电能表安装的第（1）、（3）、（4）项外，还应遵守以下要求：

（1）经电流互感器接入的电能计量装置，每组互感器二次回路应采用分相接法（六线制），使每相电流二次回路完全独立，以避免简化接线（四线制）带来的附加误差。

（2）配置有无功计量功能的电能计量装置，二次配线在电能表尾侧应将连接无功电能第一元件的二次电压、电流导线横向延长至三元件，再 180°折回至一元件，分线进入电能表，为接入相序错误改线预留导线（电子式多功能表也应这样配线）。接线示意如图 ZY2400303004-4 所示。

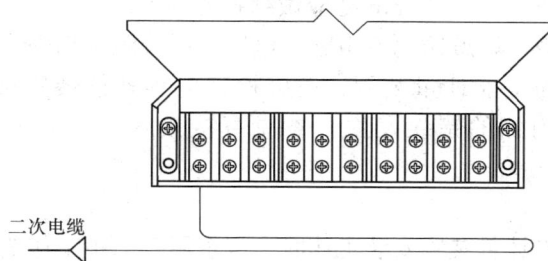

图 ZY2400303004-4　无功表逆向序改线预留配线示意图

（3）各相导线应分相色，穿编号管。推荐使用 KVV20 型计量专用电缆（$4 \times 2.5mm^2 + 6 \times 4mm^2$，$2.5mm^2$ 导线绝缘相色：黄、绿、红、黑；$4mm^2$ 导线绝缘相色：黄、黄黑，绿、绿黑，红、红黑），选择不带铠装是因为此类装置大多在计量箱柜内安装，便于以更小的弯曲半径敷设电缆。专用计量电缆以直径和相色区分导线，采用此方案，允许不穿编号管。

（4）低压电流互感器的二次侧应不接地。这是因为低压电能计量装置使用的导线、电能表及互感器的绝缘等级相同，可能承受的最高电压也基本一样。另外二次绕组接地后，整套装置一次回路对地的绝缘水平将可能下降，易使有绝缘薄弱点的电能表或互感器在高电压作用时（如过电压冲击）击穿损坏。

（5）电压线宜单独接入，不得与电流线公用（等电位法）。电压引入应接在电流互感器一次电源侧，导线不得有接头；不得将电压线压接在互感器与一次回路的连接处，一般是在电源侧母线上另行打孔螺丝连接。允许使用加长螺栓，互感器与母线可靠压接后在多余的螺杆上另加螺帽压接电压连接导线，互感器一次接取电压示意图如图 ZY2400303004-5 所示。

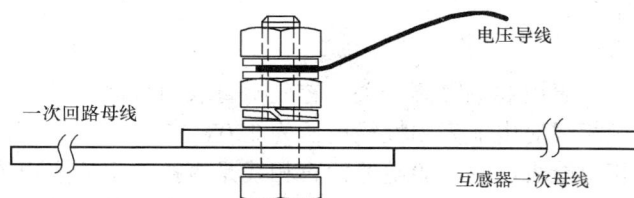

图 ZY2400303004-5　互感器一次接取电压示意图

（6）经联合试验盒接入的电能计量装置，试验盒水平安装时，电压连接片螺栓松开，连接片应自然掉下，垂直安装时，电压连片在断开位置时，连接片应处在负荷侧（电能表侧）。试验盒电压回路不得安装熔断器。电流回路应有一个回路错位连接，所有螺丝和连接片应压接可靠，联合接线盒接线示意图如图 ZY2400303004-6 所示。

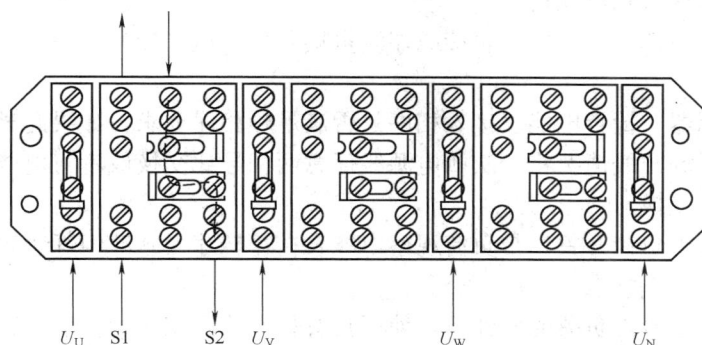

图 ZY2400303004-6　联合接线盒接线示意图

（7）计量互感器二次回路属于专用，其他仪表、设备不应接入。

（8）当使用散导线连接时，线把应绑扎紧密、均匀、牢固。尼龙绑扎带直线间距 80～100mm，线束弯折处绑扎应对称，转弯对称 30～40mm 处应做绑扎处理。

（9）如果配置无功电能表，则遵循电流串联、电压并联按照顺相序连接的原则。

（10）对执行力调考核的电能计量装置，还应检查电容补偿装置接入系统的位置，防止补偿装置连接在电能计量装置前侧的错误发生。参见直接接入式电能表安装部分的"工作终结"要求。

四、注意事项

（1）在进行三相四线电能计量装置安装工作时，应填用第二种工作票。

（2）严格防止电流互感器二次回路开路。应使用绝缘工具，戴绝缘手套等措施。

（3）测试引线必须有足够的绝缘强度，以防止对地短路，且接线前必须事先用绝缘电阻表检查一遍各测量导线每芯间、芯与屏蔽层之间的绝缘情况。

【思考与练习】

1. 对于经电流互感器接入的电能计量装置，电能表电压与母线的连接有何技术要求？
2. 电能计量装置安装与电容补偿装置安装有联系吗？为什么？

模块 5　送电后检查（ZY2400303005）

【模块描述】 本模块包含低压电能计量装置送电后的检查项目、条件、方法。通过检查步骤介绍，掌握低压电能计量装置安装送电后检查、试验及验收规范。

【正文】

电能计量装置安装完成后，经检查确认接线无误，将电能计量装置投入运行。送电后的电能计量装置必须在接入实际负荷的状态下进行检查，以防止表计本身存在异常或电源、负荷侧回路错误而导致电能计量装置不能正常工作。

一、直接接入式电能表

（1）通电前，应断开电能表出线侧隔离开关。首先检查表前隔离开关（熔断器）电源侧电源是否正常，使用电压表测量电源相线对电能表中性线电压为 220V 左右。

（2）通电后，对于单相电能表，利用验电笔检查相线是否接进电能表电流回路，使用量程适当的钳形多用表，测量负荷电流、电能表接入电压，有条件时，合上负荷开关，带负荷观察电能表转盘转速（脉冲闪烁频率）与负荷大小的对应关系，以此判定电能表工作状态。

（3）对于直接接入式三相四线电能表，送电至电能表，使用量程适当的钳形多用表测量电能表接入电压，有条件时，合上负荷开关，带负荷观察电能表转盘转速（脉冲闪烁频率）与负荷大小的对应关系，以此判定电能表工作状态。

（4）其他检查方法参见模块"低压直接接入式电能计量装置检查、分析和故障处理（ZY2400401001）"。

二、经电流互感器接入式电能表

（1）在不带负荷的条件下，在电能表接线端测量接入相电压（220V 左右）、线电压（380V 左右）是否正常。

（2）使用相序指示器，检查电能表接入相序是否满足顺相序要求。如果此时接入方式为逆相序，则需要断开电源，视现场布线情况将一次侧电源线任意两相导线交换或者将电能表任意两个元件的二次电流、电压导线同时交换。

（3）有条件时，合上负荷开关，带负荷观察电能表转盘转速（脉冲闪烁频率）与负荷大小的对应关系，以此判定电能表工作状态。

（4）必要时，还应在接入负荷的条件下，使用具有相位检测功能的仪表检查电能表同一功率元件是否接入同相电压、电流。

（5）对于电能计量装置接入极性、断流、分流、断压等错误检查，参见模块"经互感器的三相四线电能计量装置检查、分析和故障处理（ZY2400401002）"。

【思考与练习】

　　1．经电流互感器接入的低压电能计量装置接入相序反时，应如何处理，为什么？

　　2．低压电能计量装置送电后检查有什么作用？

第十章　低压电能计量装置的调换

模块 1　调换前后运行参数检查（ZY2400304001）

【模块描述】本模块包含低压电能计量装置调换前后运行参数检查、分析和纠正安装工作中可能出现的错误接线。通过操作技能训练，掌握低压电能计量装置调换前后运行参数检查方法。

【正文】

当电能表运行到有效周期结束或因其他原因需要对其进行更换时，要对待换电能计量装置的状态进行确认，更换工作完成后，还需要对已换表计在实负荷状态下的运行状况进行确认。

对电能表换表前后进行运行参数的检查，是为了防止在线运行的电能计量装置本身已经处于不正常状态，而在换表时被撤出或者新换表没有恢复到正常运行状态的计量事故发生，是技术管理的必要程序。

对于低压电能计量装置，其装置配置主要包括 DD 型单相电能表、DT 型三相四线直接接入式电能表、三相四线经电流互感器接入式电能表，换表前后对表计的运行参数进行检查的方法主要有常规手段检查和使用专用仪器检查两种。

一、常规手段检查

1. 单相电能表

常规的检查手段是使用验电笔检查相线与中性线的接入关系，使用钳形多用表测试电能表的运行参数。

换表前后，要在检查电能计量装置外观无异常的条件下，测试接入电能表的电压、电流并观察电能表转动趋势（脉冲闪烁频率）与所接入的负荷量是否正常。

对于复费率电能表要检查时段设置和日历时钟偏差是否正常。

只有在对电能表本身的计量精度产生怀疑时，才需要做进一步测试工作，比如利用单相电能表现场校验仪做现场检验。

2. 三相四线电能表

换表前后，应使用钳形多用表检查表计接入相电压、线电压、相电流关系。对于经电流互感器接入的三相电能表，还应检查电压与电流的对应关系，参见模块"经互感器的低压三相四线电能计量装置检查、分析和故障处理（ZY2400401002）"，保证每一元件接入同相电压、电流。也可以利用伏安相位仪，测试电能表的运行参数，检查电能表在已知负荷条件下，每一个功率元件电压、电流及之间的相位关系。正确的接线相量图应基本符合图 ZY2400304001-1 所示的关系。

3. 电子式多功能电能表

换表前后，应检查确认电能表运行界面的相关信息，主要信息有功率元件接入电压，电流，有功、无功潮流方向，功率因数以及时段设置，日历时钟。

当需要确认电能表基本误差时，一般采用拆表送检，也有采用现场实负荷检验的方法。必要时，还可以采用比对法确认表计误差是否正常，即另用一只经检定合格的相同规格电能表，接入现场存在争议（怀疑）的电能表回路，在相同负荷条件下，运行一段时间，抄读两只表的电量数

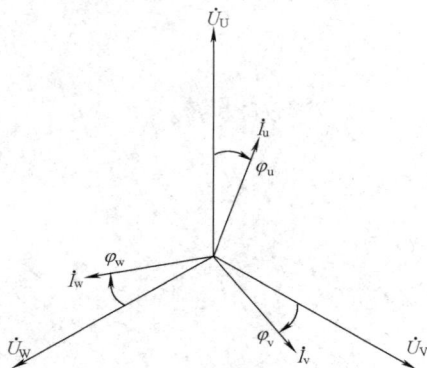

图 ZY2400304001-1　低压三相四线电能表
正确接线相量图

据，计算差率，判定原电能表的运行状态，如果确实存在允许之外的偏差，为电量退补提供依据。

二、使用专用仪器检查

单相、三相电能表现场校验仪是电能计量现场开展检验的专用仪器，单相型精度相对低一些，一般为 0.2 级，常作为现场比对仪器，而三相电能表现场校验仪则是按照电能标准器来管理的电测仪器，一般精度等级为 0.1 级。三相电能表现场校验仪属于多功能标准器，它能够测量电能表单、三相电压、电流，有、无功功率，功率因数、相位角等运行参数，借助此类仪器，可以方便地对在线运行的电能计量装置运行参数进行测试供技术分析。该类型仪器的接入电流一般为 5A，标准配置也是 5/5A 电流采样器，当需要对直接接入型电能表运行参数测量时，需要使用如 50/5A 或 100/5A 标准钳形电流互感器进行电流的转换，相关运用技术参见模块"测量实际负荷下电能表的误差（ZY2400602003）"。

【思考与练习】

1．调换前后运行参数检查的方法有哪几种？
2．现场怎样正确使用专用仪器？

模块 2　低压电能计量装置带电调换（ZY2400304002）

【模块描述】 本模块包含低压电能计量装置调换前准备工作、安全和技术措施、操作项目、工作程序及相关注意事项。通过操作流程介绍，熟练掌握低压电能计量装置带电调换操作步骤、方法和要求。

【正文】

低压带电换表是一项具有较大安全风险的工作，特别是更换三相四线电能表，除遵守操作的规范外，还应该严格遵守安全规范的要求。

一、危险点分析与控制措施

（1）现场工作人员组织学习作业指导书，并补充完备。
（2）作业前培训工作要完成，人员培训要到位，当天工作内容要清楚，做到心里有数。
（3）人员分工明确，工作场地具备作业条件。
（4）施工作业在高处进行时必须使用安全带和安全绳，并在合格可靠的绝缘梯子或其他登高工具上工作。
（5）操作人员着装满足《国家电网公司电力安全工作规程》要求。一人操作，一人监护。
（6）换表作业具有可靠的安全操作空间，操作人员不允许直接接触任何带电物体。
（7）风险辨识及预控措施已落实到位，工作人员签字确认。

二、作业前准备

装表接电工接到低压带电调换工单后，应做以下准备工作。

（1）核对工单所列的电能计量装置是否与客户的供电方式和申请容量相适应，如有疑问应及时向有关部门提出。
（2）凭工单到表库领用电能表、互感器并核对所领用的电能表、互感器是否与工单一致。
（3）检查电能表的校验封印、接线图、检定合格证、资产标记（条形码）是否齐全、校验日期是否在 6 个月以内、外壳是否完好、圆盘是否卡住。
（4）检查所需的材料及工具、仪表等是否配足带齐。
（5）电能表在运输途中应注意防振、防摔，应放入专用防振箱内，在路面不平、振动较大时，应采取有效措施减小振动。
（6）换表前，现场核对工作对象、工作范围、工作内容是否与传票或工作任务单一致，检查换表现场有无违约用电、窃电、隐藏故障、不合理结存电量等异常，如存在异常应停止换表作业，保护好现场，及时报办处理。
（7）与客户共同做好作业前准备和安全措施后，按传票或工作任务单要求实施换装作业。

三、现场工作要求

（1）换表作业具有可靠的安全操作空间，操作人员不允许直接接触任何带电物体。

（2）与客户共同做好作业前准备和安全措施后，按传票或工作任务单要求实施换装作业。

（3）对二次回路配置有联合接线盒的电能计量装置，可采用"间断计量"的方式开展带电换表作业，参见模块"高压电能计量装置带电调换（ZY2400306002）"。一次系统不停电时应在试验盒上短接电流，断开电压，终止计量，测量短接前客户用电功率和记录短接时间，计算停止计量期间应补电量，记录在工作票指定位置交客户签字确认。对二次回路没有专用接线盒的电能计量装置，换装作业应确保电能计量装置出线侧负荷开关在断开位置。

（4）低压带电换表操作步骤、方法和要求参见模块"低压带电作业技能 （ZY2400307001）"。

四、注意事项

（1）在进行低压电能计量装置带电调换工作时，应填用低压换表第二种工作票。

（2）严格防止电流互感器二次回路开路。短路电流互感器二次回路严禁用导线缠绕，必须使用短路片或短路线，短路应妥善可靠。

（3）应使用绝缘工具、戴绝缘手套等措施。

（4）测试引线必须有足够的绝缘强度，以防止对地短路。

【思考与练习】

1．现场开展换表工作的具体要求有哪些？

2．电能计量装置现场拆除有哪些要求？

3．低压电能计量装置带电调换应做哪些安全措施？

第十一章　高压电能计量装置的安装

模块 1　高压电能计量装置安装（ZY2400305001）

【模块描述】本模块包含高压电能计量装置的安装程序及注意事项。通过安装步骤介绍、图解说明，掌握高压电能计量装置安装操作程序、工艺要求及质量标准。

【正文】

本模块主要针对 10、35kV 电压等级的专用变压器系统电能计量装置及用电信息采集（负控）终端的安装。高压电能计量装置的安装型式主要有两种类型，一种为户外计量方式，一种为变电站方式。户外计量方式在 10kV 配电网得到广泛运用，其表计与组合互感器距离相对较近。变电站型式在多年的运用中也有较快的发展，常见的有箱式变电站、室内变电站等，其电能计量装置组合安装在进线柜后侧的专用计量柜中。计量柜有多种型式，如手车式、中置柜式、常规式（一次母线经计量 TA 穿越计量柜，TV 在柜中经熔断器并接到三相母线上，柜前上方为电能表、二次端子安装柜）等，还有互感器在户外，计量表计安装在室内的方式，如互感器在一次设备场地，而电能表在主控制电能表屏、柜中。

一、危险点分析与控制措施

（1）组织现场工作人员学习作业指导书，并补充完备。作业前必须进行培训，人员分工明确，做到心中有数。

（2）进入工作现场，必须正确使用劳保用品，必须戴安全帽，上下传递物品，不得抛递，上层作业人员使用工具夹或工具袋，防止工具跌落。

（3）施工电源取用必须由 2 人进行，首先测量电压等级要求，接线插座是否完整无缺，移动电源盒及导线是否损坏，如从配电箱（柜）内取电源，应先断开电源，然后先接电源中性线后接相线，接线严禁缠绕。

（4）施工作业在高处进行必须使用安全带和安全绳，并在合格可靠的绝缘梯子或其他登高工具上工作。

（5）按规定穿着国家电网公司标志的工作服，佩戴工号牌。

（6）风险辨识及预控措施落实到位。

二、作业前准备

（1）新增或变更电能计量装置，应通过营销业务应用系统形成电子工单，按业务流程传递至装表接电工班。工单信息（包括现场工作工单、电子工单，下同）必须完整、规范。除事故抢修外，无工单不得配表、装表。

（2）核对工单所列的电能计量装置是否与用户的供电方式和申请容量相适应，如有疑问，应及时向有关部门提出。

（3）凭工单到表库领用电能表、互感器，并核对所领用的电能表、互感器是否与工单一致，是否满足技术规程的配置要求。

（4）检查计量器具的检定合格证、封印、资产标记是否齐全，校验日期是否在 6 个月以内，外观是否完好。

（5）检查所需的材料及工具、仪表等是否配足带齐。

（6）电能表在运输途中应注意防振、防摔，必要时放入专用防振箱内；在路面不平，振动较大时，应采取有效措施减少振动。

（7）现场查勘作业场所是否满足安全要求（必要时，查勘工作可以在派工前单独进行）。

（8）电能计量装置装表接电作业条件是否符合要求，现场设备、供、配电系统是否与工单所列的信息一致。

（9）对先期随一次设备安装的互感器，现场检查铭牌、极性标志是否完整、清晰，检定合格证是否齐全有效，变比是否与工单一致，二次回路配置是否满足技术要求，接线螺丝是否完好，对应用在需要封闭的场所，其封闭功能是否满足要求。

（10）对所有发生的不符合项，应提出整改意见或方案，当整改项没有完成时，应停止计量表计的安装，同时向主管部门报告原因以及向客户解释清楚。

三、现场工作

（一）计量屏（箱、柜）的安装

1. 户外式电能计量装置的安装

户外式电能计量装置常见安装方式有两种，一种是组合互感器安装在专用变压器（专线）电源侧，电能表箱吸附在组合互感器箱的侧面，电能表一般距地面较高，且距高压带电部分很近，抄表可采用遥控、遥测方式，但是对电能表的现场检验以及更换带来不便。另一种是组合互感器与电能表箱分离，通过二次电缆引下，在距地面 1.8m 处安装表箱。这种方式既便于抄表与监视，又方便现场检验和电能表更换。需要注意的是由于电流互感器二次负荷容量相对较小，故电能表与组合互感器之间电缆不宜过长。必要时二次电缆应穿入钢管或硬塑管内加以保护，以满足电能计量装置的封闭管理要求。

2. 户内电能计量装置的安装

户内电能计量装置的安装一般是设置专用计量柜，柜体的安装由电气设备安装方随一次设备安装完成，装表接电工只需要检查计量柜的安装位置是否满足技术管理要求和封闭的要求，检查互感器、高压熔断器、母线走向及安装位置是否满足技术管理和安全管理要求。还有安装厢式变电站，箱内整体设置有计量间隔，高压互感器及配套设备安装在一次间隔，电能表、二次端子安装在二次间隔，与户内高压计量柜模式相近。

（二）电能表的安装

1. 电能表的安装场所

（1）周围环境应干燥明亮，不易受损、受振；无自然磁场之外的磁场干扰及烟灰影响。

（2）无腐蚀性气体、易蒸发液体的侵蚀。

（3）运行安全可靠，抄表读数、校验、检查、轮换方便。

（4）表位置的环境温度应不超过电能表规定的工作温度范围，即对 A、B 组别为 $-20 \sim +50℃$。

2. 电能表的一般安装规范

电能表的一般安装规范除满足模块"单相电能表安装（ZY2400303003）"的要求外，还应满足以下条件：

（1）电能表的型号与互感器的连接方式与一次系统接地方式相对应。中性点非有效接地系统选用 DS 型电能表，电能表的标定电压应为 $3 \times 100V$。中性点有效接地系统选用 DT 型电能表，且运用于高压系统的 DT 型电能表的标定电压应为 $3 \times 57.7/100V$。

（2）户外安装的电能表应避免阳光直射，减小高温引起的附加误差，降低电子式电能表因环境温度过高而引发的运行故障。

（三）互感器的安装

互感器的安装一般应遵循以下安装规范：

（1）互感器安装必须牢固。互感器外壳的金属部分应可靠接地（安装在金属构架时，互感器外壳允许不做接地，但要求构架接地可靠）。

（2）油浸式组合互感器安装时，呼吸器要由运输位置恢复到运行位置，呼吸油管法兰安装耐油橡胶垫，玻璃罩完整，吸潮剂应干燥，盛油碗倒入合格的变压器油并保持合适的油位，隔绝油箱内变压器油与空气的接触。

（3）专用变压器安装户外组合互感器时，其一次 U、W 相连接桩头应使用热缩导管将裸露的金属包裹，推荐使用通信电缆外层辐射交联热缩管（RSYW 型通信电缆用圆管式绝缘维护用热缩套管），该型管热缩比高，热缩后具有相当的硬度，防窃电效果更好（此处应用不需要考虑绝缘性能）。不推荐使用用于电力电缆头制作的热缩管，该型产品含有硅橡胶（满足绝缘性能），热缩比低，热缩后具有一定的弹性。

（4）一般户外组合互感器生产厂商都要求安装时在互感器线路侧安装一组避雷器，互感器安装时，应检查避雷器安装位置是否满足厂家技术要求，其接地装置及连接是否满足技术要求。

（5）户内安装电压互感器，一次侧都配置有电压互感器专用熔断器，此类产品为限流式熔断器，主要是保护 TV 内部短路，应选用正规厂家的产品。一般用于 35kV 电压互感器保护的熔断器有户外、户内两类，由变电站标准设计配套，型号为 XRNP-40.5 的产品规格有 0.3、0.5、1、2、3、15A 六种，实际运用应按照变电站设计确定的规格配置。10kV 电压互感器一次熔断器常用型号为 XRNP-12、RN1、RN2、RN3 等，其中 XRNP-12 的产品规格有 0.3、0.5、1、2、3、15A。常规配置规格为 0.5A。熔断器支撑绝缘子及架构应牢固可靠，熔断器管卡簧应具有弹性，确保可靠接触。

（6）同一组电流互感器应采用型号、额定电流比、准确度、二次容量相同的互感器，按同一方向安装以保证该组电流互感器一次及二次回路电流的正方向均为一致。

（7）对多次级（多绕组）互感器只用一个二次回路时，其余的次级绕组应可靠短接并接地，如图 ZY2400305001-1 所示。如果计量之外的绕组接有负荷（如电流表等），应检查回路的完整性，防止计量绕组完整而测量绕组开路的故障发生。对二次多抽头的电流互感器，则只能连接 S1 和选用的绕组抽头（S2、S3、S4 等），其余绕组抽头不得连接任何导线及回路，其连接如图 ZY2400305001-2 所示。所有电流互感器二次绕组的一点接地，应选择在非极性端。

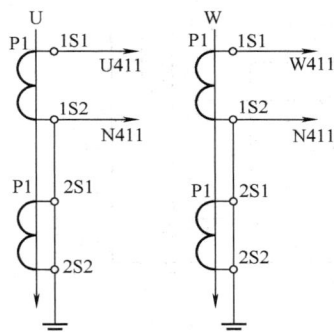

图 ZY2400305001-1　多次级（多绕组）互感器
接线示意图

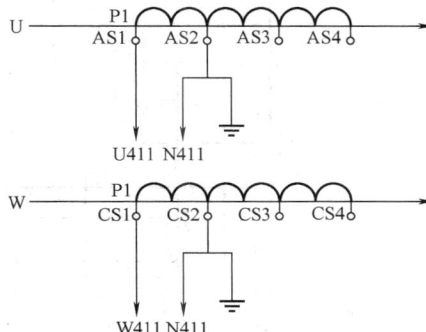

图 ZY2400305001-2　二次多抽头电流互感器
接线示意图

（8）《国家电网公司电力安全工作规程》所规定的"在带电的电压互感器二次回路上工作时，严格防止短路或接地"的前提是：电能计量装置电压互感器二次回路已经存在一点保护接地，如果二次回路再发生一点接地，对于变电站模式，则可能危及电网安全，造成重大事故。对于专用变压器计量专用互感器，则可能引起电压互感器二次绕组烧损。

对于 Vv 接线，TV 二次回路的接地点应在"v"相出口侧，如图 ZY2400305001-3 所示。

对于 Yyn 接线，则应在二次绕组中性点接地，如图 ZY2400305001-4 所示。

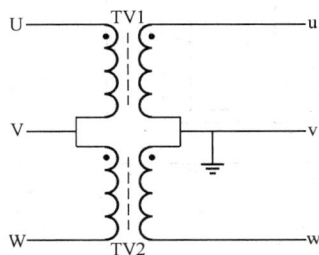

图 ZY2400305001-3　Vv 接线 TV 二次回路接地
位置示意图

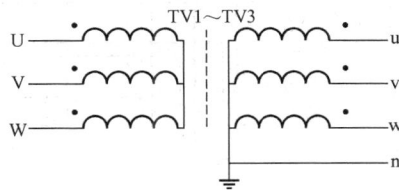

图 ZY2400305001-4　Yyn 接线 TV 二次回路接地
位置示意图

模块 1

ZY2400305001

（9）对于配置 10kV 三相五柱型电压互感器的二次回路，正确的连接是取至 TV 的 U_{uv}、U_{wv} 相线电压，以满足 DS 型电能表接入线电压的技术要求。同时，在电能表二次电压回路中，严禁再次接地。

（10）一般不在专用变压器计量电压互感器一次与母线的连接处设置隔离开关，如设计方案有上述设备，隔离开关在合闸位置应具有锁定封闭设置，防止人为断开 TV 以中止计量的管理事故发生。

（四）二次回路的安装

（1）电能计量装置的一次与二次接线应根据批准的图纸施工。不同的电力系统采用相应的计量方式，对于中性点非有效接地系统，应采用 Vv 型接线，其接线原理如图 ZY2400305001-5 所示。该型接线方式广泛运用于 10kV、35kV 系统。对于中性点有效接地系统，应采用 Y0y 型接线，其接线原理如图 ZY2400305001-6 所示。该接线方式广泛运用于 110kV 及以上系统。当前电网公司大量运用电子式多功能电能表，由于该型式电能表是有功、无功一体化，实际工作中，只需要将上述两类电能计量装置中的电能表配置改为 DSSD 型，$3\times100V/3\times1.5$（6）A 和 DTSD 型，$3\times57.7/100V/3\times1.5$（6）A（国产款式），去除图 ZY2400305001-6 中无功电能表，按照有功电能表接线即可满足技术要求。

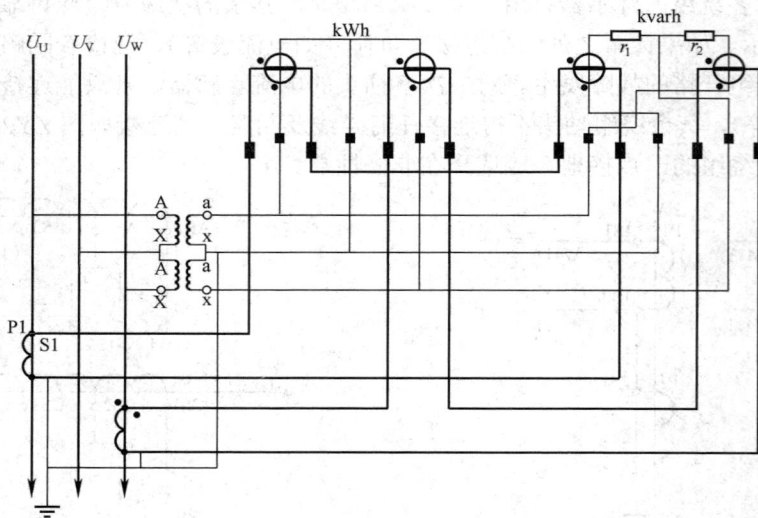

图 ZY2400305001-5　中性点不接地系统计量方式接线图

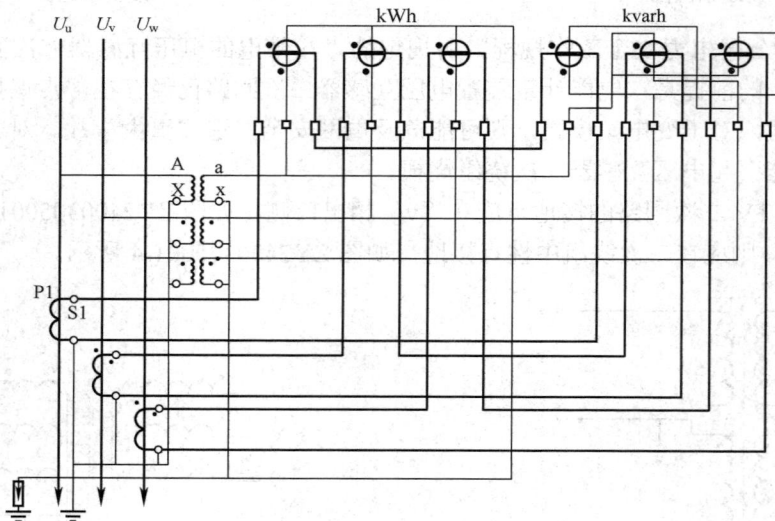

图 ZY2400305001-6　中性点接地系统计量方式接线图

（2）电能表和互感器二次回路应有明显的标志，采用导线编号管或采用颜色不同导线，一般用黄、绿、红、黑分别代表 U、V、W、N 相导线。对于采用户外组合型互感器的电能计量装置的二次回路，推荐使用 KVV22 计量专用铠装电缆（$3 \times 2.5mm^2 + 4 \times 4mm^2$，$2.5mm^2$ 导线绝缘相色：黄、绿、红；$4mm^2$ 导线绝缘相色：黄、黄黑，红、红黑），专用计量电缆以直径和相色区分导线，采用此方案，允许不穿编号管。编号规则参见模块"三相三线电能表简单错误接线检查、分析和故障处理（ZY2400402001）"。对于互感器在场地，电能表在控制室的安装模式，两者之间可能相隔几十米至上百米，需要采用足够长的导线来连接互感器和电能表，而连接导线的阻抗的大小，直接影响到互感器的实际二次负荷，进而影响到电能计量装置的准确度，为满足计量准确度的要求，必要时，应根据现场实际，合理选择二次导线截面。导线的选择方法参见模块"导线选择（ZY2400303001）"。

（3）二次回路走线要合理、整齐、美观。对于成套电能计量装置，二次导线两端应有字迹清楚、与图纸相符的端子编号。

（4）二次导线接入端子如采用压接螺钉，应根据螺钉直径将导线末端弯成一个环，其弯曲方向应与螺钉旋入方向相同，螺钉（或螺帽）与导线间应加镀锌垫圈。导线芯不能裸露在接线桩外。

（5）导线绑扎应紧密、均匀、牢固，尼龙带绑扎直线间距 80～100mm，线束弯折处绑扎应对称，转弯对称 30～40mm。

（6）二次回路的导线绝缘不得有损伤和接头，导线与端钮连接必须拧紧，接触良好。弯角要求有弧度，不得出现死角或使用钳口弯曲导线。

（7）对于手车型（中置型）计量柜，互感器与电能表箱之间需要经过带锁紧（闭锁）装置的专用插头或手车定位机构辅助触头转接，不论采用何种型号接点转接，其可靠性是决定计量准确性的关键点，也是装表接电工作需要检查的重点之一。通常，二次回路进出此类转换接点时，选用绝缘软铜导线，该导线两侧需要先压接铜质镀银接线鼻，压接的接线鼻其压接部位必须做镀锡处理后，方可连接转接开关（互感器）。

（8）根据 DL/T 448—2000《电能计量装置技术管理规程》的规定，"35kV 以上贸易结算用电能计量装置中电压互感器二次回路，应不装设隔离开关辅助触点，但可装设熔断器；35kV 及以下贸易结算用电能计量装置中电压互感器二次回路，应不装设隔离开关辅助触点和熔断器"。该规定主要适用于变电站模式。在变电站模式中，也有利用 10kV 分段电压互感器柜一次隔离开关辅助触点控制中间继电器，利用中间继电器触点（采用多接点并联，以减小接触电阻）串接在电压互感器二次出口侧，利用继电器触点接触的可靠性，既解决了隔离开关辅助触点接触的不稳定，又满足断开电压互感器一次隔离开关时，同时断开互感器二次回路的技术要求。对于 35kV 及以下专用变压器客户高压电能计量装置，均不在电能计量装置二次回路安装隔离开关辅助触点和熔断器。

（五）用电信息采集（负控）终端安装

在国家电网终端建设中，目前正大力推广用电信息采集（负荷）终端的运用（以下简称终端），该终端设备的应用需要与电能计量装置密切配合，是电能计量装置安装的一个重要部分组成。

1．终端基础知识

按照国家电网公司企业标准 Q/GDW 129—2005《电力负荷管理系统通用技术条件》的规定，由电能表 RS485 接口输出电能量值管理技术参数至终端，在实际运用中，也存在部分终端的工作电源需要接至电能计量装置电压回路的技术要求。

一般的数据采集终端仅接入电压回路，分为三相四线和三相三相。电压来源可引自电压互感器柜中的二次电压或低压母线电压分别为（100V 和 220/380V）。根据终端电压规格接入对应接线端口，如图 ZY2400305001-7 所示。

终端控制回路：装置中带有 2 对常开、常闭接点，可分别控制 2 个开关，根据供电公司需要选择所要控制的开关，接入其跳、合闸回路中，可实现分轮次控制两个开关的跳、合。

终端采集回路：终端电表的数据采集通过 RS-485 串口采集。通信线采用 2 芯屏蔽线，线径不小于 0.5mm，最大接入线径为 2.0mm。终端 RS-485 接口的 A 端与电表 RS-458 接口的 A 端相连，B 端与 B 端相连，屏蔽层必须一端接地。

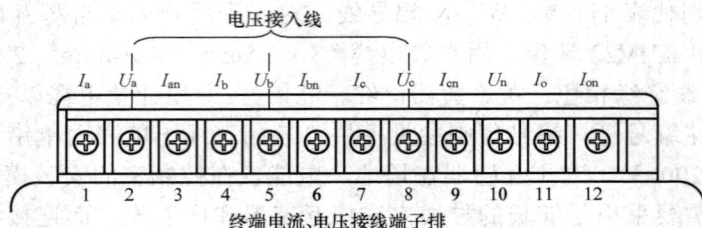

图 ZY2400305001-7 终端电压、电流连接原理图

对于具有负荷控制功能的终端，还需要将电能计量装置二次电压、电流接入终端装置（也有从电能表 485 口获取实时功率量值，发出跳、合开关指令的型式）。

2. 终端安装基本原则

对于装表接电工，终端的安装主要包括：采集终端、附属装置、电源、信号、控制线缆等设备的安装与连接。

（1）由于现场环境的不同，安装要求应满足各网省公司的相关设计。终端的连接应遵照厂家提供的安装使用说明书和技术要求，并符合电力营销管理要求。

（2）终端的安装位置应方便管理、调试、充值，线缆在计量箱、柜外的走向应做好安全防护措施。

（3）不得将终端输出控制负荷开关的跳闸电源接入电能计量装置的电压回路。

（4）终端的工作电源应根据现场条件，尽可能取自不可控电源上，以保证终端正常工作。

3. 终端安装一般规定

（1）针对不同的环境和条件，终端安装必须考虑计量表计和电动断路器的位置，并根据客户侧的电压等级、计量方式和配电设施的不同，采用不同的安装方案。

（2）应方便客户刷卡充值和查询终端数据。

（3）有利于控制电缆、通信电缆、电源电缆的走线和可靠连接。

（4）尽量能使客户的值班人员或相关人员听到终端语音报警信息。

4. 终端安装位置

（1）终端安装位置根据电动断路器的位置来确定，电动断路器位置在柱上，终端安装在柱上；电动断路器位置在配电室里，终端安装在配电室里；电动断路器位置在箱变内，终端安装在箱变侧壁上。

（2）终端安装位置根据计量表计的位置来确定，计量表计位置在柱上，终端安装在柱上；计量表计位置在配电室里，终端安装在配电室里；计量表计位置在箱式变电站内，终端安装在箱式变电站侧壁上。

（3）在变电站内，终端应安装在主控制室计量屏内的适当位置或安装在开关柜上空置的仪表室内。

（4）在户内，如为启用预付费功能的终端，为方便刷卡和查询等操作，要避免装在屏内，应在满足方便敷设信号电缆、控制电缆、电源线等情况下，安装在配电屏外侧或配电室墙上；只用于监测的非预付费终端可安装在屏内。

（5）在户外，应使终端安装位置的选择既能方便操作又不易遭到损坏，且终端语音报警信息能被客户察觉。如终端与电能表受现场客观条件限制，无法采用电缆连接时，可选用微功率无线数传模块（也称"小无线"）进行无线连接。

（6）在地下室，或安装位置的信号强度弱不能保证正常通信时，应当采用远程无线通信中继器进行无线通信。

5. 终端安装方式

（1）户外杆架式安装。终端装在电力配电箱中，通过抱箍安装在户外计量杆上，安装高度不小于1.5m。控制线、电压回路线通过 PVC（或镀锌电线管）保护管接入终端。

（2）公用变压器箱式安装。终端装在电力配电箱中，通过螺栓固定安装在箱式变电站固定箱体上（如有空间可在箱式变电站内装设），安装高度不小于1.5m。控制线、电压回路线通过PVC（蛇皮管）保护管接入终端。

（3）地面室内挂式安装。终端装在电力配电箱中，通过螺栓固定安装在墙体上，安装高度不小于1.5m。由一次设备引出控制线、电压回路线通过电缆沟（地下）、PVC管（地上）敷设接入终端。

（4）地下室内挂式安装。终端装在电力配电箱中，通过螺栓固定安装于墙体上，安装高度不小于1.5m。由一次设备引出控制线、电压回路线通过电缆沟（地下）、PVC管（地上）敷设接入终端。通信系统由RS-485引出通过中继器（安装在信号良好的区域）进行抄读。

（5）变电站内安装。终端可直接装入变电站主控制室计量屏内。该计量屏必须要有充足的空间，面板上预留安装孔洞；可装入开关柜空置的仪表室内，控制线、电压回路线均可利用现有电缆沟敷设接入终端。通信系统中所用通信线必须外引，如通信线长度大于50m，另加装中继器进行通信。

6. 采集和控制线接入要求

（1）终端连接电能表原则上采取"一台终端与接入的所有电能表的485接口的同名端并联"方式，即每只电能表和数据设备连接终端装置共用一根屏蔽电缆用于485数据采集，如图ZY2400305001-8所示。连接电缆的网状屏蔽层应在终端一侧可靠接地。

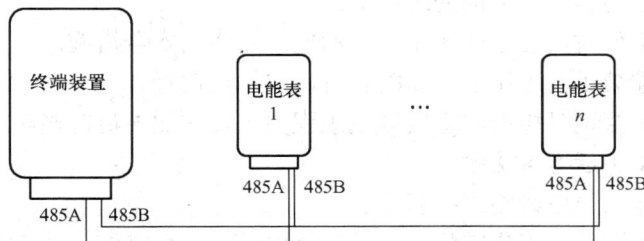

图ZY2400305001-8　终端装置数据线连接原理图

（2）为满足抄表实用化的要求，客户的计量总表必须接入终端，同时还应尽量将客户的扣减表全部接入。

（3）终端连接负荷控制开关原则上采取"一个负荷控制开关一根控制电缆"方式。终端应保证接入两路跳闸，原则上第一轮跳闸应接入客户的非重要负荷，第二轮跳闸接入高压侧或低压侧总开关。终端装置控制开关输出接点如图ZY2400305001-9所示。对于具有跳闸功能的终端，还要根据被控开关是失压型式还是施压型式，将跳闸控制线缆准确接入采集终端的对应接点端口。接入终端的被控开

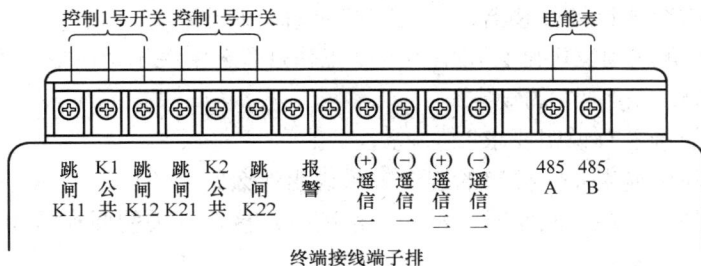

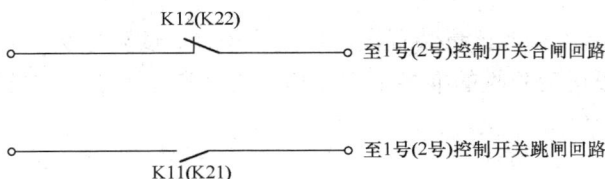

图ZY2400305001-9　终端装置控制开关输出接点图

关如采用给压跳闸（分励脱扣）方式，终端侧接线应接常开触点；如采用释压跳闸（无压释放）方式，终端侧接线应接常闭触点。被控开关接入应尽可能选择给压跳闸（分励脱扣）方式。

（4）电缆进入配电屏柜，应绑扎、整齐固定。电缆在屏、柜内敷设应与带电、发热、可动部件保持足够的距离。

（5）终端电源线、抄表线、控制电缆在配电盘内及安装箱内的连接均应按照电力行业规范编号并套上号箍。

（6）各类电缆的敷设都应横平竖直，转角处应满足转弯半径要求，不得陡折、斜拉、盘绕和扭绞，导线的颜色应遵循电力行业规范。

（7）电缆应沿墙、管、孔、沟道敷设，不得凌空飞线，不得摊放地面。不得已需要横空跨越的，在室内应通过槽板、电缆桥架，在室外可依托钢丝绳。

（8）安装箱内的端子排必须完整编号，箱门内侧应附安装箱端子排与终端端子对应接线简图。

四、注意事项

（1）在进行电能计量装置的安装工作时，应填用第二种工作票和装接工作单。

（2）严格防止电压互感器二次回路短路或接地；严格防止电流互感器二次回路开路。

（3）测试引线必须有足够的绝缘强度，以防止对地短路，且接线前必须事先用绝缘电阻表检查一遍各测量导线每芯间，芯与屏蔽层之间的绝缘情况。

（4）终端装置接电工作时，应采取防止短路和电弧灼伤的安全措施。

（5）电杆上安装终端装置与电压互感器配合时，宜停电进行。

（6）终端箱均应可靠接地且接地电阻应满足规程要求。作业人员在接触运用中的终端箱前，应检查接地装置是否良好，验电后方可接触。

（7）带电接电时作业人员应戴绝缘手套。

（8）终端装置在二次回路上工作需将高压设备停电或做安全措施，并应提前通知客户，做好备用电源的投入使用准备。

（9）工作中禁止将回路的永久接地点断开。

（10）变电站内工作时，满足其行业规定的施工技术要求，并注意二次线路的敷设，采取必要的屏蔽措施。

（11）安装客户终端时，应注意不应损坏客户设备功能。

【思考与练习】

1．多绕组型式的电流互感器，在现场安装时，应如何处理所有绕组？

2．变电站模式的 10kV 电能计量装置，当电压互感器为公用时，对二次出口有什么技术要求？

3．对户外安装的组合式计量互感器，一次防护应如何处理？

4．如何从技术上理解《国家电网公司电力安全工作规程》中关于"在带电的电压互感器二次回路上工作时，严格防止短路或接地"的规定？

5．终端工作电源的接入有说明要求？

6．终端 485 接口与电能表 485 接口的连接关系说明什么？

7．终端接点输出到开关跳闸回路时，常开、常闭接点接入开关的要求是什么？

模块 2 送电后验收（ZY2400305002）

【模块描述】本模块包含高压电能计量装置投运后验收项目、试验方法、工作程序及注意事项。通过验收流程介绍，熟练掌握投运后验收的准备工作及相关安全和技术措施、装置验收项目及其操作步骤、方法和要求。

【正文】

电能计量装置安装后，应进行通电检查、验收，以确定电能计量装置带电后的各项技术参数满足正常工作的要求。

一、高压电能计量装置送电验收的危险点与控制措施

高压电能计量装置在完成送电前的验收后，还应对装置进行通电验收。不同电压等级的首次送电有不同的要求。如 35kV 及以上系统的电能计量装置首次送电，大多采用与一次系统冲击试验一并进行，而 10kV 等级电能计量装置则可在配电装置进线带电后，只对电能计量装置送电。

（1）现场工作人员应在仔细检查电能计量装置具备送电条件后，关闭装置柜门、撤离高压室，对于户外电能计量装置，应与装置一次设备保持相应的安全距离，防止因装置一次设备不能经受冲击电压而引起绝缘爆裂伤及人员。

（2）装置带电后，不应马上接近装置一次设备。如果听到设备有异常响声，应迅速撤离现场。

二、作业前准备

（1）测试所用仪器、仪表应合格、有效。

（2）对送电正常的电能计量装置二次回路进行测试，应满足《国家电网公司电力安全工作规程》要求，测试操作时，应有专人监护。

三、验收项目

对于通过投运前验收的电能计量装置，还应做通电后的检查验收，确认装置在实负荷条件下，各项参数满足技术管理要求。其项目有：

（1）测试接入电能计量装置的二次电压。

（2）检测电能表电压接入相序。

（3）带负荷测试装置接线向量图（现场条件具备时）。

（4）测试电能表在实负荷条件下的基本误差。

（5）检查电能表的走字是否正常。

（6）核查投运后的各项记录是否满足营销管理的要求。

四、验收内容及方法

（1）将检查无误的电能计量装置接入供电系统。电能计量装置带电后，暂停后续操作，利用电压表，测量电能表功率元件的接入电压。对于三相三线 Vv 接线系统，三个电压接入端应保持 $U_{UV}=U_{WV}=U_{UW}=100V$ 左右。三相四线 Yy0 型接线除测量相电压外，还应检测线电压，标准值 57.7/100V。实际量值随系统电压波动，如果任何一组电压距 100V（57.7V）出现较大偏差时，装置可能存在电压缺相或其中一组电压互感器极性接反的故障，应停电核查，直至排除故障再行送电。

（2）利用相序指示器（相序表），检查电能表电压是否为顺相序接入。当接入顺序为逆向序时，应断开电能计量装置电源（也可以断开二次试验端子电压），将接入电能表的导线接入关系更正为顺相序。更正相序的原则是将两个功率元件电压、电流二次连接导线同时交换，（对三相四线制，将任意两个元件电压、电流二次导线同时交换）。

（3）用电能表现场校验仪（以下简称现校仪）检查电能计量装置接线的正确性。此项试验受条件限制，如果仅仅是通过向量关系确认接线的正确性，负荷电流只要接近二次标定电流的 0.2%，现校仪即可分辨装置接线向量关系，但前提是接入的负荷功率因数应高于 0.5。其原因是，目前电力系统广泛使用的现校仪在向量关系运算时，只有在负荷性质确定，且功率角小于 ±60° 时，得出唯一的结论，当接入负荷功率角大于 ±60° 时，不同相别电流位置会出现区域交集，从而导致逻辑分析会出现不确定结论，在现校仪显示界面上会出现向量关系误判断，导致向量分析错误。现校仪的现场运用，参见模块"测量实际负荷下电能表的误差（ZY2400602003）"。

（4）对新接入的电能表做实负荷现场检验。本项验收需要具备一定条件，在 SD 109—1983《电能计量装置检验规程》和 JJG 1055—1997《交流电能表现场校准技术规范》有相应的规定。只有满足规程、规范的条件，检验值才可以作为投运后验收的技术资料。

在实际运用中，常常是负荷百分数不能满足规范要求的数值，如果仅是现场对电能表基本误差做趋势性检测时，电能计量装置二次电流只要大于二次标定电流的 0.2%，校验仪即可获取电能表的误差数值。该数值可判断表计误差的基本趋势，作为验收项目的管理数据，但不宜作为电能表现场检验的正式数据。

新投运的电能计量装置有可能不能及时接入有效负荷，致使投运后的验收缺项，对此类电能计量装置，测量电能计量装置元件电压和相序非常重要，按照 DL/T 448—2000《电能计量装置技术管理规程》的要求，新投运或改造后的Ⅰ、Ⅱ、Ⅲ、Ⅳ类高压电能计量装置应在一个月内进行首次现场检验。应结合现场首检，完善电能计量装置送电后的验收项。

五、验收管理

（1）经验收合格的电能计量装置应由验收人员及时实施封印，并由运行人员或客户对电能计量装置封印的完好签字认可。封印的位置为互感器二次回路的各接线端子、电能表接线端子、计量柜（箱）门等。

（2）经验收合格的电能计量装置应由验收人员填写验收报告，注明"电能计量装置验收合格"或者"电能计量装置验收不合格"。对不合格项应提出整改方案。

（3）验收不合格的电能计量装置禁止投入使用，整改后再行验收，直至合格。

（4）现场检验电能表的误差均应在其等级允许范围内，将检验结果和有效期等有关项目填入检验证（单）。

（5）电能表现场检验原始记录填写应用签字笔或钢笔书写，不得任意修改。

（6）验收报告及验收资料及时归档以便于管理。

【思考与练习】

1. 高压三相三线电能计量装置逆向序接入时，应如何处理？

2. 使用现场校验仪对电能计量装置进行现场校验，当负荷功率因数低于 0.5 时，会有什么结果？

3. 验收电能计量装置，发现不符合项，装表工提出整改方案，就已经完成职责、职能。这种说法对吗？

第十二章 高压电能计量装置的调换

模块1 调换前后运行参数的核查 (ZY2400306001)

【模块描述】 本模块包含高压电能计量装置的调换前后运行参数的核查工作程序及相关安全注意事项。通过核查步骤介绍、图解说明,培养能及时发现、纠正安装工作中可能出现的错误接线的能力,熟练掌握核查各种设备的调试工艺标准和质量要求。

【正文】

高压电能计量装置中配置的电能表存在一个运行周期的管理,当运行到期或因其他原因,需要对电能表进行更换时,要对待换装置的状态进行确认,更换工作完成后,还需要对已换表计在实负荷状态下的运行状况进行确认。这样做可以避免电能计量装置或表计已经处于异常状态,因盲目换表而破坏现场导致电量退补缺乏技术支持,同时避免因为更换电能表而发生装置异常运行的隐患。对电能表换表前后进行运行参数的检查,是技术管理的必要程序。

鉴于各电网公司现场校验仪的配置属于基本配置,直接运用该型仪器,对电能计量装置运行参数进行判定是高压电能计量装置核查的通用方法。

一、核查步骤

(1) 外观检查待换电能计量装置的完好性。

(2) 检查待换电能计量装置的负荷状态能否满足现场测试运行参数的条件。

(3) 使用电能表现场校验仪,接入电能计量装置二次回路,对装置接线完好性进行确认。

(4) 使用电能表现场校验仪功能,对待换电能表进行换表前误差测试。测试方法及电能表现场校验仪使用方法参见模块"测量实际负荷下电能表的误差(ZY2400602003)"、"常用仪器的使用方法和注意事项(ZY2400203001)"。

(5) 将电能表从运行状态退出,撤出原表,安装新表。

(6) 将新表接入计量回路,在实负荷状态下,确认新表运行参数,同时检验新表的工作误差。

二、核查技术要求

(1) 接线方式确认主要是运用电能表现场校验仪相关功能,检查电能计量装置相量图应符合接线方式所应有的向量关系,三相三线 Vv 型接线电能计量装置相量图应基本符合图 ZY2400306001-1 关系。三相四线 Yy 型接线电能计量装置相量图应基本符合图 ZY2400306001-2 关系。相量图 ZY2400306001-1 ~ 图 ZY2400306001-2 中电能表功率元件的夹角 φ 随负荷功率因数变化而变化。当相量图出现明显不对称

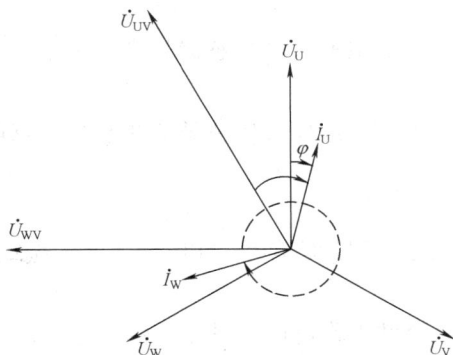

图 ZY2400306001-1 Vv 型接线电能计量装置相量图   图 ZY2400306001-2 Yy 型接线电能计量装置相量图

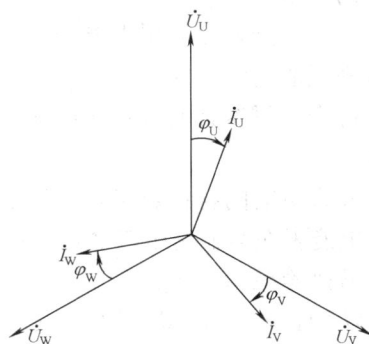

趋势时或向量关系异常，必须确定原因，防止因校验仪运用不当造成误判断。

（2）电能表实负荷工作误差的判定应依据 SD 109—1983《电能计量装置检验规程》以及 JJF 1055—1997《交流电能表现场校准技术规范》现场校验的相关规定，具体处理参见模块"电子式多功能电能表功能检查（ZY2400602002）"。

（3）对于电子式多功能电能表，更换前后，应检查确认电能表运行界面的相关信息，主要检查项有：功率元件接入电压、电流值；有功、无功潮流方向；实时功率因数以及时段设置、日历时钟等信息。对于只具有复费率功能的电能表要检查时段设置和日历时钟偏差是否正常。

【思考与练习】
1．调换前后运行参数的核查步骤有哪些？
2．为什么要进行调换前后运行参数核查？

模块 2　高压电能计量装置带电调换（ZY2400306002）

【模块描述】本模块包含高压电能计量装置调换前准备工作、安全和技术措施、操作项目、工作程序及相关注意事项。通过操作流程介绍、例题计算，熟练掌握高压电能计量装置带电调换操作步骤、方法和要求。

【正文】

一、危险点分析与控制措施

（1）组织现场工作人员学习作业指导书，并补充完备。作业前必须进行培训，人员分工明确做到心中有数。

（2）进入工作现场，必须正确使用劳保用品，必须戴安全帽，上下转递物品，不得抛递，上层作业人员使用工具夹或工具袋，防止工具跌落。

（3）施工电源取用必须由 2 人进行，首先测量电压等级要求，接线插座是否完整无缺，移动电源盒及导线是否损坏，如从配电箱（柜）内取电源，应先断开电源，然后先接电源中性线后接相线，接线严禁缠绕。

（4）施工作业在高处进行必须使用安全带和安全绳，并在合格可靠的绝缘梯子或其他登高工具上工作。

（5）按规定穿着国家电网公司标志的工作服，佩戴工号牌。

（6）风险辨识及预控措施落实到位。

二、作业前准备

（1）电能计量装置带电调换，应通过营销管理系统形成电子工单，按业务流程传递至装表接电工班。工单信息（包括现场工作工单、电子工单，下同）必须完整、规范。除事故抢修外，无工单不得配表、装表。

（2）核对工单所列的电能计量装置是否与用户的供电方式和申请容量相适应，如有疑问，应及时向有关部门提出。

（3）凭工单到表库领用电能表、互感器，并核对所领用的电能表、互感器是否与工单一致，是否满足技术规程的配置要求。

（4）检查计量器具的检定合格证，封印，资产标记是否齐全，校验日期是否在 6 个月以内，外观是否完好。

（5）检查所需的材料及工具，仪表等是否配足带齐。

（6）电能表在运输途中应注意防振，防摔，必要时放入专用防振箱内；在路面不平，振动较大时，应采取有效措施减少振动。

（7）现场查勘作业场所是否满足安全要求。必要时，查勘工作可以在派工前单独进行。

（8）电能计量装置装表接电作业条件是否符合要求，现场设备、供、配电系统是否与工单所列的信息一致。

（9）对先期随一次设备安装的互感器现场检查铭牌、极性标志是否完整、清晰，检定合格证是否齐全有效，变比是否与工单一致，二次回路配置是否满足技术要求，接线螺丝是否完好，对应用在需要封闭的场所，其封闭功能是否满足要求。

（10）对所有发生的不符合项，应提出整改意见或方案，当整改项没有完成时，应停止计量表计的安装，同时向主管部门报告原因以及向客户解释清楚。

（11）装换表现场工作一般不应少于 2 人，装表接电工在客户处工作时应出示证件或挂牌。在系统内变电站开展装、换表工作应办理工作票，制订标准化作业指导书。

（12）装表接电工在现场应首先按工作传票核对电能计量装置基本信息和工作内容，检查电能计量装置有无其他异常，正常时方可开展工作。发现传票信息与实际不符或现场不具备装换条件时，应终止工作，及时向班组长或相关部门报告，做好停止换表原因记录，必要时向客户解释清楚，待具备条件后再行安排换表作业。

（13）现场发现电能计量装置有违约用电或窃电嫌疑时应停止工作并保护现场，通知和等候用电检查（稽查）人员处理。

（14）对运行中的高压电能计量装置做带电调换工作时，应根据现场负荷条件，做换表前、后的电能表实负荷检验。确认待换表的电能计量装置运行状态是否正常，同时确认新换表在实负荷状态下的是否满足技术管理要求。

（15）对换表工作涉及登高、与带电部位处于最小安全距离等危险工作时，应做好保证安全的组织措施和技术措施，方可开始作业。

三、现场工作

（一）电能计量装置调换

高压电能计量装置带电换表按对计量的影响可分为间断计量和不间断计量两种方式。当电能计量装置所接入的负荷相对稳定且对称平衡时，可采用间断计量方式；对于负荷状态不稳定的电能计量装置，应采用不间断计量方式换表。

1. 间断计量方式

（1）做好作业前准备和安全措施后，按传票或工作任务单要求实施换装作业。

（2）换表前，使用电能表现场校验仪测量电能计量装置的运行参数，包括三相电压、电流、负荷功率因数等。

（3）发现电能计量装置有运行故障、接线错误、倍率差错等异常时，应停止工作保护现场，做好检查记录交客户签字确认并报业务部门后续处理。对涉及电量退补的装置，应向营销管理部门报告，配合相关部门做好电量退补的技术支持工作。

（4）利用电流、电压试验端子（电能计量联合试验盒），短接二次电流，断开二次电压，记录电能计量装置停止计量起始时间。

（5）对退出运行的电能表进行更换，换装新表，恢复计量回路。

（6）检查无误后接通二次电压，打开二次电流短接片（短接线），将新表接入电能计量装置。

（7）记录恢复计量时间。利用公式计算换表期间实际电量，经客户确认后，传递到营销业务部门，进入电费系统一并收取。换表期间电量ΔA（kWh）计算如下：

$$\Delta A = \sqrt{3}UI\cos\varphi \cdot K \cdot t/1000 \qquad\text{（ZY2400306002-1）}$$

式中 K——倍率；

t——换表间断时间，h。

例 1 一高压电能计量装置，Vv 连接，做间断计量换表，期间运行参数及装置信息如下：倍率：$K=400$，二次电压：$U=98$V，二次电流：$I=2.5$A，功率因数：$\cos\varphi = 0.92$，换表停止计量时间：28min，期间为平时段，试计算换表停计电量。

解：换表停止计量时间 28min，折合为 0.47h，代入计算式为

$$\Delta A = \sqrt{3}UI\cos\varphi \cdot K \cdot t/1000 = \sqrt{3}\times98\times2.5\times0.92\times400\times0.47/1000 = 73.394 \text{（kWh）}$$

ZY2400306002

模块 2

答：换表期间产生平时段电量 73.394kWh。

无功电量计算，略。

2．不间断计量方式

将换表期间电量转移到一临时计量电能表上，待换表结束，新表进入运行状态后，将临时计量表计所记录的有功、无功电量抄读出来，经客户确认后，传相关部门一并收取。

（1）选择一只与待换表规格相同、经检定合格的电子式多功能电能表作为临时计量表，抄断记录的电量信息作为起始电量。

（2）将临时计量表按照电流回路串联、电压回路并联的原则，在试验端子处接入待换电能表的二次回路，在检查接线正确无误的前提下，利用试验端子的电流连接片，使临时计量表接入回路，开始工作。

（3）确认临时计量表运行状态无误后，断开待换表电流回路，全部二次电流经临时计量表与电流互感器构成回路。

（4）换表工作完成后，再次确认连接的正确性，恢复试验端子电流连片，将临时计量表退出二次回路，抄断电量止数，撤下临时计量表。

（5）换装电能计量装置装拆时间、资产编号、装拆示数等数据信息应以适当方式（如当面签字、发通知单等）及时通知客户检查核对。

（6）不间断换表的条件：电能计量装置二次回路必须配置二次电流、电压端子或电能计量联合试验盒。对二次回路没有配置试验端子的高压电能计量装置，不得进行实负荷换表作业。

（7）当电能计量装置一次出线侧隔离开关断开，电能表与高压带电部位的安装距离符合安全规定时，允许在电能计量装置二次回路上进行零负荷带电换表作业。

（8）电能计量装置如果带有远方抄表或负荷控制管理装置（负控终端），换表后应予恢复。如待换表与新表不是同一厂家、同一款式，则可能需要重新设置相关参数，换表之后，要及时通知负荷管理控制中心，由相关技术人员对换表后的负控终端参数进行重新设置。

（9）对于二次回路配置的是常规电流、电压端子的电能计量装置，临时计量表的接入方式有一定区别，其接线方式如图 ZY2400306002-1 所示。现场操作流程：在待换表电压、电流回路中并接一只临时计量表→首先接入电压回路，抄断临时计量表起始电量，再接入电流回路→两表分流分别计量→

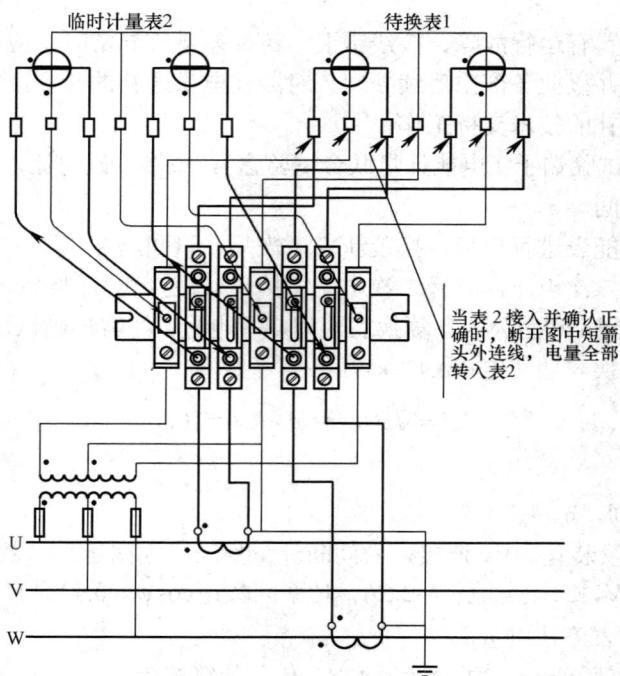

图 ZY2400306002-1　配置常规电流、电压端子的电能计量装置换表接线图

断开待换表电压（做绝缘临时包扎）、电流→电量全部转入临时表→撤出待换表→换装新表→恢复二次连接线→检查确认正确性→撤出临时计量表电流回路，抄断电量数据→撤出电压回路，结束换表工作。通常临时计量表的连接导线是采用分相色的成套试验软铜线，该导线两头连接有带锁紧功能的标准插头，与一般的试验端子可做插入连接。操作安全提示：准备三段绝缘胶带，逐相松开待换表电压接入导线，做临时绝缘包扎，松开第一相电流接入导线，应没有开路火花产生，此时如果有开路火花产生，应迅速将导线恢复并压紧，停止撤线换表，待查明原因后，再继续工作。

（10）对于使用联合接线盒的电能计量装置，对电流回路的接法有技术要求，这是由联合接线盒的结构决定的。接线盒的设计，主要是满足现场检验时，将标准表（现场校验仪）接入电能计量装置二次回路，其接线原理如图 ZY2400306002-2 所示。接线盒电流回路只需要满足流入和流出有一相错开即可。例如 TA 与接线盒2、4 相连接，则电能表与2、3 或3、4 连接，如果 TA 与接线盒2、3 相连，则电能表只能与2、4 相连接方可以满足接入标准表（现场校验仪）的条件。如果要利用联合接线盒完成不间断换表，则必须按照图 ZY2400306002-3 接线，即 TA 二次回路与接线盒的连接在电流2、4、6、8 端，如图中所示，否则，不能实现不间断换表功能。在利用接线盒换表时，临时计量表的电压是采用带绝缘护套的鱼嘴夹从接线盒电压回路获取。

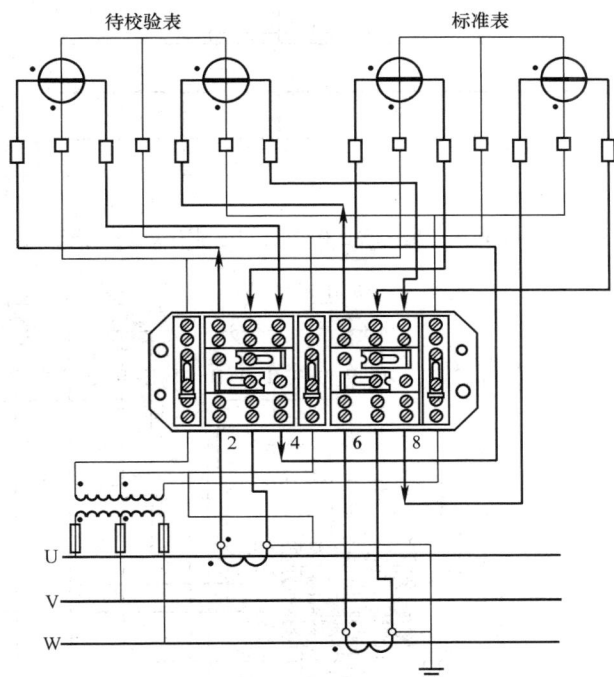

图 ZY2400306002-2　配置联合接线盒的电能计量装置现场校表接线图

（11）在电能计量装置接线方式中，还存在一种电流回路简化接线计量模式，这种接线方式在非结算电费的计量系统中有比较广泛的运用。简化接线计量模式电能表更换接线示意图如图 ZY2400306002-4 所示。

（二）电能计量装置拆除

（1）现场核对工作对象、工作范围、工作内容是否与传票或工作任务单一致，检查有无违约用电、窃电、隐藏故障、不合理结存电量等异常，如出现异常应及时上报处理。

（2）切除负荷和电源，确认电能计量装置脱离电源后，按传票或工作任务单内容拆除电能计量装置。

（3）拆除电能计量装置时间、电能计量装置基本信息、拆表示数等数据信息应以适当方式（如当面签字、发通知单等）及时通知客户。

（4）对现场需拆除或需处理的空接线路、设备等应通知客户或相关部门与人员做好电气安全防护和相应后续处理。

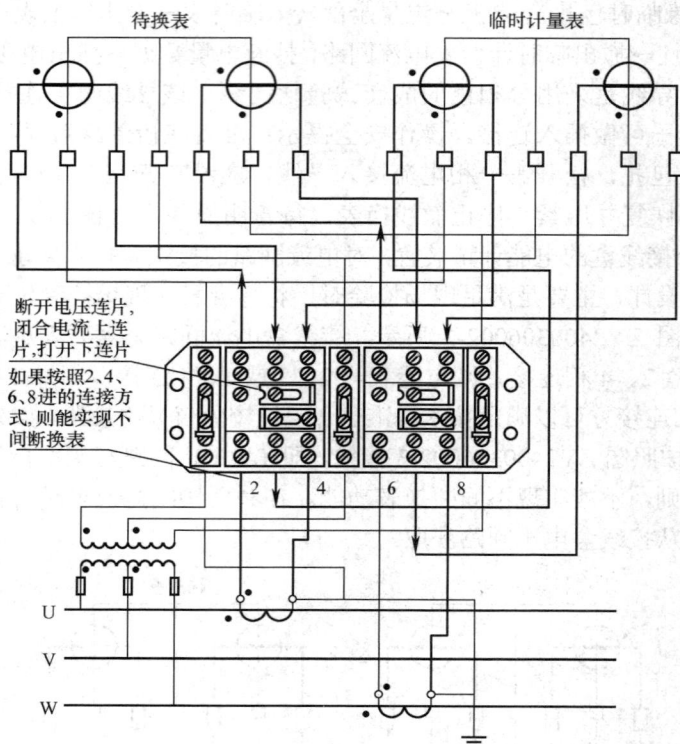

图 ZY2400306002-3　配置联合接线盒的电能计量装置换表接线图

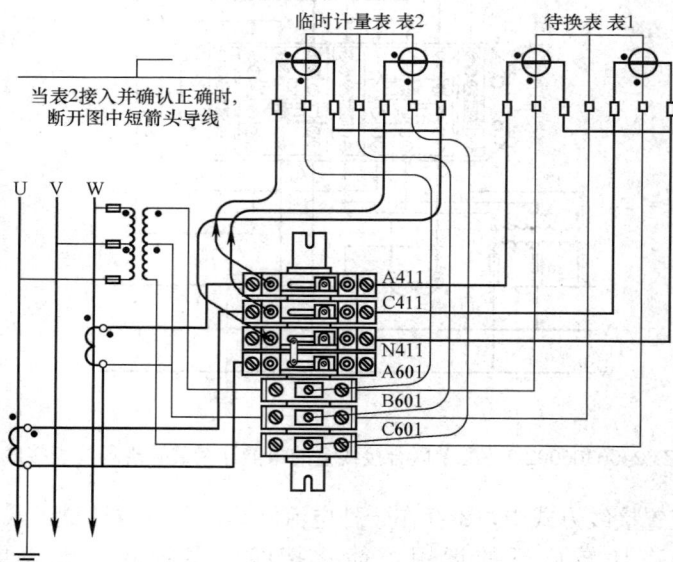

图 ZY2400306002-4　电流回路简化接线的电能计量装置换表接线示意图

（三）工作终结

换装工作结束，还应做好以下工作：

（1）清扫施工现场，对电能表接线盒、专用接线盒、计量柜前后门、互感器箱前后门、TV 隔离开关把手、二次连线回路端子盒等应加封部位加装封印并与使用单位（人员）共同确认签字。

（2）检查、整理、清点施工工具和拆下的电能计量装置。

（3）做好应通知客户或需客户签字确认的其他事宜。

四、注意事项

（1）在进行高压电能计量装置带电调换工作时，应填用第二种工作票。

（2）严格防止电压互感器二次回路短路或接地；严格防止电流互感器二次回路开路。应使用绝缘工具，戴绝缘手套等措施。

（3）测试引线必须有足够的绝缘强度，以防止对地短路。且接线前必须事先用绝缘电阻表检查一遍各测量导线每芯间，芯与屏蔽层之间的绝缘情况。

【思考与练习】

1．如何计算高压电能计量装置采用"间断计量"换表所产生的换表期间电量？

2．对于二次回路没有设置电压、电流端子的高压电能计量装置，进行现场换表有什么技术要求？

第十三章　低压带电作业

模块 1　低压带电作业技能（ZY2400307001）

【模块描述】本模块包含低压带电作业方式、危险点分析与控制。通过作业方式介绍、列表说明，掌握低压带电作业技能。

【正文】

一、关于低压带电作业方式

在 0.4kV 系统中，直接接触触电和人体或金属引起触电事故的主要成因是相线对相线、相线对中性线或经人体构成回路的直接接触所形成的伤害。对其进行防护，是低压带电作业的核心。

装表接电工所从事的低压带电作业安全保障，主要是操作者对地绝缘防护及控制动作空间以及相线对相线与对地的安全距离。

按照《国家电网公司电力安全工作规程（电力线路部分）》第 8.3.1 条规定，"10kV 及以下电压等级的电力线路和电气设备上不得进行等电位作业"。据此规定，在装表接电的所有工作中，不得开展等电位作业。

低压系统的绝缘处理比较容易，采用地电位或间接带电作业，可以更好地保护操作者的作业安全。

利用带电作业高架绝缘斗臂车（以下简称绝缘斗臂车）开展搭接工作也是接户线带电搭接的一种施工方式。其特点是，绝缘斗臂车本身是带电作业的专用装备，通常装备的 10kV 电压等级斗臂车，运用于低压配电网系统具有极高的绝缘性能，工作人员按照相关技术要求站在绝缘斗中开展搭接工作，人员对地的安全得到保证，但是作业过程中，仍然要避免人体直接接触带电导体，除对地绝缘外的相线间安全监控，仍然是低压带电作业主要危险点。

二、危险点分析与控制措施

（1）登杆带电作业部分。登杆带电作业危险点分析与控制措施，见表 ZY2400307001-1。

表 ZY2400307001-1　　　　登杆带电作业危险点分析与控制措施

序号	危　险　点	控　制　措　施
1	开工前安全事项交待与确认	制订切实可行的组织措施和技术措施并逐项落实
2	操作绝缘工器具性能	带电作业操作杆应经试验合格，绝缘手套经试验合格
3	操作者操作位置	应站立在要进行搭接相导线的侧下方
4	操作者安全防护	正确佩戴、使用安全防护器具
5	安全监护不到位	操作全程监护，监护人不得直接操作，监护的范围仅限于一根杆上的带电作业
6	登杆升降板有缺陷	使用前检查：机械强度可靠、板材干燥，扣挂位置适当可靠
7	登杆、下杆	不得借助安全情况不明的物体或徒手攀登杆塔
8	安全带使用	安全带应高挂低用系在杆塔或牢固的构件上，扣牢扣环
9	与上层导线的距离	距 10kV 导线保持大于 0.7m 的安全距离
10	穿越低压线（含路灯线）	应保持安全距离或采取绝缘措施
11	操作者双脚站立位置	双脚呈八字自然抱围电杆
12	操作者与导线的距离	以双手高过头部约 10～20cm 为宜
13	改变工作位置	移动位置时，安全带保持有效状态方可移动升降板
14	相线与中性线的确认	验电笔有效，对主导线进行验电

续表

序号	危 险 点	控 制 措 施
15	整理接户线搭接造型	整理过程与带电部位的安全距离
16	搭接前引流线与配电网主线触碰	带电作业操作杆三个金属齿与引流线嵌入要牢固，握住操作杆碰触带电导线无火花后，用一只佩戴绝缘手套的手，将两根导线紧紧抓牢
17	搭接过程扎线线圈运动轨迹的安全距离	搭接过程中，扎线线圈要围绕搭接点转动，其线圈与导线的距离要尽量近一点，同时严防扎线与操作者直接接触
18	同时接触两根导线	当操作者动作轨迹发生可能时，监护预警
19	对搭接好的接户线进行造型整理	整理过程的动作要保证安全距离
20	施工现场安全防护	作业现场设置围栏对外悬挂警告标志。所有人员佩戴安全帽
21	天气情况	阴冷及雨雪雾天气，应停止开展带电作业，风力大于 5 级也不宜开展带电作业

（2）高架斗臂车带电作业部分。高架斗臂车带电作业危险点分析与控制措施，见表 ZY2400307001-2。

表 ZY2400307001-2　　　　　高架斗臂车带电作业危险点分析与控制措施

序号	危 险 点	控 制 措 施
1	开工前安全事项交待与确认	制订切实可行的组织措施和技术措施并逐项落实
2	斗臂车位置及支撑	停放位置合理，支撑可靠，旋转升降无障碍
3	操作作业斗	操作斗干燥、附加绝缘防护垫完整
4	带电作业操作杆及绝缘手套安全性能	带电作业操作杆应经试验合格，绝缘手套经试验合格
5	操作者、监护者位置	搭接操作者在站立状态时，应停在要进行搭接相导线的下方。安全监护者（斗臂操作者）站立在绝缘斗内搭接操作者身后
6	地面监护站立位置	搭接时，还应设置地面监护位置，所站立位置应清晰观察搭接者的动作范围
7	操作者安全防护	正确佩戴、使用安全防护器具
8	相线与中性线的确认	验电笔有效，对主导线进行验电
9	搭接前引流线与配电网主线触碰	操作杆三个金属齿与引流线嵌入要牢固，握住操作杆碰触带电导线无火花后，用一只佩戴绝缘手套的手，将两根导线紧紧抓牢
10	搭接操作动作	动作要小，使用扎线要注意空间安全距离，安装并沟线夹的扳手手柄应做绝缘处理
11	同时接触两根导线	当操作者动作轨迹发生可能时，监护预警
12	对搭接好的接户线进行造型整理	整理过程的动作要保证安全距离
13	工作位置转移	工作人员下蹲在斗内，监控操作斗位移不擦挂其他物体、导线
14	安全监护不到位	操作全程监护。监护人不得直接操作。监护的范围仅限于一根杆上的带电作业
15	施工场地安全防护	设置安全围栏，悬挂明显警示标志，所有人员戴安全帽
16	天气情况	阴冷及雨雪雾天气，应停止开展带电作业，风力大于 5 级也不宜开展带电作业

（3）表位带电作业部分。表位带电作业危险点分析与控制措施，见表 ZY2400307001-3。

表 ZY2400307001-3　　　　　表位带电作业危险点分析与控制措施

序号	危 险 点	控 制 措 施
1	开工前安全事项交待与确认	制订切实可行的组织措施和技术措施并逐项落实
2	操作者换表操作空间	必须保证换表操作具备可靠的换表操作空间，必要时，可将相邻的带电设备或母线用干燥的绝缘纸板、塑料板或层板隔离，操作时站在绝缘板上
3	操作者安全防护	正确佩戴、使用安全防护器具
4	安全监护	专职全程监护，不得参与直接操作
5	螺丝刀金属部位	对螺丝刀除刀头外的金属部位进行绝缘处理

续表

序号	危　险　点	控　制　措　施
6	压线螺丝松脱后，导线因自身重力下滑引起与接地金属部件短路	操作前，捏住待拆除导线，必要时，可用其余手指可寻求支撑
7	压线螺丝松脱后，拔出导线瞬间碰触相邻导线的裸露部位	拆松压线螺丝前，观察相邻进出表线是否存在裸露的导线，必要时，用绝缘物质对相邻导线做临时隔立。集中精力，小心抽出导线
8	带电导线的临时绝缘处理	临时绝缘处理要求可靠，将导线的金属部位全部可靠包裹
9	拆除电能表时工具脱落	使用拆表工具要把持牢固，不得发生工具掉落的情况
10	拆除电能表时电能表脱手	在拆除固定电能表螺丝前，扶住表计，不发生螺丝、电能表掉落
11	安装电能表时发生与带电部件的接触	安装动作要稳妥，电能表安装稳固可靠
12	电压线恢复过程	恢复前，检查电能表接线端后面的绝缘垫板是否完好，先将不带电的线头安装并固定好，最后将带电导线稳妥地接入电能表
13	天气情况	雷雨天气，应停止开展带电换表作业，潮湿环境也不适宜开展带电换表作业

三、作业内容

（一）杆上带电作业

杆上带电作业指在完成接户线架设工程后，因配电网系统不具备停电完成接户线与配电网的搭接条件时，所采用的一种施工方法。

实际操作中，在多层架空线路工作，其工作线层及以上各层线路可不停电，但工作线层以下各层线路均应停电。

当必须穿越城市路灯线路时，应采取严密的安全、监护措施。

与等电位作业的主要区别是操作者不直接用手接触带电导线，而是佩戴绝缘手套，使用绝缘良好的钢丝钳（扳手）完成导线的定位和扎线的缠绕（并沟线夹的压接）。

1. 作业安全防护

（1）低压带电搭接，应使用第二种工作票，工作负责人办理好工作票后，到现场负责人施工、监护。施工前交代工作班成员的安全事项。

（2）作业人员戴安全帽，穿棉质长袖工作服，袖口扣牢，双脚穿电工绝缘胶鞋（高帮），使用登高踩板（干燥木质），戴护目眼镜、棉质手套（搭接操作时，带绝缘手套），使用合格的绝缘电工工具。

（3）作业现场装设安全围栏，悬挂明显警示标示。

（4）选好杆上合适工作位置（搭接导线在操作位置的稍斜上方，距头顶约 10～20mm）。

（5）选好工作位置后，应先系好安全带（如果使用双控腰带，一根应系于主电杆上，另一根应系在牢靠的物件上），同时检查安全带环扣是否扣好。

（6）搭接时两只手和身体不能随便乱动，防止碰到其他带电导线或碰到金属物的铁件，造成人体伤害或触电伤亡。

（7）搭接施工过程的安全监护是保证施工安全的重要措施，监护人必须保持高度的责任心和注意力。

（8）杆上移动工作位置时，应注意工作面的带电部位，必要时应将升降板移至适当的、便于工作的位置，移动过程不得解开安全带。

（9）在带电作业过程中，如线路突然停电，工作者及监护人都应视线路仍然带电。

（10）登杆、下杆的安全技能参见模块"登高工具和安全工具正确使用方法（ZY2400101001）"。

2. 操作步骤（以绑扎接电为例）

（1）上杆前，先选好杆上工作位置，分清低压的相线和中性线，上杆后再用试电笔验证，以防接户线与低压配电网搭接时搭错中性线、相线。搭接时，应先接中性线后接相线（断开导线时，应断开相线，后断开中性线）。

（2）将接户线线头（以下简称引流线）造型剪断多余部分并预先剥出需要缠绕的长度，先将绑扎线在引流线裸露部分的根部缠绕三匝并将扎线头整理为顺导线方向，同时整理好扎线线圈（如图ZY2400307001-1所示），在确定好操作安全空间后，使用专用操作杆，将引流线头稳固的固定在操作杆三个触指间，手握操作杆，将引流线与配电网干线搭接部位接触，应无任何电弧火花。用佩戴好绝缘手套的一只手握住引流线和主线，并拢导线后，另一只手顺势用扎线将

图 ZY2400307001-1　绑扎接电操作

导线紧紧地缠绕在一起。绑扎几圈后，使用钢丝钳口轻夹住扎线，顺势将扎线用力拉紧。绑扎过程中，扎线圈应边扎边放，保证扎线圈与相邻导线、金具的安全距离。当其缠绕长度满足要求[参见模块"登高工具和安全工具维护、保管方法（ZY2400102001）"]后，将扎线两头拉出绞紧，留出绞紧部分约20～40mm，剪断拍平即可。

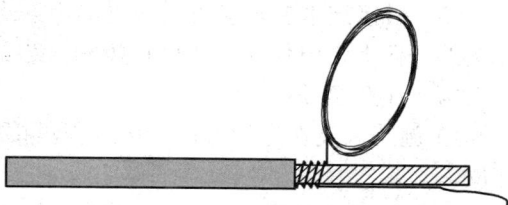

上述方法也可以开展并沟线夹搭接，但操作时，使用呆扳手紧固线夹，扳手应对操作者手握部位进行绝缘处理（绝缘热缩管）。

3. 注意问题

任何情况下，不得带负荷搭接或解开接户搭头线。

（二）带电作业高架绝缘斗臂车低压带电搭接

1. 人员组织

装表接电工使用高架绝缘斗臂车（以下简称斗臂车）进行低压带电搭接时，工作班成员至少4人。其中，工作负责人1人，搭接操作员1人，专职驾驶员1人，操作斗臂车1人（斗臂车操作人员应熟悉带电作业的有关规定，并经专门培训，考试合格，持证上岗。绝缘斗定位后，兼安全监护）。

2. 着装

作业人员戴安全帽，穿棉质长袖工作服，袖口扣牢，双脚穿电工绝缘胶鞋（高帮），戴护目眼镜、棉质手套，使用合格的绝缘电工工具。

3. 工作票

装表接电工使用斗臂车进行低压带电搭接，应办理第二种工作票，工作负责人办理好工作票后，到现场负责人施工、监护。施工前交代工作班成员的安全事项。

4. 工前检查

使用斗臂车搭接之前，工作负责人应检查车辆停放的位置是否合适；安全围栏设置是否合理牢固；施工人员着装是否符合要求，工具等是否带齐全，材料是否齐全等。

5. 安全措施

（1）斗臂车车斗内周围、底应保证绝缘皮垫完整。

（2）工作负责人指挥有工作经验的人员完成装备检查后进入作业斗内。

（3）进入斗臂的作业人员应将安全带挂在斗内设置的安全挂扣中并检查其牢固性。

（4）斗臂车驾驶员应听从工作负责人的指挥，缓慢地将作业斗升至作业工作点。

（5）搭接人员应确认作业斗位置刚好满足头部与搭接点带电导线应有的安全作业距离。

（6）搭接过程中，斗臂车操作员在斗内做安全监护。整个作业过程，斗臂车不得熄火。

6. 斗臂车工作前的准备

（1）斗臂车停放、旋转位置安全、无障碍。

（2）驾驶员听从工作负责人的指挥，选好适当的位置停车。将斗臂车4条腿臂展出撑放牢固可靠，并有防倾覆措施。使用前应在预定位置空斗试操作一次，确认液压传动、回转、升降、伸缩系统工作正常、操作灵活，制动装置可靠。

7. 操作斗内低压带电搭接的一般顺序

（1）将被搭接的线头按搭接位置造型整理顺好，剪断多余导线。

（2）削线：搭接导线前，应将每相线头绝缘层削掉。绝缘切削长度满足搭接要求，如主导线是绝缘导线时，后削去主导线的绝缘部分，削线的长度应大于导线直径的5倍。

（3）搭接技术要求参见模块"单相、三相接户线与进户线及器具的安装（ZY2400501002）"。搭接方法见"杆上带电作业"的操作步骤（2）。

（4）注意事项：

1）施工人员在进行低压带电工作搭接时，两只手和身体、头部不能随便乱动，防止碰到其他带电部位。

2）低压带电搭接过程中，工作负责人应时刻严密监护施工人员的每个动作，必要时，应适当指挥，如有不正确的动作应及时纠正，防止事故发生。

3）低压带电搭接当中，如遇到复杂杆塔时，斗臂停放的位置在一处无法完成全部搭接工作时，斗臂应调整位置，斗臂运动时，斗内人员应下蹲在斗内并高度戒备，防止误碰带电导线。升降车斗臂时应听从工作负责人的指挥。如果中途需要移动车辆，则应将作业斗收回原始位置，将操作员放下后进行。

4）低压带电搭接工作中，工作人员在搭接好每相导线后，都应仔细检查搭接质量，搭接完成后，整理导线造型到一个合适的位置，最后汇报工作负责人。一切工作完成，经工作负责人的许可方能收降斗臂。施工人员在收降斗臂时应注意安全，防止误碰、带挂导线及其他物体。

（5）低压带电搭接工作全部结束后，工作负责人应负责检查工作当中有无接线错误等施工质量缺陷，对整个工作的过程应仔细的检查一遍。确实无误后，撤出安全措施，下令撤离现场。并将剩下的材料工具全部带回。

（6）整个工作班成员全部撤离现场后，工作负责人应立即汇报并结束工作票。

（三）梯子上低压带电搭接

使用绝缘梯子开展低压接户线、进户线的带电搭接，也是装表接电工常用的施工方法。其原理类似在绝缘斗臂车上工作。常用梯子有环氧酚醛玻璃钢绝缘梯、干燥竹木材质梯等具有良好绝缘性能的登高梯。由于安全措施和施工技术与前面两种方法的相同，下面只介绍使用梯子的相关事项。

1. 施工前检查

在登上梯子工作之前，应检查梯子是否牢固，有无防滑措施，梯子的高度是否符合要求，梯子放的位置是否正确，梯子放的斜度是否符合安全要求。

在梯子上低压带电搭接，必须做到以下几个方面：

（1）必须有人扶持梯子或绑扎一个固定的位置。

（2）所选用梯子应干燥牢固；严禁使用金属梯子开展低压带电工作。

（3）在梯子上工作人员，应将一只腿别在梯子停留上两档档内并勾住横杆，这样施工人员在双手脱离梯子做搭接操作时，身体与梯子的结合牢固支撑有力。

（4）使用竹梯子时，梯子上施工人员的站立位置不得高于距梯顶1m。

（5）工作人员在梯子上带电搭接操作时，头部不应超过或碰到带电部位，以防止人身伤害和触电。

2. 注意事项

使用梯子开展带电作业应按照"杆上带电作业"的要求操作。

当有人在梯子上低压带电搭接时，应注意采取以下几方面的措施：

（1）在梯子下方周围设置安全围栏，防止行人从梯子下方穿越。

（2）在低压带电搭接工程中，工作负责人应时刻注意梯子上工作人员的每个动作，如有不正确的动作应及时纠正。

四、电能表表位带电作业

带电换、装表是装表接电工作一项具有较大风险的操作项目，一般在不具备停电换表，又能够断开负荷的条件下进行。带电换、装表工作时，应采取防止短路和电弧灼伤的安全措施。

1. 人员组织

开展带电换、装表工作时，工作班成员至少2人，其中工作负责人（监护）1人。

2. 作业人员安全防护

（1）作业人员安全防护。作业人员戴安全帽，穿棉质长袖工作服，袖口扣牢，穿电工绝缘胶鞋，戴棉质手套，佩戴护目面罩，站在干燥的绝缘板上。

（2）操作条件。电能表电流回路无电流或电能计量装置电流互感器二次电流回路能可靠短接，电压回路带电。确认电能表出线侧有明显的断开点。

（3）对于在金属箱柜安装的电能表，应在电能表下部表与后壁之间垫一块干燥绝缘的板状物（可用干燥纸板、木质层板或薄的塑料板，防止带电导线拔出后触碰金属物体引起接地短路事故）。

（4）工作现场，具有充分的操作空间。必要时，对可能影响换表空间的带电体做临时绝缘隔离。

（5）工作环境应宽敞明亮。光线不足的时候应采取其他照明措施，并应防止光线直射作业人员的眼睛。

3. 操作步骤

（1）拆除接表线的顺序：

1）对于经电流互感器接入电能表——先可靠短接二次电流，再拆电压线，后拆电流线。

2）对于直接接入电能表——先拆进表线，后拆出表线。

（2）恢复接表线的顺序：

1）对于经电流互感器接入电能表——先接入电流线，再接入电压线，后拆除二次电流短接线。

2）对于直接接入电能表——先接入出表线，后接入进表线。

（3）操作细节：

1）准备三段约100mm长电工绝缘粘胶带，打开电能表尾盖。

2）左手在距表尾20～30mm处捏住待拆除进表导线（不得向下用力），右手握螺丝刀，旋松两颗压线螺丝（所使用螺丝刀除刀口部位外，其余金属部位，应做绝缘处理），此时应全神贯注顺势向下轻轻拔出导线，当进表线全部脱离表位后，将带电导线线头向操作者方向做90°压弯，用电工绝缘胶布将裸露导线做临时包裹，操作者不能直接接触导线裸露部分。

3）以此方法完成第二、第三根电压导线的拆除。

4）电能表更换固定后，做恢复接线。

5）首先压接不带电的进出表导线、中性线。做第一根带电的电压导线：左手捏住导线，右手将临时包裹的电工绝缘胶带抽脱，操作者应全神贯注顺势将导线对准电能表接线孔，不得前后左右偏出，向上轻轻将导线插入压线孔，到位后用螺丝刀将其压紧。

6）以此方法完成第二、第三根电压导线的连接。

（4）注意问题。在更换三相直接接入型电能表时，不得同时松开所有压线螺丝，防止线束因自身重力下垂引发短路、接地事故。正确的做法是：单根松脱，抽出后，做绝缘包扎，依次处理其余带电导线线头。

【思考与练习】

1. 带电作业是电力系统积极开展的一项具有积极意义的技术工作，为什么在电力系统广泛运用的带电作业中的等电位作业方式在低压0.4kV系统被禁止，其依据在哪里？

2. 为什么带电更换电能表是一项具有高风险的工作？

3. 简述接户线带电搭接，对导线绑扎过程的安全风险与防护。

4. 利用绝缘斗臂车开展带电作业的依据是什么？它属于哪种类型带电作业？

模块 2 低压带电作业方案制订、监护与实施（ZY2400307002）

【模块描述】本模块包含低压带电作业的方案制订、施工监护组织。通过要点讲解、案例介绍，掌握低压带电作业方案制订方法和组织实施施工监护。

【正文】

一、低压带电作业方案制订要则

低压带电作业方案是将一个接户工程中的带电搭接部分施工作业的技术、安全、组织程序预先编制成一个方案，对安全完成带电作业所涉及的各个步骤做规范化、流程化、数字化描述，用以指导作业全过程。

1. 作业方案内容

（1）低压带电作业要依据供电方案所确定的供电方式，根据现场施工条件制订带电作业施工方案。

（2）当确定接户工程采用带电搭接方案施工时，对开展带电作业的工作现场进行查勘，确认带电搭接环境满足工作需要并具备开展带电搭接安全、技术条件，监护者具备开展监护的空间。

（3）制订保证安全的组织、技术措施。办理相应的作业工作票以及编制标准化作业指导书。

（4）开展带电作业方式和安全施工的辅助设施。

（5）规划作业所需要的器材。

（6）确定登高方式，组织并确定登高、带电工作人员。

2. 低压带电作业方案一般格式

（1）编制总则部分：应包含工程项目名称、总体工程概况介绍、施工班组、工期、编制依据的规程或标准。

（2）现场查勘部分：应根据接户线工程验收合格后的业务流程传递单据，完成作业现场的查勘。现场查勘应确定作业地点、工作条件、工作环境、带电作业方式、登高方式、带电搭接作业步骤。

（3）作业内容部分。

1）方案应明确作业前准备工作及责任人。

2）作业负责人（监护人）确定，工作班人员组成及职责。

3）根据现场查勘情况，确定作业工具、安全防护用具、作业中所需器材及材料。

4）进入作业位置的作业步骤及危险点控制，制订具有针对性的防范措施。

5）按工作票所列安全措施布置。

6）作业过程的安全监护。

（4）作业终结部分。

1）对作业质量的检查确认。

2）工作终结程序。对照已完成的作业过程，检查所制订的方案是否存在有待完善、改进的程序，以提高类似作业管理水平。

二、低压带电作业方案的编制

以一项带电作业工程为例，讲解作业方案编制的运用。

给定条件：一低压单相客户，15kW 民用照明负荷，安装工程已结束，经验收满足技术要求，需要从配网低压三相四线系统引入电源，系统无条件停电搭接，拟开展登杆带电搭接工作，试编制带电作业方案。

低压带电作业工程施工方案样例如下。

总体工程概况

××××低压接户工程安装验收完毕，定于××××年××月××日，开展杆上带电搭接。

带电搭接工程由计量工程部组织并完成施工。

××××低压接户工程地点，属城市街道环境，接户线经架空跨人行横道。带电搭接工作在××××公用变压器，低压配网第 A××号杆上开展。第××号杆上已架设三相四线低压配网一组，接户横担在配网横担下侧 0.6m 处，接户线经过引线与配网用绑扎方式连接。

本次带电搭接方案编制依据《国家电网公司电力安全工作规程（电力线路部分）》；

DL/T 5220—2005《10kV 及以下架空配电线路涉及技术规程》；

DL/T 599—2005《城市中低压配电网改造技术导则》。

现场查勘部分

××××公用变压器,低压配网第 A××号杆所处位置如下图所示。

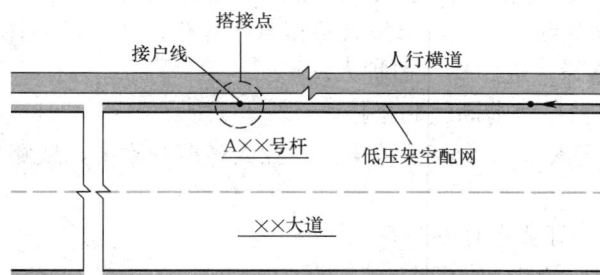

接户杆为水泥锥形杆,杆上安装有 50×50×5×2000 四线横担一组,50×50×5×1500 四线接户横担一组。两组横担相距 0.6m。下层横担距地面约 6m,之间无障碍物。

杆上已安装三相四线低压线路一组,架空导线为 LJ-70 铝绞线,接户线为 BLV-35 绝缘导线。

杆上具备搭接操作空间。杆下具备开阔监护空间(不设置杆上监护岗位)。

第 A××号杆处在 1.5m 绿化带中央。

安全管理部分

1. 本次作业需要办理电力线路第二种工作票。由××××负责。

2. 编制标准化作业指导书。由××××负责。

3. 现场安全措施由××××负责实施。

4. 作业人员登杆及杆上带电作业监护由××××全程负责。

作业内容部分

1. 作业组织。组织具备登杆作业及低压带电作业资质人员完成杆上作业。作业人员安全防护满足安规要求。

2. 搭接操作。搭接顺序及搭接操作必须满足安全规程的管理要求。搭接工艺满足技术要求。

3. 作业监护。至登杆开始,实行全程专人监护。

4. 带电作业应在良好天气下进行。如遇异常天气,应停止作业,另择时机开展搭接工作。

质量管理及验收

1. 过引线制作,搭接操作满足相关技术要求并做再次确认。

2. 搭接绑扎质量。

三、低压带电作业施工组织

1. 作业组织

(1)施工组织全过程应在制订的施工方案范围内进行。

(2)施工方案中确定的各负责人应检查、确认所有项目所涉及的人员、安全、器材均已到位。操作人员应检查个人工器具、安全器具是否完备。

(3)按照施工方案及作业指导书的步骤开展工作。对作业各个步骤的实施进行确认。

(4)当发生不符合项时,应间断作业,研究制订对策,在得到方案审批人同意后,开展后续工作。

2. 注意事项

在低压带电作业施工组织过程中应注意以下事项:

(1)参加低压带电作业的工作人员,应经专门培训,并经考试合格,企业书面批准后,方能参加相应的低压带电作业操作。根据搭接方案,组织具有低压带电作业经验、资质的熟练工承担操作任务。

(2)低压带电作业的作业工作票签发人或工作负责人认为有必要时,应组织施工人员(操作人员)

到现场查勘，根据查勘结果作出能否进行带电作业的判断，并确定搭接方法，监护方案和所需工具以及应采取的各项措施。

（3）办理开展工作的相关手续，现场落实保证施工安全的组织措施和技术措施。

（4）低压带电作业应设专责监护人。监护人不得直接操作。监护的范围不得超过一个作业点。对于复杂作业面，必要时应增设"近距离"监护人。

（5）低压带电作业，严禁带负荷断线和搭接。

（6）在低压带电作业过程中如系统突然停电，作业人员应视设备、线路仍然带电。

【思考与练习】

1．低压带电作业方案制订要点有哪些？

2．简述低压带电作业方案的一般格式。

3．简述低压带电作业施工组织与作业方案的关系。

4．在低压带电作业工作面比较复杂时，对安全监护有什么要求？

第四部分

电能计量装置的检查与处理

第十四章 低压电能计量装置的检查与处理

模块1 低压直接接入式电能计量装置检查、分析和故障处理
（ZY2400401001）

【模块描述】本模块包含直接接入式低压电能计量装置常见故障的现场操作程序、检查内容、分析方法等。通过要点讲解、图解说明、案例分析，掌握常见低压电能计量装置错误接线等异常现象分析、判断方法，并进行故障处理。

【正文】

低压直接接入式电能计量装置一般安装在客户端，环境条件相对复杂。在运行中经常会发生一些电能表接线开路、短路、接错、接线盒烧坏等现象，造成电能表因失压、极性接反、分流等情况，影响正确计量。

低压直接接入式电能计量装置分为直接接入式单相电能表和直接接入式三相四线电能表两种，直接接入式电能表接线图分别如图 ZY2400401001-1、图 ZY2400401001-2 所示。

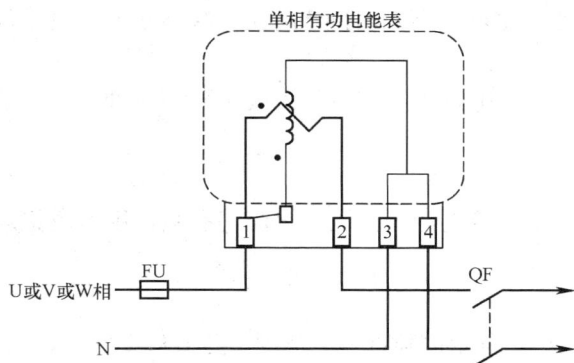

图 ZY2400401001-1　直接接入式单相电能表接线图　　　图 ZY2400401001-2　直接接入式三相四线电能表接线图

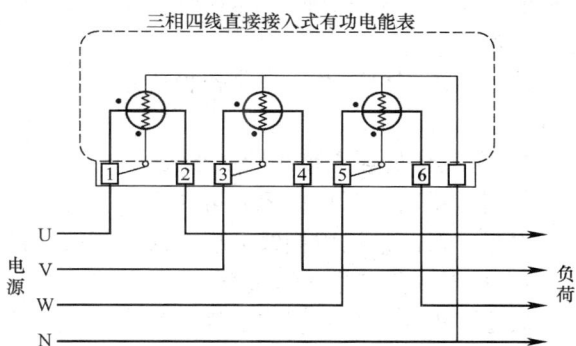

一、作业人员、使用设备和安全措施

1. 作业人员

工作班成员至少 2 人，其中工作负责人 1 人，工作班成员 1 人，客户相关人员等。

2. 使用设备

秒表、万用表、钳形电流表等。

3. 安全措施

本工作属于带电作业，进行低压电能计量装置接线检查时，应根据《国家电网公司电力安全工作规程》要求，做好安全措施，要特别注意：

（1）保持与带电部位的安全距离。

（2）使用梯子时，要检查其安全性，应有专人扶护，有防止梯子滑动措施。

（3）使用登高工具（如脚扣、踏板等）时，检查登高工具是否完好并正确使用。

（4）高处作业应戴好安全帽，系好安全带，防止高空坠落。

（5）工作所使用的工具和仪表表笔等，其金属裸露部分应做好绝缘处理，防止误碰带电体，以保证工作人员的人身安全。

（6）工作人员按规定着装，要穿绝缘鞋，并站在绝缘垫上工作。

二、作业项目、程序和内容

1. 办理工作许可手续

根据"安全管理"有关规定办理工作许可手续，做好现场安全措施。按要求规范着装，戴安全帽，着棉质工作服，穿绝缘鞋，戴棉质线手套。

2. 现场直观检查

观察客户进户接线是否正常，排除私拉乱接等不规范用电，了解客户实际负荷情况，以便核对电能表运行状况。

3. 电能计量装置箱（柜）外观及铅封检查

检查电能表外观是否完好，封铅数量、印迹等是否完好，核对铅封标记与原始记录是否一致，做好现场记录，排除人为破坏和窃电。

4. 电能计量装置箱（柜）内铅封及接线检查

检查电能表进出线排列是否正确、接线有无松动、发热、锈蚀、碳化等现象。检查电能表接线盒封印、电能表封印（有其他功能的电能表还要检查功能设置、编程部分封印）是否完好，并详细记录异常现象及封印数量、印痕质量等。

5. 电能表接线盒内检查

检查电能表电压连片（挂钩）及接线端子螺丝有无松动等现象，进出线有无短路过桥等异常现象。

6. 电能表运行状态及功能记录检查

对机电式电能表，观察电能表转盘转速，用秒表测定当前负荷下电能表每转所用时间；对电子式电能表，观察电能表脉冲闪烁频率，用秒表测定 10 个或更多脉冲所用时间。用瓦秒法判断电能表运行是否正常。

此外，还应检查有无异常报警信息，失压、失流记录、电能表当前运行时段、日历时钟，电量示数等信息。

7. 电能计量装置接线带电检查

使用万用表、钳形电流表等仪表，在电能表接线端子测量电能表电压、电流等参数，用秒表记录电能表走字时间，运用接线分析方法判断接线是否正确。

8. 电能计量装置故障处理

如发现电能计量装置有故障，首先分析造成故障原因，确定故障性质、范围，提出初步处理意见，经客户认可签字，报相关管理人员审核处理。如需现场改正错误接线，应报有关部门批准，批准后先申请停电，按规定办理有关手续并采取安全措施后方能进行作业。

9. 工作终结

现场作业结束，如封印已经打开，重新加封并做好记录，清理工作现场，收拾好工器具，按规定办理工作终结手续，撤离现场。

10. 电量追补

如发现电能计量装置接线错误，需进行电量退补，以其实际记录的电量为基数，按正确与错误接线的差额率退补电量，退补时间从上次校验或换装投入之日起至接线错误更正之日止。对于无法获得电量数据的，以客户正常用电时月平均电量为基准进行追补。

三、检查分析方法（常见故障及分析）

（一）检查方法

电能计量装置接线检查一般分为停电检查和带电检查。

停电检查是对新装或更换互感器以及二次回路后的计量装置，在投入运行前在停电的情况下进行的接线检查，主要内容包括电流互感器变比和极性检查、二次回路接线通断检查、接线端子标识核对、电能表接线检查等。

带电检查是电能计量装置投入使用后的整组检查，运行中的低压电能计量装置根据需要也可进行带电检查，以保证接线的正确性。带电检查的方法有实负荷比较法、逐相检查法、电压电流法、力矩法、相量图法（六角图法）及综合分析法等。低压直接接入式电能计量装置接线比较简单，本模块主要介绍实负荷比较法、逐相检查法和电压电流法，力矩法、相量图法（六角图法）及综合分析法等方法将在以后模块中详细介绍。

1. 实负荷比较法

将电能表反映的功率与电能计量装置实际所承载的功率比较，也可根据线路中的实际功率计算电能表转动一定圈数所需的时间与实际测得时间进行比较，以判断电能计量装置是否正常，这种方法就是实负荷比较法，一般称为瓦秒法。

具体检查方法是，用一只秒表记录电能表转盘转动 N 转（电子式电能表为 N 个脉冲）所用的时间 t（s），然后根据电能表常数求出电能表计量功率，将计算的功率值与线路中负荷实际功率值相比较，若二者近似相等，则说明电能表接线正确；若二者相差甚远，超出电能表的准确度等级允许范围，则说明电能计量装置接线有错误。运用实负荷比较法时，要求负荷功率在测试期间相对稳定，波动过大会降低判断的准确性。

负荷功率的计算公式为：

$$P = \frac{3600 \times 1000 N}{Ct} \text{ 或 } P = \frac{3600 \times 1000 N}{C_m t} \tag{ZY2400401001-1}$$

式中　P——负荷功率，W；

　C（C_m）——电能表常数，有功：r/kWh（imp/kWh）；无功：r/kvarh（imp/kvarh）。

2. 逐相检查法

在电能表三相接入有效负荷的条件下，断开另外两个元件的电压连接片，让某一元件单独工作，观察电能表转动或脉冲闪烁频率，若正常，则说明该相接线正确，这种现场检查方法就是逐相检查法。具体步骤介绍如下。

首先检查 U 相（第一组件），接线如图 ZY2400401001-3 所示。断开电能表的 V、W 相电压连接片，使第二、三元件失压，此时电能表转动趋势明显减慢且正转，则说明 U 组元件接线正确。若电能表反转，则该组件接线错误。若电能表不转，又排除了 U 相负荷为零或非常小的情况，就说明第一组件存在问题。

以此类推，检查 V 相时，应断开电能表的 U、W 电压连接片；检查 W 相时，断开电能表的 U、V 电压连接片。判断方法与 U 相相同。

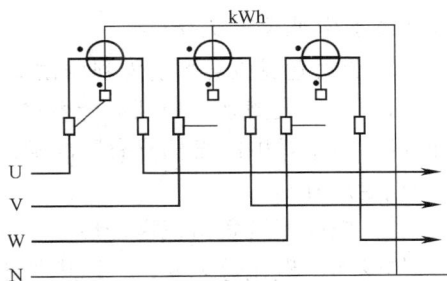

图 ZY2400401001-3　逐相检查法检查 U 相

上面介绍的两种方法都属于定性判断，不能确定错误形式对电量的准确影响量，在模块"三相四线电能表简单错误接线检查、分析和故障处理（ZY2400402002）"相量图法（六角图法）中介绍了一种定量计算的方法。

3. 电压电流法

使用万用表和钳形电流表测量电能表接入电压、电流，通过与正常运行状态下电压电流值比较，从而判断计量装置是否正常，这种方法就是电压电流法。

下面以三相四线电能表为例进行说明。

先将万用表置于适当的电压档位，然后用测试表笔在三相四线有功电能表的电压接线端子（如图 ZY2400401001-4 所示）上分别对一、二、三元件进行采样。因一元件的电压是从三相有功电能表端子①引入，二元件的电压是从端子③引入，三元件的电压是从端子⑤引入，电压线圈的公共端及 U_n 为⑦，故

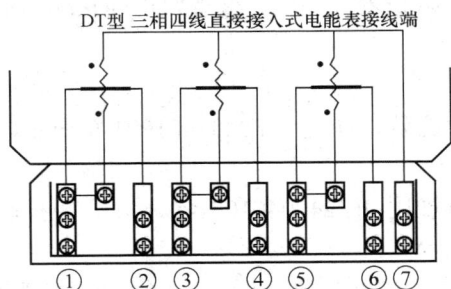

图 ZY2400401001-4　三相四线有功电能表接线端子图

一元件的电压应在端子① ~ ⑦上采样，二元件的电压即应在端子③ ~ ⑦上采样，三元件的电压即应在端子⑤ ~ ⑦上采样。

（1）在正常情况下三个元件相电压采样结果均应为 220V 左右，① ~ ③，① ~ ⑤，⑤ ~ ③为线电压一般在 380V 左右，如果测得的各相电压相差较大，说明电压回路存在断线或回路阻抗异常的情况。

（2）三相电压有零值时，可能是电压回路断相，回路处于缺相运行状态。

（3）当三相负荷基本平衡时，电能表总计量 $P = P_1 + P_2 + P_3$，如发生断相故障，会影响客户正常用电，不会影响电能表计量。

（4）如果电能表内部电压元件故障，则需要考虑对电量的影响量。只有当三相负荷相对平衡时，才存在一个元件影响量为 33.33% 的关系。现场需要根据具体情况，采取相应的手段，确认差错电量，进行电量退补。

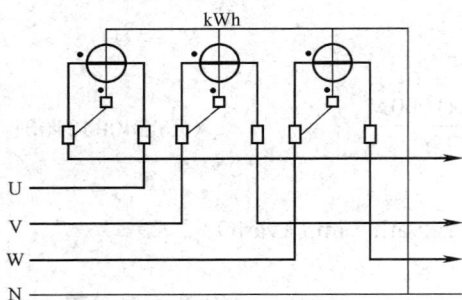

图 ZY2400401001-5　电流极性接反
（某一相或两相进出线接反）

（5）在系统中性点连接正常的条件下，电能表零线断线，对计量装置准确性影响不大，可不予考虑。

将钳形电流表置于适当的档位，然后将电流钳分别夹在三相四线有功电能表端子①、③、⑤引入线上，此时显示的测试结果即为一元件、二元件、三元件的电流有效值。此时，并不能判定元件电流方向。

当电流极性反时（某一相或两相进出线接反），接线如图 ZY2400401001-5 所示。如一相接反，当三相负荷相对平衡时，电能表只记录实际用电量的 1/3。如两相接反，电能表反转，故障期间，倒退的电量数为正确用电量计数的 1/3（不计反转的附加误差）。

（二）常见故障及分析

1. 通过直观检查可能发现的故障

（1）电能表潜动。断开电能表输出电路，使负荷电流为零，电能表仍然转动超过一转或在规定的时间内，电子式电能表仍然有脉冲输出，则判断为电能表潜动，相关规定见 JJG596—1999《电子式电能表检定规程》。

（2）电能表过负荷或雷击烧坏。观察电能表窗口和接线盒，当窗口出现明显雾状或电能表接线端子过热变形、碳化等现象，判断电能表烧坏。

（3）电子式电能表脉冲输出异常。根据电能表所接负荷大小判断。当电路接入正常负荷，电能表脉冲指示无响应，或脉冲输出频率与负荷大小不成比例（用瓦秒法），则判断电能表脉冲输出异常。

（4）复费率电能表时钟偏差。对复费率电能表，当电能表时钟与北京时间出现超过 ±5min 的偏差时，判断为时钟超差。

（5）机电式电能表卡盘。当电路接入正常负荷，机电式电能表处于不转动或时转时停状态，属于电能表卡盘。

以上故障均需要更换电能表。影响电量要根据故障发生的实际时间和用户正常负荷进行计算。当故障时间无法确定时，按照《供用营业规则》等规定，取上次换表（抄表、检查）正确状况到消除故障时间的 1/2 时间为计算更正电量的时间。

2. 需要打开接线盒或检查电能表接线才能发现的故障

（1）电能表接线盒电压挂钩打开或接触不良。以单相表为例，如图 ZY2400401001-6 所示，可导致电能表不走字，或时走时停。

（2）电能表接线盒或表内有电流短接线。以单相表为例如图 ZY2400401001-7 所示，短接起到分流作用，可以导致电能表少计（对电子式电能表影响较小）。

（3）机电式单相电能表相线反接。以单相表为例如图 ZY2400401001-8 所示，可导致电能表反走，故障期间电能表倒字，在不考虑反转的附加误差时，倒走的电量就是实际用电量，如倒走前电量已计收，只需追收倒走电量；若倒走前电量未计收，则应追收倒走电量的 2 倍。电子式电能表有反走正计功能，相线反接不影响电子式电能表计量。

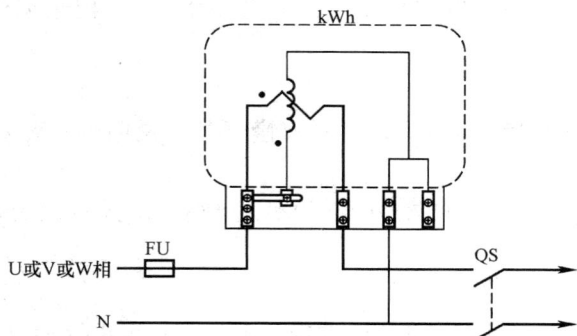

图 ZY2400401001-6　接线盒电压挂钩打开或接触不良

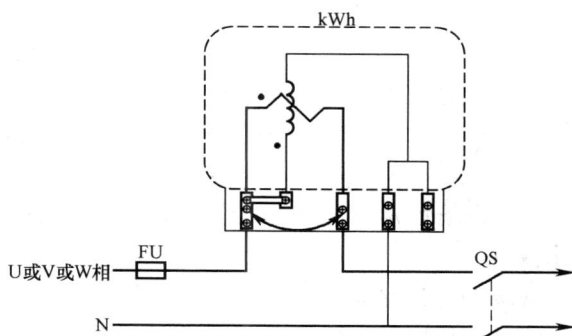

图 ZY2400401001-7　接线盒或表内有电流短接线

（4）单相电能表相线与中性线互换（如图 ZY2400401001-9 所示）。电能表电流线圈流进负电流，电压线圈加反向电压，电压、电流同时相反，其相位差仍为 ϕ，理论上不影响正确计量，但此种接线不规范，当在表后相线接入负荷，负荷的另一端直接接地，会造成不计量故障。

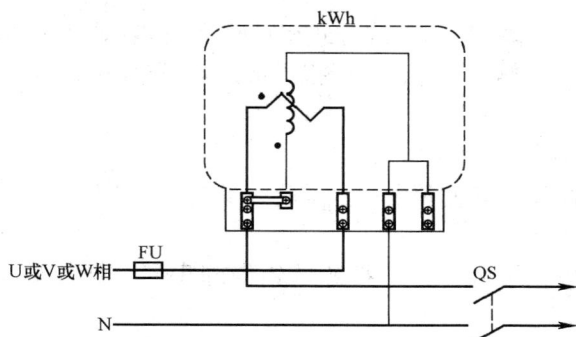

图 ZY2400401001-8　机电式单相电能表相线反接

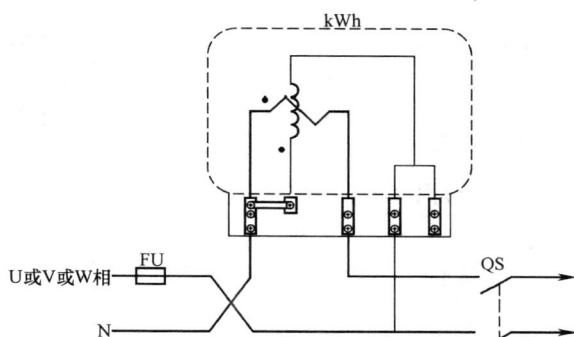

图 ZY2400401001-9　相线与中性线互换

四、案例分析

例 1　有一只 2.0 级机电式电能表，电表常数 2500r/kWh，额定电压 3×380/220V，电流 3×3（6）A，接入负荷 1000W，当电表圆盘转 5 圈时，记录时间为 12s，试问该电能表计量是否准确，并分析原因。

解：根据实测时间计算电能表计量功率

$$P = \frac{3600 \times 1000 \times N}{C \times t} = \frac{3600 \times 1000 \times 5}{2500 \times 12} = 600（W）$$

$$r = \frac{600 - 1000}{1000} \times 100\% = -40\%$$

也可以根据线路负荷功率计算电能表圆盘转 5 圈需要时间 t'

根据

$$P = \frac{3600 \times 1000 N}{C \times t}$$

得

$$t' = \frac{3600 \times 1000 \times N}{C \times P} = \frac{3600 \times 1000 \times 5}{2500 \times 1000} = 7.2（s）$$

$$r = \frac{7.2 - 12}{12} \times 100\% = -40\%$$

可见，该电能计量装置不准确，产生的原因可能有接线错误，可能有短路分流现象或电表内部故障。

例 2　某低压用户安装一只三相四线有功电能表 3×380/220V，3×5（20）A，一个抄表周期电能表记录电量 200kWh，供电公司工作人员发现电量比该用户正常平均用电量偏低，并了解到该用户用电负荷无减少，要求计量维护人员进行现场检查和故障处理。

解：现场检查情况如下：

（1）工作人员现场检查，表计封印完好，发现 V 相电压连片松脱，导致电能表 V 相无工作电压。

（2）检查三相负荷基本平衡。

（3）现场人为打开 U 相电压挂钩，观察电能表转盘转动速度，打开前慢一半，说明 U、W 相正常。

（4）现场恢复 V 相电压挂钩，观察电能表转盘转动速度（或脉冲闪烁频率），比打开前快约 30%，说明恢复正常。

现场处理程序如下：

（1）抄读电量示数，现场恢复 V 相电压连片，按规定对电能计量装置或电能计量箱等进行加封。

（2）根据三相四线有功电能表计量原理，故障期间，电能表少计 1/3 电量；因为电能表实际记录电量为 200kWh，因此，推算该期间用户实际用电量为 300kWh，故应向该客户追收 100kWh 的电量。

（3）完成相应工作记录，客户签字认可。

五、注意事项

低压直接接入式电能表是电网中数量最大的电能计量装置，因接线方式相对简单，检查难度较小，现场故障主要是安装质量隐患、负荷过度波动造成接触发热、表计过载受损、雷击等引起故障较多，此类故障大多涉及电量退补，处理时要特别注意：

（1）注意现场故障形态的保全和责任确认（用户签字），避免电量流失。

（2）接线错误类计量故障的检查要确保安全，谨防误碰其他带电体，威胁人身安全。需停电，按程序停电。

（3）依据表计的接线原理，选择适当的方法，确认故障原因，按照营销管理程序，处理故障电量。

【思考与练习】

1. 一居民用户电能表常数为 3000r/kWh，测试负荷为 100W，电能表转 1 圈需要的时间是多少？如果测得电能表转一圈的时间为 11s，其误差应是多少？

2. 某低压用户安装一只三相四线有功电能表 3×380/220V，10（40）A，因用户原因，实际将一相相线进出线接反，期间电能表记录电量 1580kWh，供电公司计量维护人员发现此现象后如何进行故障处理和电量更正？

模块 2 经互感器的低压三相四线电能计量装置检查、分析和故障处理（ZY2400401002）

【模块描述】本模块包含经互感器的低压三相四线电能计量装置常见故障的现场操作程序、检查内容、分析方法等。通过要点讲解、图解说明、案例分析，掌握常见低压三相四线电能计量装置错误接线等异常现象分析、判断方法，并进行故障处理。

【正文】

经电流互感器（以下简称 TA）接入的低压三相四线电能计量装置一般安装在客户端，由于安装环境的多样化，此类计量装置的运行环境复杂，在安装和运行中会发生一些常见的故障，如：电能计量装置三相电压与电流不同相，二次电流回路短路、开路、极性反接，电压开路；互感器变比错误等，由此造成电能表故障，影响正确计量。

经 TA 接入低压三相四线电能计量装置分为经联合接线盒接入和不经联合接线盒接入两种，其接线图分别如图 ZY2400401002-1、图 ZY2400401002-2 所示。

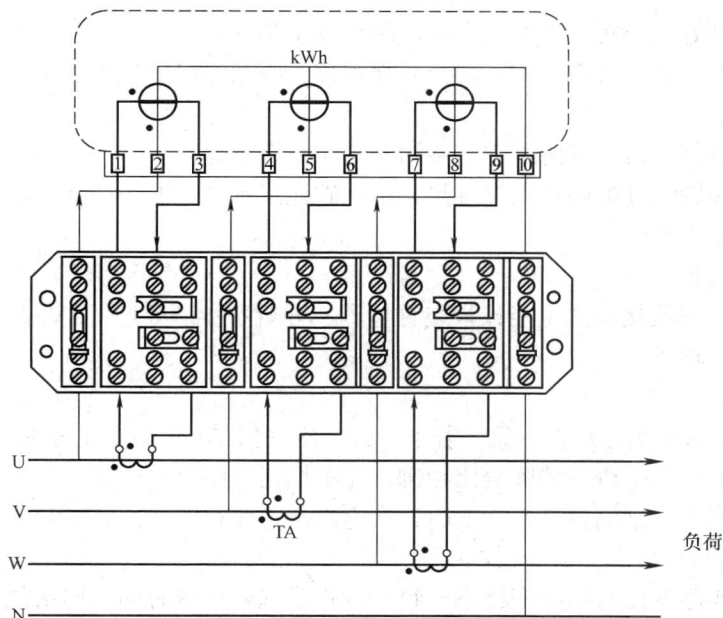

图 ZY2400401002-1　经 TA 及联合接线盒接入三相四线电能表接线图

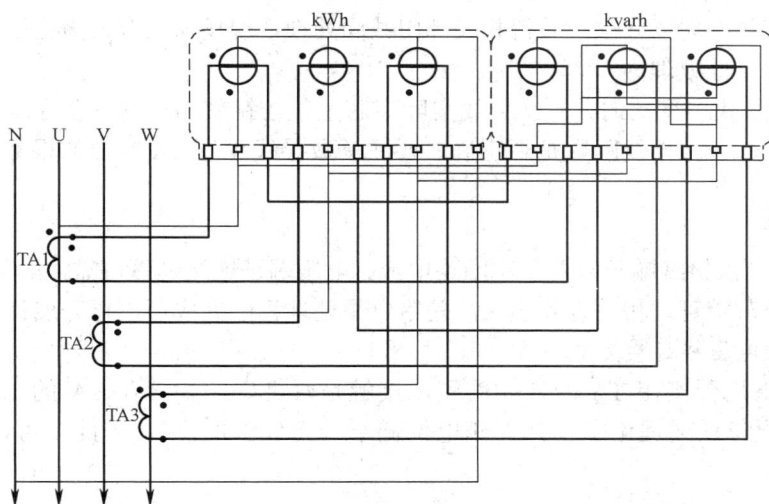

图 ZY2400401002-2　经 TA 接入三相四线有功、无功电能表联合接线图

一、作业人员、使用设备和安全措施

1. 作业人员组成

工作班成员至少 2 人，其中工作负责人 1 人，工作班成员 1 人，客户相关人员等。

2. 使用设备

相位伏安表、钳形电流表、相序表、万用表、秒表等。

3. 安全措施

本工作属于带电作业，进行低压电能计量装置接线检查时应根据《国家电网公司电力安全工作规程》要求做好安全措施，办理工作票（作业书）。还要特别注意：

（1）现场查勘电能计量装置安装位置及工作环境，保持与带电部位的安全距离。谨防误碰其他带电体，威胁人身安全。如果 TA 安装在变压器出线侧（桩头），则必须将变压器停电，做好安全措施，再进行检查工作。

（2）使用梯子时，要检查其安全性，应有专人扶护，有防止梯子滑动措施。

（3）使用登高工具（如脚扣、踏板等）时，检查登高工具是否完好并正确使用。

（4）高处作业应戴好安全帽，系好安全带，防止高空坠落。

（5）工作所使用的工具和仪表笔等，其金属裸露部分应做好绝缘处理，防止误碰带电体，以保证工作人员的人身安全。

（6）工作人员按规定着装，穿绝缘鞋，并站在绝缘垫上工作。

（7）当电能计量装置元件或回路上有过热、绝缘碳化痕迹时，要小心谨慎，防止因检查动作引起碳化点发生接地、短路事故。

二、作业项目和内容

除参照模块"低压直接接入式电能计量装置检查、分析和故障处理（ZY2400401001）"进行现场作业外，还应检查以下项目：

1. TA 变比

（1）检查三只 TA 铭牌变比是否一致，若不一致，应根据 TA 实际变比分别计算三相计费倍率。

（2）检查 TA 实际变比是否与铭牌变比相符。先根据运行中 TA 一次、二次电流大小，选择两只合适的钳形电流表，然后分别测量 TA 一次、二次电流，将测得的一次、二次电流数值之比与 TA 铭牌变比核对，判断是否一致。

（3）如发现 TA 实际变比与铭牌变比不一致，应查证 TA 更换时间，确认故障时间和故障期间用户负荷情况，按实际变比和已计收电量，进行电量退补。

（4）如发现 TA 实际变比或铭牌变比与用户档案资料不符，应初步判断不符的原因，并立即向主管部门报告，工作人员在现场守候，等待相关部门共同处理。现场如果有人为更换 TA 变比痕迹，应启动窃电等相关程序查证处理。

（5）当 TA 为穿芯式多变比时，一次导线实际穿芯匝数与铭牌不一致，会导致计量倍率差错，因此对此类 TA 还要检查一次导线匝数是否正确，要注意数导线穿过 TA 圆心的根数而不是 TA 外导线根数。

2. TA 接线端子

检查 TA 一次、二次接线端子以及二次回路电流、电压端子连接是否可靠，如果发现明显缺陷点，应保全现状，待按照营销管理相关程序确认，差错电量处理程序完成后，再开展计量故障处理。

3. TA 与电能表电压线连接方式

检查电能表电压是否接在 TA 的一元件侧，接触是否良好。如接在 TA 的二元件侧，由于 TA 一次绕组两侧存在电位差（理论上二元件侧电位低于一元件侧电位），因此有可能增大电能表电压附加误差。

4. TA 与电能表元件对应关系

将钳形电流表置于适当的电流档位，电流钳夹在三相四线有功电能表某一相电流输入端子引入线上，同时使用专用短接线，可靠短接 TA 二次侧输出端子 S1、S2，当短接某一相 TA 二次端时，钳形电流表指示值发生明显变化（比如趋于零），说明该相 TA 接入该元件电流，做好标记后用同样的方法确定另外两相的对应关系。有条件时，也可采用本模块第四部分介绍的相量图法进行检查。

5. TA 与电能表电流极性对应关系

对于互感器本体极性判断，可参见模块"互感器极性判断（ZY2400601001）"。这里只需要检查 TA 与电能表电流端子极性是否一致。在电压接入正确、三相电流对称平衡前提下，若三相电流矢量和为零，说明三相二次电流方向一致。因此，在电能表侧将 TA 二次三根电流进线同时卡入钳形电流表，测量三相电流矢量相加后的值。在三相电流矢量和为零的前提下，若电能表正转，说明电流无反接情况；若电能表反转，说明 TA 二次三相都反向接入电能表或 TA 一次潮流方向为"P2 流进，P1 流出"。若出现其他情况或前提条件不成立，最好采用本模块第四部分介绍的相量图法进行检查。

6. 联合接线盒（电压、电流二次试验端子）

检查联合接线盒到电能表接线端连接导线是否规范（如：按黄、绿、红排列）和正确。电流极性是否正确，三相工作电压和电流是否同相。接线盒螺丝是否紧固，电流回路连片（试验连片、旋钮）位置是否正确可靠。联合接线盒规范接线图如 ZY2400401002-3 所示。

7. 电能表各元件电压与电流同相接入

将万用表置于交流 500V 档位，表笔一端接在某相 TA 一次的电源侧，另一只表笔，分别连接三相四线有功电能表三个电压输入端子，应得到两个 380V 左右，一个 0V，示值为 0 的相，表笔两侧为同相。再结合电流回路的判定，确认电能表元件是否接入同一相电压、电流。

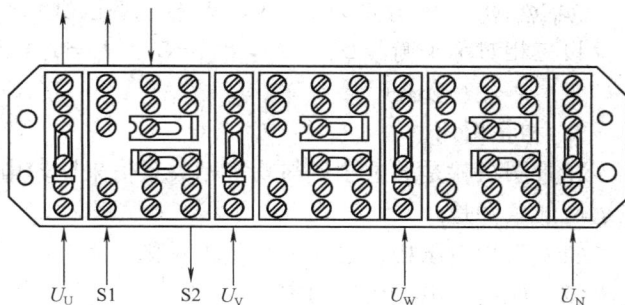

图 ZY2400401002-3　联合接线盒规范接线图

8. 电能表各元件电压与电流相位关系

用相位伏安表在电能表接线端子处测量电能表电压、电流及相位，运用接线分析方法判断接线是否正确，具体方法将在本模块第四部分详细介绍。

9. 电能表接入电压相序

将相序表的三个表笔按固定次序，分别接到电能表表尾电压端，相序表正转或显示"正"，表明为正相序，反之，为逆向序。

若为逆相序，对不同电能表有不同的处理方式。对于三相四线有功电能表，能够正确计量，不属于故障。对于机电式无功电能表，会引起表计反转，由于机电式无功电能表装有止逆器，表计将停转，导致失去感性无功电量数据而无法计算正确的力率电费，改正的方法见模块"根据负荷合理选择导线及相关材料（ZY2400501005）"。对于电子式多功能表，则会引起感性无功和容性无功象限记录错误，需要根据该表的设置进行具体分析。

10. 电能计量装置故障处理

对于无联合接线盒的电能计量装置，发现故障后处理原则与直接接入式电能计量装置相同，可参照模块"低压直接接入式电能计量装置检查、分析和故障处理（ZY2400401001）"进行处理。

对于经联合接线盒接入电能计量装置，如需现场改正错误接线，可采用不停电方式进行接线更正，具体操作参照模块"低压电能计量装置带电调换（ZY2400304002）"实施。

三、分析方法——相量图法

相量图法是指根据现场采集的电能计量装置有关参数绘制相量图，由有关参数固有相量关系分析电能计量装置实际接线情况的一种方法。先回顾一下单相电能表和三相四线电能表有关参数之间存在的相量关系。

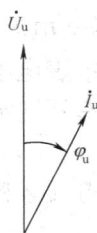

图 ZY2400401002-4　单相电能表
（感性负荷）相量图

1. 单相电能表相量关系

当单相电能表接入电路，负荷为电感性时，其测量元件中接入的电压与电流的关系可以表示为图 ZY2400401002-4 所示关系。单相电能表计量功率表达式为：

$$P = U_u I_u \cos\varphi_u \qquad (ZY2400401002\text{-}1)$$

式中　U_u——U 相相电压；

I_u——U 相相电流；

φ_u——U 相功率因数角，表示 U_u 与 I_u 之间的相位差。

感性负荷时，电流滞后电压 φ_u 角。若负荷为容性，则电流超前电压 φ_u 角。

2. 三相四线电能表相量关系

当三相四线电能表接入电感性对称负荷时，相量关系如图 ZY2400401002-5 所示。三相四线电能表计量功率表达式为：

$$P = P_1 + P_2 + P_3 = U_u I_u \cos\varphi_u + U_v I_v \cos\varphi_v + U_w I_w \cos\varphi_w \qquad (ZY2400401002\text{-}2)$$

式中　P_1, P_2, P_3——分别为三相四线电能表一元件、二元件、三元件计量功率；

U_u, U_v, U_w——分别为 U、V、W 相相电压；

I_u, I_v, I_w——分别为 U、V、W 相相电流；

$\varphi_u, \varphi_v, \varphi_w$ ——分别为 U、V、W 相功率因数角。

设三相对称平衡，$U_u = U_v = U_w = U$；$I_u = I_v = I_w = I$；$\varphi_u = \varphi_v = \varphi_w = \varphi$

则　$P = 3UI\cos\varphi$

3. 相量图法

相量图法就是通过测量与功率相关量值来比较电压、电流相量关系，从而判断电能表的接线方式，它适应的条件是：

（1）三相电压相量已知，且基本对称。

（2）电压、电流比较稳定。

（3）已知负荷性质（感性或容性），功率因数波动较小，且三相负荷基本平衡。

相量图法包括测量、确定、绘图、分析和计算 5 个步骤，具体如下：

（1）测量电压相序和各元件电压、电流、相位。

（2）确定接入电能表电压相别。

（3）绘制电压、电流相量图。

（4）分析实际接线情况。

（5）计算更正系数和退补电量。

需要说明的是，利用"更正系数法"计算退补（差错）电量，应尽量保证更正系数 K 值分子、分母采样数据的同一性。即应在电能计量装置所带负荷和功率因数处于相对稳定且具有代表性的工况下，做实际参数采样。特别是分子部分的功率因数值的确定。不推荐采用加权平均功率因数。

四、案例分析

例 1　一低压电能计量装置，三相四线电能表经 TA 接入，已知电能表起数 000015，止数 000030，TA 变比 100/5A，负荷功率因数 0.966，三相电压、电流基本对称平衡，试进行现场检查判断接线是否正确并进行电量退补。

解：采用相量图法分析操作步骤如下：

（1）在电能表接线盒上测量电压相序和各元件所接入的电压、电流以及电压、电流之间夹角。

1）测量电压：相位伏安表置于 500V 电压档，分别在电能表表尾接线盒处三个元件的电压接入端对 N 端子进行测量。

2）测量电流：相位伏安表置于 10A 电流档，将电流钳分别夹在电能表表尾接线盒处三个元件的电流进线上进行测量。

3）测量相位：相位伏安表置于相位角测量档位，分别测量一元件、二元件电压与电流间的相位角。测量时应确认电压表笔和电流钳的极性端符合要求，即，电压红色表笔应接在电能表电压接入端，应使电流流入电流钳规定的一次侧极性端（注意，不同厂家电流钳的极性标志可能有不同定义，以使用说明书为准），否则，相位测量结果会出错，导致分析出现原则性错误。

4）测定电压接入相序：将相序表测试笔按照排列顺序分别接入电能表三个电压端，相序表上显示判定结果。

关键数据测量结果：电压相序为逆相序，各元件所接入的电压、电流之间相位角分别为一元件 15°，二元件 255°，三元件 315°。

辅助分析数据测量结果：电压分别为一元件 220V，二元件 219V，三元件 221V；电流分别为一元件 2.53A，二元件 2.55A，三元件 2.54A。

（2）确定接入电能表电压相别。由于电压相别对电能表计量没有影响，可假定一元件电压为 U 相，则逆相序接入时其余两相分别为二元件 W 相，三元件 V 相。

（3）绘制电压、电流相量图（如图 ZY2400401002-6 所示）。先画电压相量 $\dot{U}_U$、$\dot{U}_V$、$\dot{U}_W$，不必考虑电压相序顺逆；以电压相量为基准顺时针旋转对应相位角，如以 $\dot{U}_U$ 为准顺时针旋转 15°可画出对应电流相量，以 $\dot{U}_V$ 为准顺时针旋转 255°画出对应电流相量，以 $\dot{U}_W$ 为准顺时针旋转 315°画出对应电流相量；根据负荷功率因数，算出功率因数角，若相邻电压电流相量之间满足功率因数角要求（如本例中，电流滞后电压 15°），则该电流为就近相电压同相电流，如 $\dot{U}_U$ 与对应电流相量刚好超前 15°，该

电流为 $\dot{I}_\mathrm{u}$，依此类推，逐一确定二元件、三元件对应电流相量分别为 $\dot{I}_\mathrm{v}$、$\dot{I}_\mathrm{w}$。

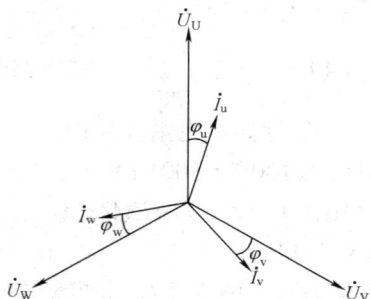

图 ZY2400401002-5　三相四线电能表（对称感性负荷）相量图　　图 ZY2400401002-6　三相四线电能表相量图

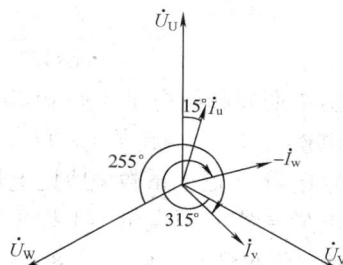

（4）分析实际接线情况。由相量图可知各元件接入电压电流分别为一元件（$\dot{U}_\mathrm{U}$，$\dot{I}_\mathrm{u}$），二元件（$\dot{U}_\mathrm{W}$，$\dot{I}_\mathrm{v}$），三元件（$\dot{U}_\mathrm{V}$，$-\dot{I}_\mathrm{w}$）。实际接线图如图 ZY2400401002-7 所示。

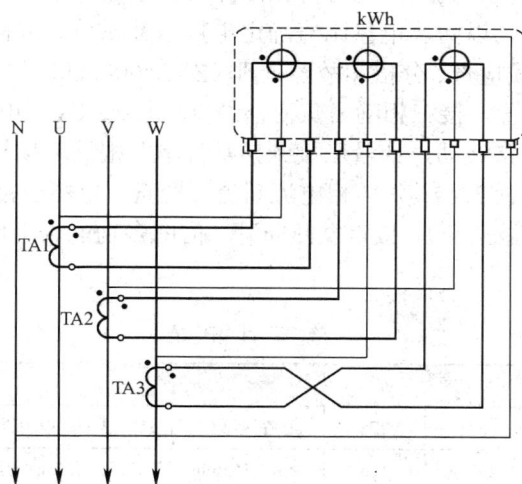

图 ZY2400401002-7　三相四线电能表接线图

（5）计算更正系数和退补电量。

先写出错误接线下的功率表达式：

各元件计量功率分别为：$P_1 = U_\mathrm{U} I_\mathrm{u} \cos\varphi_1$

$$P_2 = U_\mathrm{W} I_\mathrm{v} \cos\varphi_2$$

$$P_3 = U_\mathrm{V} (-I_\mathrm{w}) \cos\varphi_3 \qquad\text{（ZY2400401002-3）}$$

电能表计量功率

$$P = P_1 + P_2 + P_3 = U_\mathrm{U} I_\mathrm{u} \cos 15° + U_\mathrm{W} I_\mathrm{v} \cos 255° + U_\mathrm{V}(-I_\mathrm{w})\cos 315°$$

$$= U_\mathrm{U} I_\mathrm{u} \cos\varphi + U_\mathrm{W} I_\mathrm{v} \cos(270° - \varphi) + U_\mathrm{V}(-I_\mathrm{w})\cos(300° + \varphi) \qquad\text{（ZY2400401002-4）}$$

$$更正系数 K = \frac{实际用电功率}{电能表计量功率} \qquad\text{（ZY2400401002-5）}$$

式（ZY2400401002-3）～式（ZY2400401002-5）中，当电能表计量功率 P 大于客户实际用电功率 P_0 时，电能表转得快，多计，应退电量，反之，电能表转得慢，少计，应补交电量；当 P 为负值时，电能表反转或记录在电子式多功能表反向位置；当 P 为零时，电能表停转。

由于三相电压基本对称、三相电流基本平衡，即：$U_\mathrm{U} = U_\mathrm{V} = U_\mathrm{W} = U$；$I_\mathrm{U} = I_\mathrm{V} = I_\mathrm{W} = I$。

实际用电功率为

$$P_0 = 3UI \cos\varphi \qquad\text{（ZY2400401002-6）}$$

实际工作中，取用户平均功率因数角，本例中，$\varphi = 15°$，则更正系数 K 为

$$K = \frac{3UI\cos\varphi}{U_{\mathrm{U}}I_{\mathrm{u}}\cos15° + U_{\mathrm{w}}I_{\mathrm{v}}\cos255° + U_{\mathrm{V}}(-I_{\mathrm{w}})\cos315°}$$

$$= \frac{3\times0.966}{\cos15° + \cos255° + \cos315°} = 2.049$$　　　　　（ZY2400401002-7）

已知出错期间起始电量 1000kWh，截止电量 2000kWh，可进行如下电量计算：

抄见电量 ＝（止数－起数）×TA 倍率 ＝（000030－000015）×100/5 ＝ 300（kWh）；

实际用电量 ＝ 更正系数×抄见电量 ＝ 2.049×300 ＝ 615（kWh）（注：电量取整）；

差错电量 ＝ 实际用电量 －｜抄见电量｜＝ 615－300 ＝ 315（kWh）。

注：即使抄见电量为负数，由于客户处于用电侧，仍应按抄见电量收取，因此在计算差错电量时无须考虑抄见电量的符号。

处理结果：因为接线错误，用电客户应补交电费，除抄见电量外，电量按 315kWh 补收。

需要说明的是，运用更正系数进行电量退补计算，有比较苛刻的条件，如果现场条件不能满足，采用上述方法进行计算会产生较大偏差，此时可在故障表计回路中串入一只经检定合格的同型号、规格电能表，共同运行一段时间，以两表电量比值确定电量退补系数。如何灵活应用更正系数将在模块"三相三线电能表复杂错误接线检查、分析和故障处理（ZY2400402003）"中详细探讨，这里不再赘述。

例 2　一低压电能计量装置，接三相动力负荷，经 TA 接入（$K=40$），配置电子式多功能表。投运后约一年零六个月，电量异常波动，计量班接到异常传单，根据现场检查情况进行处理。

解：经现场检查，发现装置 TA 二次 V 相电流断流。经查，电能表接线盒中 V 相电流接线螺丝未接紧，后因负荷较重（电量明显上升），接点发热断开。借助多功能表事件记录功能，调出失流事件记录见表 ZY2400401002-1。

表 ZY2400401002-1　　　　　　　　失 流 事 件 记 录

事 件 名 称	U 相	V 相	W 相	备　　注
失流次数	278	371	278	存在无效失流记录，从 U、W 相失流次数对应的失流电量加以印证
失流时间（min）	165	49018	165	扣除 165min 无效记录，失流时间约为 33.9 天
失流期间记录电量（个字）	0.05	54.45	0.04	满足 V 相断流关系

故障点发热至烧断所耗电能不可计算，V 相开路后，电能表记录电量 54.45 是两个元件的抄见电量，因此，应追补电量为 54.45/2×40 ＝ 1089（kWh）。

五、注意事项

经电流互感器接入的低压三相四线电能计量装置一般安装在客户端，安装环境多样化，因此，计量装置的运行环境复杂，处理时要特别注意：

（1）弄清客户电源接线，采取适当安全措施，谨防误碰其他带电体，威胁人身安全。需停电，按程序停电。

（2）注意现场故障形态的保全和责任确认（用户签字），避免电量流失。

（3）依据表计的接线原理，选择适当的方法，确认故障原因，按照营销管理程序，处理故障电量。

【思考与练习】

1．介绍相量图分析法的方法和步骤。

2．某低压三相四线用户，私自将计量电流互感器更换，但互感器铭牌仍标为正确时的 200/5，后经计量人员检测发现实际电流互感器变比为：U 相 200/5；V 相 300/5；W 相 200/5。故障期间，有功电能表走了 125 个字，试计算应退补的电量。

3．一只经低压电流互感器接入的三相四线有功电能表，U 相电流互感器极性接反达一年之久，累计电量 3500kWh，该用户三相负荷基本对称，计算该用户错误接线期间的应追补的电量。

第十五章　高压电能计量装置的检查与处理

模块 1　三相三线电能表简单错误接线检查、分析和故障处理
（ZY2400402001）

【模块描述】本模块包含高压三相三线电能计量装置断相、相序正反、电流相序正反、电压正相序等简单组合错误接线检查和处理的现场操作程序、检查内容、分析方法等。通过列表介绍、图解说明、案例分析，掌握这些高压电能计量装置错误接线的分析、判断方法，并进行故障处理。

【正文】

高压三相三线电能计量装置主要应用在中性点不接地系统。35kV 及以下电力系统的高供高计计量装置，多采用三相三线方式。在实际运用中可采用高压组合计量装置或分体式计量互感器组成电能计量装置。

电能计量装置在运行中可能出现电压、电流缺相，电流反接（电流互感器极性接反），电压相序接错，电压电流不对应（移相）、电压互感器极性接反、电压互感器断线等故障，影响电能计量准确度，给电力供用双方造成损失。因此，对运行中的电能计量装置进行接线检查十分重要。

对于变电站电能计量装置的计量异常（故障）的处理需要经过查勘、制订安全技术措施、办理工作票（种类需根据异常类型确定）、许可工作等管理程序。参加工作人员，应具备变电站图纸的识读技能，熟悉计量回路的走向以及电缆导线的编排规则，在采取安全措施、监护到位的条件下开展检查处理工作。

一、作业人员、使用设备和安全措施

1. 人员组成

工作班成员至少 2 人，其中工作负责人 1 人，工作班成员 1 人，客户（或设备运行）相关人员等。

2. 使用设备

万用表、通灯、相序表、相位伏安表、钳形电流表、电能表现场校验仪或专用电能计量装置接线检查仪等。

3. 安全措施

进行高压电能计量装置接线检查时，应根据《国家电网公司电力安全工作规程》要求做好安全措施。

（1）根据现场需要办理第一种或第二种工作票。

（2）现场查勘电能计量装置安装位置及工作环境。高压电能计量装置接线检查危险点分析与控制措施，见表 ZY2400402001-1。

表 ZY2400402001-1　　高压电能计量装置接线检查危险点分析与控制措施

序号	危险点	控制措施
1	登高及安全工器具运用	按照通用登高模块要求操作
2	安全监护	全程专人监护
3	安全措施	1）在电能计量装置二次回路上工作，防止电流互感器二次回路开路，电压互感器二次短路； 2）防止工作人员走错间隔； 3）工作所用的工具和仪表表笔，其金属裸露部分应做好绝缘处理，防止误碰带电体； 4）防止工器具坠落
4	安全防护	1）作业范围设置安全围栏、悬挂标示牌； 2）全部作业人员按工作要求着装、带安全帽、系好安全带、戴手套、穿绝缘鞋
5	天气情况	雷雨天气，应停止户外作业

110

二、作业项目、程序和内容

1. 办理工作票

带电检查应办理第二种工作票。如需进行停电检查,应办理第一种工作票。

2. 直观检查

(1)环境检查,主要检查电能计量装置的安装环境位置是否满足安全、可靠的管理要求。

(2)计量箱(柜)外观及铅封检查:检查计量箱(柜)、电能表、互感器外观是否完好,封铅数量、印迹等是否完好,核对铅封标记与原始记录是否一致,做好现场记录,排除人为破坏和窃电。

(3)计量箱(柜)内检查:检查"接线盒"与电能表之间接线是否正确、接线有无松动等现象。检查接线盒封印、电能表表尾及表耳封印(有其他功能的电能表还要检查功能设置、编程部分封印)是否完好,并详细记录异常现象及封印数量、印痕质量等。

(4)互感器二次端子和"二次回路端子排"接线端子是否正常。

3. 检查电能表

对机电式电能表,观察转盘转动方向,判断是否与线路负荷潮流一致。观察转盘转动速度,是否与用电负荷一致。

对电子式电能表,观察电能表显示参数等相关信息,检查电能表失压次数、时间和失压时的负荷、需量、编程次数和时间等事件记录,检查多功能电能表时钟、电池、费率时段、电量冻结日等信息有无异常,抄读电能表当前电量读数(正反向有关电量),具体操作参见模块"识读电子式多功能电能表(ZY2400602001)"。

4. 电能计量装置接线检查

使用万用表、通灯、绝缘电阻表、相序表、相位伏安表、钳形电流表、电能表现场校验仪或专用电能计量装置接线检查仪等仪表,现场测量有关电压、电流、相位、相序等参数及导线通断情况,运用接线分析方法判断接线是否正确,具体方法将在本模块第三部分详细介绍。

5. 二次回路参数测试

此项目主要在投运后进行,通过测量电压二次回路压降、电流二次回路实际负荷等方式检查电能计量装置配置是否满足有关技术要求。具体操作参见模块"TV 二次回路压降测试(ZY2400603001)"和模块"TA 二次负荷测试(ZY2400603002)"。

三、检查分析方法

(一)停电检查

停电检查是在一次侧停电时,对电压、电流互感器、二次回路接线、电能表接线等电能计量装置组成部分,比照接线图进行的检查。对新装或更换互感器后的电能计量装置,都必须在不带电的情况下进行接线检查。对运行中的电能计量装置当带电检查不能判断接线的正确性或需要进一步核对带电检查结果时,也需进行停电检查。

停电检查内容包括互感器变比和极性检查、二次回路导线导通与绝缘检查、核对二次回路接线端子标示、电能表接线检查等,其中,互感器变比和极性检查将在模块"互感器变比测量(ZY2400601002)"和模块"互感器极性判断(ZY2400601001)"中详细介绍,本模块不再赘述。

1. 核对二次回路接线端子标志

(1)核对相别。为减少错误接线,在施工阶段就应将从电压、电流互感器到电能表的二次回路接线采用不同颜色的导线进行区分,通常采用黄、绿、红、黑分别代表 U、V、W、N 相进行电能表接线。查线时先核对电压、电流互感器一次绕组相别是否与系统相符。再根据电压、电流互感器一次侧接线端子的电源线、负荷线及极性标志,确定由电压、电流互感器到电能表接线端子间连接导线的相别及对应的标号。

(2)核对标号。从电压、电流互感器二次端子到户外端子箱、电能表屏的端子排,再到电能表接线盒之间的所有接线端子,都有专门的标志符号,同时标记在二次回路的接线图中,以供施工接线和检查接线时核对。测量回路中端子标号是以百位数字为一组,如:TA1 的 U 相用标号"U411~U419"标识;TV1 的 U 相用标号"U611~U619"标识;一般常用二次回路标识数字见表 ZY2400402001-2。

在回路中连接于一点的所有导线，均采用相同的回路标号，如遇到线圈、触点、电阻等元件间隔的回路视为不同的线段，必须用不同的回路标号。

表 ZY2400402001-2　　　　　　　　　　互感器二次回路数字标号规则

回路名称	用途	回路标号组				
		U 组	V 组	W 组	中性线	零序
保护装置及测量仪表电流回路	TA	U401～U409	V401～V409	W401～W409	N401～N409	L401～L409
	TA1	U411～U419	V411～V419	W411～W419	N411～N419	L411～L419
	TA2	U421～U429	V421～V429	W421～W429	N421～N429	L421～L429
	TA9	U491～U499	V491～V499	W491～W499	N491～N499	L491～L499
	TA10	U501～U509	V501～V509	W501～W509	N501～N509	L501～L509
	TA10	U591～U599	V591～V591	W591～W591	N591～N591	L591～L591
	TA1L	LL411～LL419				
	TA2L	LL421～LL429				
保护装置及测量仪表电压回路	TV	U601～U609	V601～V609	W601～W609	N601～N609	L601～L609
	TV1	U611～U619	V611～V619	W611～W619	N611～N619	L611～L619
	TV2	U621～U629	V621～V629	W621～W629	N621～N629	L621～L629
绝缘检查电压表的公共回路		U700	V700	W700	N700	
经隔离开关辅助触点或继电器切换后的电压回路	6～10kV	U（V、W）760～769；N600				
	35kV	U（V、W）730～739；N600				

2. 二次回路导线导通与绝缘检查

（1）二次回路导线导通检查。常用的工具是万用表和通灯。所谓通灯是由电池、小灯泡及测试线组成，如图 ZY2400402001-1 中虚线框内所示。在使用通灯进行导线导通检查时，先将电缆两端全部拆开，再将电缆一端的线头逐根接地，通灯测试线的一端也接地，另一端与待查导线的另一端相连，如图 ZY2400402001-1 所示。若待查导线两端是同一根导线，则通灯经过接地点构成回路，灯泡亮，表明两头对应线端为同一根导线。从端子排到电能表端子间的每一根导线都可以用这个方法进行导通检查。

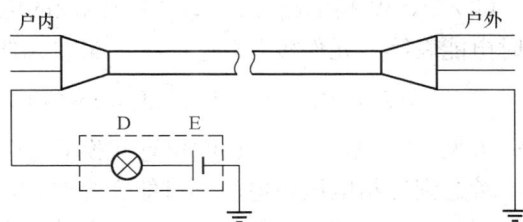

图 ZY2400402001-1　通灯使用接线图

（2）二次回路导线绝缘检查。二次回路导线不但要连接正确，每根导线之间及导线对地之间都要求有良好的绝缘。绝缘电阻是用绝缘电阻表测定，选择 500V 绝缘电阻表，绝缘电阻一般不低于 10MΩ。

（二）带电检查

在低压电能计量装置接线检查方法中，模块"低压直接接入式电能计量装置检查、分析和故障处理（ZY2400401001）"介绍了实负荷比较法、逐相检查法和电压电流法，模块"经互感器的低压三相四线电能计量装置检查、分析和故障处理（ZY2400401002）"介绍了相量图法，下面主要介绍力矩法，并结合高压电能计量装置接线特点在模块 ZY2400401002 基础上进一步探讨相量图法的应用。

1. 力矩法

力矩法就是有意将电能表原来接线改动后，观察电能表转盘转动速度或转向（电子式电能表观察脉冲闪烁频率和潮流方向），以判断接线是否正确，是高压三相三线电能表接线常用的检查方法。

（1）断开 V 相电压。图 ZY2400402001-2 为三相三线有功电能表断开 V 相电压进线的接线图和相量图，此时电能表第一元件接入 $\frac{1}{2}\dot{U}_{uw}$，$\dot{I}_u$，第二元件接入 $\frac{1}{2}\dot{U}_{vw}$，$\dot{I}_w$。

三相电能表反映的功率为：

$$P' = P'_1 + P'_2 = \frac{1}{2}U_{uw} \times I_u \times \cos(30° - \varphi_u) + \frac{1}{2}U_{wu} \times I_w \times \cos(30° + \varphi_w)$$

$$= \frac{1}{2}(\sqrt{3}UI\cos\varphi) = \frac{1}{2}P \qquad \text{(ZY2400402001-1)}$$

由式（ZY2400402001-1）可知，断开 V 相电压后，电能表的转速若为原转速的一半，说明原来的电能表接线是正确的。

实际运用中，当三相电压、电流相对对称平衡时，先测定电能表转 N 转所需要的时间 T_0，然后再断开 V 相电压，在测定电能表转 N 转所需要的时间 T，只要 T 约等于 2 倍的 T_0，则表明接线正确。

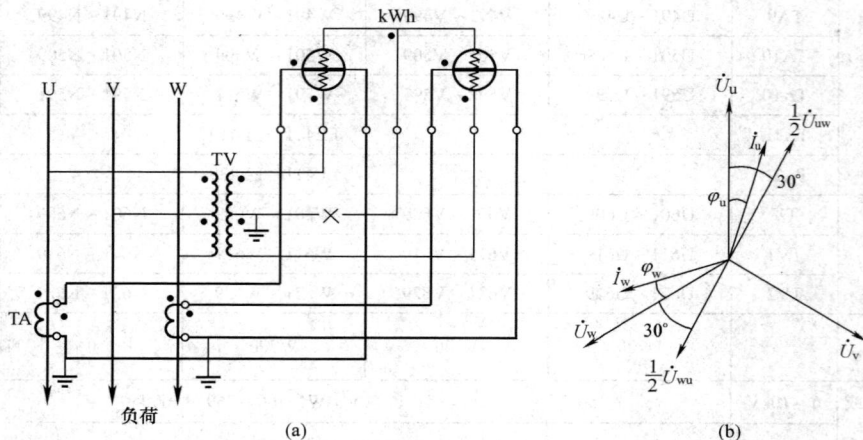

图 ZY2400402001-2　Vv 接线电能表断 V 相电压
（a）接线图；（b）相量图

（2）U、W 相电压交叉法。将电能表的电压进线 U、W 相位置交换，如图 ZY2400402001-3 所示，此时电能表第一元件接入 $\dot{U}_{wv}$，$\dot{I}_u$，第二元件接入 $\dot{U}_{uv}$，$\dot{I}_w$。三相电能表反映的功率为：

$$P' = P'_1 + P'_2 = U_{wv} \times I_u \times \cos(90° + \varphi_u) + U_{uv} \times I_w \times \cos(90° - \varphi_w) = 0 \qquad \text{(ZY2400402001-2)}$$

可见，U、W 相电压进线位置交换后，若有功电能表停走，说明原来的接线正确。

考虑到三相电压和电流不可能完全对称，负荷也会波动，断 V 相电压和 U、W 相电压交换，属于趋势判断，允许有一定偏差。在三相负荷极端不平衡且波动较大时，此法不准确。

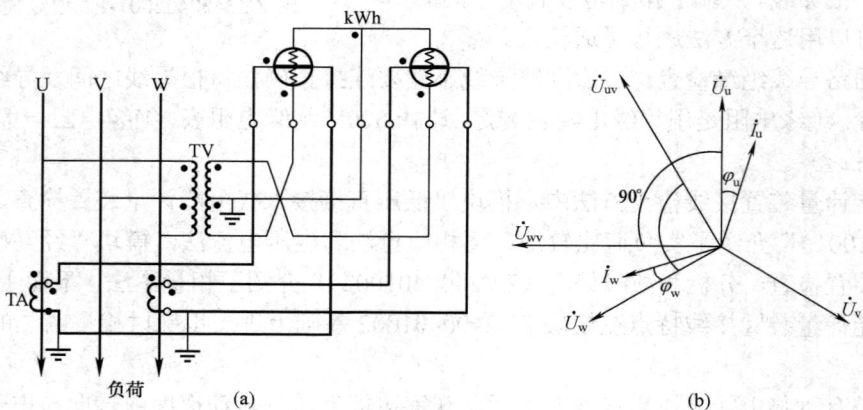

图 ZY2400402001-3　Vv 接线电能表 U、W 相电压交叉
（a）接线图；（b）相量图

2．相量图法

在模块"经互感器的低压三相四线电能计量装置检查、分析和故障处理（ZY2400401002）"中，

分析低压三相四线电能计量装置接线时，曾经采用相量图法进行分析，现在对高压三相三线电能计量装置接线进行分析，仍可采用相量图法，分析步骤相同，分为测试、分析、绘图和计算 5 个步骤，但由于出现了线电压相量，具体内容有所不同。

（1）用相位伏安表测量电能表各电压端子对地电压，一元件和二元件接入电压、电流，一元件和二元件电压、电流之间相位角；用相序表测定电压相序。有条件时，可使用电能表现场校验仪，将其接入电能计量装置二次回路后，可读取装置全部运行参数，有的还能判断常见错误接线类型，仪器的使用参见使用说明书。

（2）根据电压相序和电能表各电压端子对地电压，确定电能表一元件和二元件接入的实际电压。

（三）分析处理 TV 失压需注意的问题

1. 利用多功能电能表事件记录处理电能表失压问题

一般情况，多功能电能表事件记录信息中通常有多个失压记录，需要了解该客户所在线路的实际运行状况，排除正常停电引起的失压记录。

另外，目前使用的大部分多功能电能表失压记录只有最后 10 次，如发现用电量异常，电能表接线正常，失压记录中失压时间均很短，不致引起电量丢失时，则可能有人为造成失压现象，导致真实失压记录被覆盖。应怀疑有窃电可能，需通知用电检查等人员做进一步检查处理。

2. 根据设备运行记录证实电能表失压时间

对变电站的电能表，一般可根据变电站运行记录和调度操作命令，判断母线 TV 的运行状况，分析判断电能表失压时间。特别是双母线和双母分段的变电站，有 TV 二次电压自动切换装置的变电站，更要重视运行方式分析。

3. 根据变电站运行记录获取电能表失压时期的负荷电流

有些功能较强的电能表，能记录失压时的电流值，但那只代表当时状态，有些电能表不能记录失压时的电流值。对负荷有波动的馈路，需要了解平均负荷电流，因此，查阅变电站运行记录，获取相关信息（负荷电流和负荷功率因数）是处理计量故障必不可少的工作。

4. 计算和证实故障电量的计算结果

根据已获取失压时间、负荷电流和负荷功率因数等相关信息，计算电能表故障电量。

$$故障电量＝电压×负荷电流×负荷功率因数×失压时间×倍率 \qquad （ZY2400402001-3）$$

（1）计算变电站一段时间的"母线电量平衡率"，证明故障电量计算结果是否正确。

（2）以正常月份用电量作为基准，计算更正系数和故障电量，以核对上述计算是否正确。

（3）以线路对侧电能表记录电量，或馈路线损率，佐证故障电量计算办法是否正确。

四、案例分析

例 1　经现场测试，三相三线电能表三个电压端子对地电压按顺序从左到右（表尾端子编号②、④、⑥）分别为 0、100、100V，电压相序为顺相序，试确定电能表一元件和二元件接入的实际电压。

解：

（1）确定 V 相接入点。对于 Vv 接线系统，由于 V 相必须接地，对地电压为 0V 的电压端子就是 V 相电压接入点，因此，确定 V 相接入电能表端子②。

（2）确定电压接入相别。由于电压相序为顺相序，即电能表三个电压端子接入电压相别应按顺序从左到右排列，因此端子④、⑥依次分别接入 W、U 相，电压接入相别为 VWU。

（3）确定接入电能表各元件的实际电压。根据三相三线电能表电压回路结构特点，端子②、⑥为电压极性端，端子④为电压公共端，由此可确定电能表一元件和二元件接入的实际电压分别为 $\dot{U}_{vw}$，$\dot{U}_{uw}$。

需要说明的是，高压三相三线计量系统还有一种三台 TV 配置的组合，按 Yy 型连接，TV 二次侧是在三相绕组的非极性端接地，V 相无法通过测量对地电压来确定，无法直接确定电能表一元件和二元件接入的实际电压，只能用排除法列举三种电压排列，分别画出相量图，其中有两个图会自相矛盾，余下一个图是正确的。

（4）分别以一元件、二元件接入的实际电压相量为基准，顺时针旋转一元件和二元件电压、电流之间相位角，画出相应的电流相量。

三相三线电能表接入感性对称负荷时，在正确接线情况下，各电压、电流相量关系如图 ZY2400402001-4 所示。

线电压相量的画法：已知相电压相量，依据 $\dot{U}_{uv}=\dot{U}_u-\dot{U}_v$，$\dot{U}_{wv}=\dot{U}_w-\dot{U}_v$ 的关系，利用矢量加减的平行四边形法则，做线电压相量如图 ZY2400402001-5 所示。

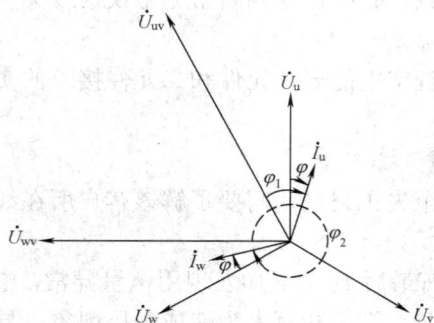

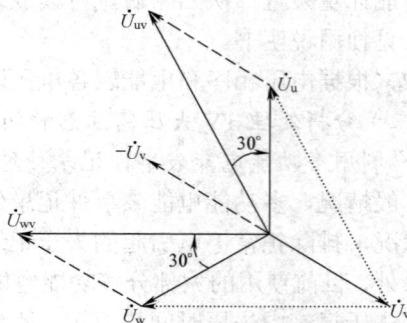

图 ZY2400402001-4　三相三线电能表（对称感性负荷）相量图　　　图 ZY2400402001-5　线电压相量图

（5）根据负荷性质分析错误接线，得出错误接线结论。

（6）写出电能表计量功率表达式，计算更正系数和退补电量。

电能表计量功率：

$$P = P_1 + P_2 = U_{uv}I_u\cos\varphi_1 + U_{wv}I_w\cos\varphi_2 \qquad (\text{ZY2400402001-4})$$

式中　P_1、P_2——电能表各元件反映的功率；

　　　φ_1、φ_2——电能表各元件电压、电流相量之间的相位角。

在三相对称平衡前提下，$U_{uv}=U_{wv}=U$，$I_u=I_w=I$

客户实际用电功率：

$$P_0 = \sqrt{3}UI\cos\varphi \qquad (\text{ZY2400402001-5})$$

更正系数：

$$K = \frac{\sqrt{3}UI\cos\varphi}{U_{uv}I_u\cos\varphi_1 + U_{wv}I_w\cos\varphi_2} = \frac{\sqrt{3}\cos\varphi}{\cos\varphi_1 + \cos\varphi_2} \qquad (\text{ZY2400402001-6})$$

计算退补电量的方法与低压三相四线电能计量装置接线计算方法基本相同，只是计算倍率时增加了 TV 的变比，即：倍率=TA 倍率×TV 倍率。其他内容参见模块"经互感器的低压三相四线电能计量装置检查、分析和故障处理（ZY2400401002）"第四部分。

例 2　某专用变压器用户电能表失流故障处理

计量部接抄表部报，某商住小区，近期总表电量与基建分表电量关系异常，要求现场核查原因。计量部于 1 月 13 日现场发现该电能计量装置处于"W 相二次断流开路"故障状态下运行。

经查证，该电能计量装置投运三年，期间已计量 1919 个字。造成本次计量故障的原因是电能计量装置二次回路安装的三相三线联合接线盒 W 相电流连接片因接触发热，导致接线盒树胶材质软化发生变形，电流连接片失去支撑，进而形成电流开路计量故障。

经现场调查，该户二期工程用电从本电能计量装置接出，施工用电发生峰值大于 5A，本次计量故障的爆发应该与近期基建负荷上升关联。

经调读电子式多功能电能表事件记录及负控历史数据分析，本次计量故障发生时间为 20××年 12 月 10 日 20 点 ～20 点 15 分。

故障发生时电量示数为：

有功电量示数：1805.24；

故障恢复后电量示数为：

有功电量示数：1919.13。

期间共发生有功电量：113.89 字。故障发热所消耗的电能不可量化，做弱化处理。

此类故障不影响电能表第一功率元件的计量关系。电能计量装置在电流故障状态下，实时测量有关技术参数：

一元件：$\psi_1 = 45.72°$，$U_{uv} = 101.9V$，负荷功率因素：$\cos\varphi \approx 0.96$。

恢复正常后实测数据：$U_{uv} = U_{wv} = 103V$

有关计算如下：

进入错误状态功率表达式：

$$P = P_1 + P_2 = U_{uv}I_u\cos(45.72° - 30°) + 0 \approx 0.96 \times 1.019UI = 0.978UI$$

更正系数：$G = \dfrac{W_0}{W} = \dfrac{\text{计量正确功率表达式}}{\text{计量错误功率表达式}} = \dfrac{\sqrt{3} \times 1.01 \times UI\cos\varphi}{0.978} \approx \dfrac{1.679}{0.978} \approx 1.717$。

更正率：$\varepsilon = G - 1 = 1.717 - 1 = 0.717$。

应追补电量：$\Delta A = U_kI_k(0.717 \times 113.89) = 0.717 \times 113.89 \times 400 = 32\,663.65$（kWh）。

即除电能表上所记录的电量外，还应补收电量：32663kWh 电量的电费。

故障期间的各时段电量比例关系不变，故追补电量部分的比例可以参考表计抄见××年 12 月 10 日前，时段电量浮动比例分解（负控终端数据采集见表 ZY2400402001-3，多功能表事件记录读取数据见表 ZY2400402001-4）。

表 ZY2400402001-3　　　　　　　负控终端数据采集

时间	数据采集方式	电流（A）			功率		功率因数（%）	有功电能量（万 kWh）				无功电量（万 kvarh）	有功总电能示值（kWh）	无功总电能示值（kvarh）
		U	V	W	有功（kW）	无功（kvar）		总	峰	谷	平			
												日期：20××年 12 月 10 日		
19	485				135.60	16.00	98.0	0.0188	0.0188			0.0072	1805.15	726.59
20	485				98.50	68.00	82.9	0.0084	0.0084			0.0076	1805.62	726.77
21	485				83.70	96.00	62.7	0.0076	0.0076			0.0084	1805.83	726.96

断流时刻电量示数

表 ZY2400402001-4　　　　　　　多功能表事件记录读取数据

	日期时间	A 相电压	B 相电压	C 相电压	A 相电流	B 相电流	C 相电流	总有功功率	总功率因数
第 3227 点	12 月 10 日 21 时 30 分	0104V	0000V	0103V	03.42A	00.00A	00.00A	00.2210kW	0.616
第 3228 点	12 月 10 日 21 时 15 分	0106V	0000V	0105V	01.74A	00.00A	00.00A	00.1416kW	0.773
第 3229 点	12 月 10 日 21 时 00 分	0105V	0000V	0105V	02.14A	00.00A	00.00A	00.2322kW	0.713
第 3230 点	12 月 10 日 20 时 45 分	0106V	0000V	0105V	01.95A	00.00A	00.00A	00.1358kW	0.669
第 3231 点	12 月 10 日 20 时 30 分	0106V	0000V	0105V	03.38A	00.00A	00.00A	00.2293kW	0.669
第 3232 点	12 月 10 日 20 时 15 分	0105V	0000V	0104V	02.21A	00.00A	00.00A	00.1883kW	0.626
第 3233 点	12 月 10 日 20 时 00 分	0106V	0000V	0105V	03.53A	00.00A	03.37A	00.5479kW	0.925
第 3234 点	12 月 10 日 19 时 45 分	0106V	0000V	0105V	03.58A	00.00A	03.66A	00.6191kW	0.956
第 3235 点	12 月 10 日 19 时 30 分	0106V	0000V	0105V	02.05A	00.00A	02.69A	00.3783kW	0.908
第 3236 点	12 月 10 日 19 时 15 分	0106V	0000V	0105V	02.24A	00.00A	02.24A	00.4081kW	0.961

断流时刻

五、注意事项

（1）无论是系统变电站或客户端组合式电能计量装置，在工作前，必须了解清楚工作环境和接线状况，准确判断工作位置，在监控人员的监护下工作，防止误碰与电能计量无关的回路。

（2）利用多功能电能表事件记录分析处理故障时，必须了解清楚多功能电能表事件记录设置状况，才能正确利用多功能电能表事件记录，达到分析目的。

（3）对计量回路接有数据采集装置的，在做断开回路的工作前，应通知监控机构，并得到同意后方可开展工作。

【思考与练习】

1. 现场运用交换 u、w 相电压法判断电能计量装置正确性的原理是什么？

2. 实测：$U_{12}=U_{32}=100V$，$U_2=0V$；三相电压正相序；$I_1=0A$，$I_3=4.3A$，测得二元件电压与电流夹角为 15°，且 $\cos\varphi=0.966$，分析错误接线并画出相量图。

3. 常规的 TV 二次绕组是如何设置的？TA 呢？

4. 实测：$U_{12}\approx U_{32}\approx 100V$，$U_2\approx 0V$；三相电压正相序；$I_1\approx I_3$；$U_{12}\wedge I_1$ 夹角为 45°，$U_{32}\wedge I_3$ 夹角为 155°时，已知：$\cos\varphi=0.966$，则 $\varphi=15°$。根据测试数据，分析错误接线并画出相量图。

模块 2　三相四线电能表简单错误接线检查、分析和故障处理（ZY2400402002）

【模块描述】本模块包含高压三相四线电能计量装置断相、相序正反、电流相序正反、电压正相序等简单组合错误接线检查和处理的现场操作程序、检查内容、分析方法等。通过列表介绍、例题计算、案例分析，掌握这些高压电能计量装置错误接线的分析、判断方法，并进行故障处理。

【正文】

高压三相四线电能计量装置主要运行在 110kV 及以上电力系统，采用高供高计方式，Yy0 接线，一般情况下都是高压互感器安装在变电设备区，电能表安装在控制室，互感器和电能表之间通过控制电缆连接。与其他计量方式一样，在运行中可能出现电压缺相（失压）、电流缺相、电流反接（电流互感器极性接反）等接线故障。本模块主要介绍出现这些故障的检查、判断和处理电能计量装置在运行中会发生一些常见的故障。

一、作业人员、使用设备和安全措施

1. 作业人员组成

工作班成员至少 2 人，其中工作负责人 1 人，工作班成员 1 人，客户（或设备运行）相关人员等。

2. 使用设备

万用表、通灯、相序表、相位伏安表、钳形电流表、电能表现场校验仪或专用电能计量装置接线检查仪等。

3. 安全措施

进行高压电能计量装置接线检查时，应根据《国家电网公司电力安全工作规程》要求做好安全措施。

（1）根据现场需要办理第一种或第二种工作票，参见相关模块。

（2）现场查勘电能计量装置安装位置及工作环境。高压电能计量装置接线检查危险点分析与控制措施，见表 ZY2400402002-1。

表 ZY2400402002-1　　　　高压电能计量装置接线检查危险点分析与控制措施

序号	危　险　点	控　制　措　施
1	登高及安全工器具运用	按照通用登高模块要求操作
2	安全监护	全程专人监护
3	安全措施	1）在电能计量装置二次回路上工作，防止电流互感器二次回路开路，电压互感器二次短路； 2）防止工作人员走错间隔； 3）工作所用的工具和仪表表笔，其金属裸露部分应做好绝缘处理，防止误碰带电体； 4）防止工器具坠落
4	安全防护	1）作业范围设置安全围栏、悬挂标示牌； 2）全部作业人员按工作要求着装、戴安全帽、系好安全带、戴手套、穿绝缘鞋
5	天气情况	雷雨天气，应停止户外作业

二、作业项目、程序和内容

除参照模块"三相三线电能表简单错误接线检查、分析和故障处理（ZY2400402001）"进行现场作业外，还有以下要求：

（1）检查电能计量装置是否与监控、数据采集系统相连接。

（2）有主副电能表时，检查核对主表和副表的一致性。有双向潮流并分别安装电能表的装置，检查两套表计的连接极性关系是否正确。

（3）检查多功能电能表电量信息采集通信电缆连接是否正确。

（4）检查电能表与各段母线 TV、TA 相一致。

（5）检查母联电能计量装置的计量方向是否与设计方案一致。

（6）检查二次回路连接情况。110kV 及以上电压等级电能计量装置二次回路存在多处连接、转接点，应对其设置的合理性、正确性进行检查。现场要对照设计图纸，逐项检查导线的配置、熔断器、隔离开关设置、连接的可靠性、转接端子的运用，当存在数据采集装置时，也应检查连接的可靠性和正确性。

三、常见故障分析

1. 反相序影响

根据三相四线有功电能表的计量原理，正常情况应按正相序连接。当按照反相序连接时，有功电能表计量正确，但可能产生附加误差，属于不规范正确接线，但是无功电能表会反转（电子式多功能表则感性、容性电量记录位置交换）。

2. 电压异常

当测得三相电流正常，三相电压不正常时，可能是发生电压回路接触不良或断相。这在实际运行中属于常见故障。主要原因是 TV 二次回路转接点较多，在标准设计中，监控装置会随时对 TV 二次电压进行监控。当出现失压、电压缺相时，监控机会发出报警提示，进行故障检修，但计量专用绕组回路一般没有电压监控装置，当电压回路发生故障时，可能不会及时获得报警提示（多功能表界面异常信息除外），一般会从月度电量平衡数据中暴露出故障信息，供计量人员安排现场检查。

3. 电流缺相

技术分析方法可参考模块"经互感器的低压三相四线电能计量装置检查、分析和故障处理（ZY2400401002）"。实际接线中，电能计量装置电流会取自 TA 精度最高的专用绕组，而用于保护的绕组也是专用的，相互独立。常见故障是电流试验端子或导线与端子接触不良故障居多。

4. 电流极性接反

类似故障分析与模块"经互感器的低压三相四线电能计量装置检查、分析和故障处理（ZY2400401002）"中介绍的相同。检查故障主要的主要方法还是分析电能表元件相位关系。主要还是二次回路接线错误居多，一般在新投运后的带电检查即可发现并处理。

5. 电压、电流不对应

分析处理方法同第 4 项。

例1 某高供高计电能计量装置，电流互感器变比 100/5A，电压互感器变比 110/0.1kV，故障期间电能表起始示数 1000，截止示数 1200。功率因数：$\cos\varphi = 0.966$。

解：经实测其电压、电流、相位数据如下：

$U_{un} = U_{vn} = U_{wn} = 57.8V$，$U_{uv} = U_{vw} = U_{wu} = 100V$；$I_u = 4.2A$，$I_v = 4.3A$，$I_w = 4.2A$；一元件 15°；二元件 135°；三元件 75°；电压相序为正相序。

做相量图如图 ZY2400402002-1 所示：

分析判断：

（1）根据测量的相电压和线电压数据，判断三相电压平衡且电压正常；

（2）根据三相电流基本平衡，说明电流回路正常；

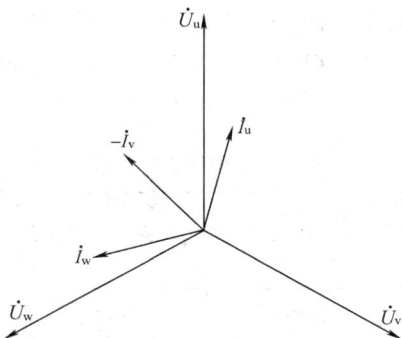

图 ZY2400402002-1　相量图

（3）从相量图分析：一元件电压、电流接入正确；二元件接入 W 相电流；三元件接入负 V 相电流。根据已知条件，有错误功率表达式：

$$P = P_u + P_v + P_w = U_u I_u \cos\varphi_u + U_v I_w \cos(120° + \varphi_v) + U_w(-I_v)\cos(60° + \varphi_w)$$

设三相电压、电流对称平衡：

$$K = \frac{3UI\cos\varphi}{U_u I_u \cos15° + U_v I_w \cos135° + U_w I_v \cos75°}$$

$$= \frac{2.898UI}{[0.966 - 0.707 + 0.259]UI} = \frac{2.898}{0.5178} = 5.5967$$

$$\Delta W = (K - 1) \times 200 \times K_I \times K_u$$

$$= (5.5967 - 1) \times 200 \times \frac{100}{5} \times \frac{110000}{100}$$

$$= 2022.55(万 kWh)$$

因为出错期间，表慢，正转，故除电能表上记录的电量外，因为接线错误还应追补 2022.55 万 kWh 电量的电费（实际工作中应以用户的平均功率因数计算更正系数）。

四、案例分析

110kV××化肥厂计量二次回路故障

1. 故障现象

110kV××化肥厂运行人员于 2009 年 2 月 23 日 8:30 发现该厂计量电能表全面失压，电能表黑屏，失去计量。

2. 现场查勘

工作人员接到通知，立即赶到事发现场。

该用户分别在其 1、2、3 号 110kV 主变压器的 110kV 侧计量，其中 1 号主变压器接 I 段母线，2、3 号主变压器共用 II 段母线，I、II 段母线分别使用 I、II 段母线 TV，且计量二次电压经 1、2 号中间继电器在 I、II 段 TV 间相互切换，以保证计量电压正常；所有电能计量装置均采用三相四线高压计量，电能表采用某公司 DTSD25-6A2-I 型 0.5 级，3×57.7/100V、3×1.5（6）A 的多功能电能表；各馈路计量倍率均为：44000。

故障发生前运行方式为：I、II 母分段运行，1 号主变压器停运。

经检查发现电压切换装置 2 号中间继电器机械故障，导致 II 段 TV 二次熔断器 V 相熔断，而引起计量电能表全面失压，漏计电量。

故障消除时间 2009 年 2 月 23 日 11:15。

3. 故障电量计算

故障期间负荷平稳，时间较短，因此，可根据故障期间的平均功率和时间计算故障电量。

故障电量应按式（ZY2400402002-1）～ 式（ZY2400402002-2）计算，结果见表 ZY2400402002-2。

$$W_P = P \times t \times 44000 \qquad (ZY2400402002-1)$$

$$W_Q = Q \times t \times 44000 \qquad (ZY2400402002-2)$$

式中　P ——二次有功功率，W；

　　　Q —— 二次无功功率，var；

　　　t ——故障时间，2.75h。

表 ZY2400402002-2　　　　　　　　各馈路功率及影响电量

馈 路 名	P	Q	有功电量（kWh）	无功电量（kvarh）
1 号主变压器	0	0	0	0
2 号主变压器	201	100	24321	12100
3 号主变压器	520	120	62920	14520

由于故障时间均处于峰时段，各馈路故障电量应向峰电量追加，同时对应总电量做相应等值增加。

故应向化肥厂 2 号主变压器追加正向有功峰电量 24321kWh、正向无功峰电量 12100kvarh；向 3 号主变压器追加正向有功峰电量 62920kWh、正向无功峰电量 14520kvarh。

4. 完成"计量故障调查报告"和出具相应电量追加凭证

五、注意事项

（1）变电站工作环境相对复杂，在互感器出口端子箱及电能表安装盘柜的端子上工作时，准确判断工作位置非常关键，对电压二次回路上的隔离开关（熔断器）的故障处理要在监控人员的监护下进行，防止误碰与计量无关的回路。

（2）对计量回路接有数据采集装置的，在做断开回路的工作前，应通知监控机构，并得到同意后方可开展工作。

【思考与练习】

1. 现场运用交换 u、w 相电压法判断电能计量装置正确性的原理是什么？

2. 实测：$U_{12}=U_{32}=100V$，$U_2=0V$；三相电压正相序；$I_1=0A$，$I_3=4.3A$，测得二元件电压与电流夹角为 15°，且 $\cos\varphi=0.966L$，分析错误接线并画出相量图。

3. 常规的 TV，其二次绕组是如何设置的？TA 呢？

4. 实测：$U_{12}\approx U_{32}=100V$，$U_2\approx 0V$；三相电压正相序；$I_1\approx I_3$；$U_{12}\wedge I_1$ 夹角为45°，$U_{32}\wedge I_3$ 夹角为155° 时，已知：$\cos\varphi=0.966L$，则 $\varphi=15°$。根据测试数据，分析错误接线并画出相量图。

5. "计量故障调查报告"应包括哪些内容？

模块 3　三相三线电能表复杂错误接线检查、分析和故障处理（ZY2400402003）

【模块描述】 本模块包含高压三相三线电能计量装置断相、相序正反、电流相序正反、电压相序正反、反极性等组合的复杂错误接线检查和处理的现场操作程序、检查内容、分析方法等。通过列表介绍、图解说明、案例分析，掌握这些高压电能计量装置错误接线的分析、判断方法，并进行故障处理。

【正文】

高压三相三线电能计量装置在运行中可能出现许多种接线故障，在模块"三相三线电能表简单错误接线检查、分析和故障处理（ZY2400402001）"中仅讨论了电能表接线错误的问题，没有涉及电压互感器极性接反和断线等接线故障，本模块主要介绍包含电压互感器极性接反和断线等情况检查、判断和处理。

一、作业人员、使用设备和安全措施

1. 作业人员组成

工作班成员至少 2 人，其中工作负责人 1 人，工作班成员 1 人，客户（或设备运行）相关人员等。

2. 使用设备

万用表、通灯、相序表、相位伏安表、钳形电流表、电能表现场校验仪或专用电能计量装置接线检查仪等。

3. 安全措施

进行高压电能计量装置接线检查时，应根据《国家电网公司电力安全工作规程》要求做好安全措施。

（1）因可能存在电压互感器（以下简称 TV）故障，应在停电状况下进行处理，需要办理第一种工作票。其他要求参见模块"三相三线电能表简单错误接线检查、分析和故障处理（ZY2400402001）"相关内容。

（2）现场查勘电能计量装置安装位置及工作环境。高压电能计量装置接线检查危险点分析与控制措施，见表 ZY2400402003-1。

表 ZY2400402003-1　　　　　高压电能计量装置接线危险点分析与控制措施

序号	危 险 点	控 制 措 施
1	登高及安全工器具运用	按照通用登高模块要求操作
2	安全监护	全程专人监护
3	安全措施	1）在电能计量装置二次回路上工作，防止电流互感器二次回路开路，电压互感器二次短路； 2）防止工作人员走错间隔； 3）工作所用的工具和仪表表笔，其金属裸露部分应做好绝缘处理，防止误碰带电体； 4）防止工器具坠落
4	安全防护	1）作业范围设置安全围栏、悬挂标示牌； 2）全部作业人员按工作要求着装、戴安全帽、系好安全带、戴手套、穿绝缘鞋
5	天气情况	雷雨天气，应停止户外作业

二、作业项目、程序和内容

在模块"三相三线电能表简单错误接线检查、分析和故障处理（ZY2400402001）"基础上，介绍 TV 出现接线错误的检查与处理程序及方法。

1. 运行参数测量

测量包括电压、电流、相序、相位等运行参数，方法参见模块"三相三线电能表简单错误接线检查、分析和故障处理（ZY2400402001）"。

2. 判断接线情况

（1）根据测得电压值判断 TV 有无断线状况。如果电压值只有正常情况的 50%甚至更低，则 TV 一次或二次可能有断线情况，具体情况将在本模块第四部分介绍。

（2）根据测定电压值，判断 TV 极性是否接反。如果在测量各电压端子之间电压时，没有出现 173V，则 TV 极性正常或 TV 极性全反。如果在测量电压时任意电压端子之间电压出现 173V，则 TV 极性有一侧接反，但无法判断究竟是哪一侧接反，只有停电检查 TV 极性方能做出准确判断。下面为了分析计算方便，可假设任意一侧接反。

（3）确定电压实际接入相序。有两种方法，第一种方法是用相序表测定后，如果 TV 极性正常，实际相序与测定相序相同；如果 TV 极性接反，实际相序与测定相序相反。第二种方法是在没有相序表的情况下判定相序。用相位伏安表测量接入两个电压元件之间（即 U_{12} 与 U_{32}）的相位角，根据测得角度判断电压相序。如果 TV 极性正常，则 U_{12} 与 U_{32} 的相位角等于 300°时，实际相序为正相序；U_{12} 与 U_{32} 的相位角等于 60°时，实际相序为逆相序。如果 TV 极性接反，则 U_{12} 与 U_{32} 的相位角等于 30°或 120°时实际相序为正相序；U_{12} 与 U_{32} 的相位角等于 330°或 240°时实际相序为逆相序。

（4）确定 V 相。有两种方法，第一种方法是在前面的模块中介绍过，根据测得电能表表尾端子对地电压，端钮对地电压为 0V 的就是实际 V 相电压（即接地点）。第二种方法是根据各电压端子之间的电压来判断，如果任意两个电压端子之间出现了 173V，则剩余的一个电压端子就是 V 相接入点。

（5）根据已确定的 V 相电压和实际电压相序，判断电能表表尾接入的实际三相电压。

（6）画出相量图。与模块"三相三线电能表简单错误接线检查、分析和故障处理（ZY2400402001）"要求基本相同，注意：如果 TV 极性接反，则 U_{UW} 相量或 U_{WU} 相量会在正常情况的基础上旋转 90°。

（7）如果判断 TV 一次、二次侧可能有断线情况，应检查 TV 一次、二次熔断器是否完好，检查户外、户内所有接线端子，排除 TV 一次、二次熔断器和端子接触不良，造成电能计量装置失压故障。消除 TV 一次、二次熔断器和因端子接触不良隐患后，如二次电压仍不正常，则需要停电进行认真检查。

（8）如果判断 TV 二次侧有极性接反情况，应停电进行检查，并参照模块"互感器极性判断（ZY2400601001）"确定 TV 极性。

3. 更正系数和电量计算

与模块"三相三线电能表简单错误接线检查、分析和故障处理（ZY2400402001）"相同。

三、常见故障分析

1. TV 一次侧断线

当 TV 一次侧断线时，二次侧各线间的电压值与互感器的接线方式有关，本模块介绍 Vv 接线时的情况。

（1）分别测量二次线电压。正常情况时，三个线电压都是 100V。

（2）当 U 相一次侧断线时，接线图如图 ZY2400402003-1 所示。当一次 U 相断线时，UV 间没有电压，二次侧 uv 间也没有感应电动势，即 $U_{uv}=0V$，一次侧 VW 间电压正常，即 $U_{vw}=100V$。此时，二次 uv 绕组只起导线作用，u、v 两点等电位，所以，$U_{wu}=U_{vw}=100V$。

（3）同理，当 W 相一次侧断线时，$U_{uv}=100V$，$U_{vw}=0V$，$U_{wu}=100V$。

（4）当 V 相一次侧断线时，接线图如图 ZY2400402003-2 所示。这种情况相当于在 U、W 相之间加了一个单相高压电源，所以，$U_{wu}=100V$。若两个单相 TV 励磁阻抗相等，则 UV、VW 两个绕组串联，则二次平均分配 100V 电压，即 $U_{uv}=50V$，$U_{vw}=50V$。

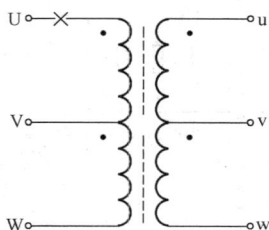

图 ZY2400402003-1　Vv 接线 U 相一次侧断线　　　　图 ZY2400402003-2　Vv 接线 V 相一次侧断线

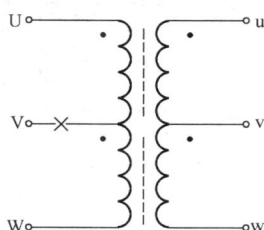

（5）特别说明：在实际工作中，如果 TV 一次侧熔断器熔断，在二次侧测量的电压与前面分析的结论有较大出入，既不会出现 0V，也不会出现 50V，这是由于一次侧熔断器熔断后，其熔断电弧的游离物在高电压作用下，本应呈现的无穷大阻抗存在不确定性，可能存在即使熔断也不会呈现绝对断开的状态，但不论哪种情况，如果电压测量值为几十 V，有很大可能是 TV 一次侧断线。

（6）如判断 TV 一次、二次有断线情况，一是检查 TV 一次、二次熔断器，二是检查户外、户内所有接线端子，排除 TV 一次、二次熔断器和端子接触不良，造成电能计量装置失压故障。消除 TV 一次、二次熔断器和因端子接触不良隐患后，如二次电压仍不正常，则需要停电进行认真检查。

2. TV 二次侧断线

（1）Vv 接线空载时，TV 二次侧 U 相断线，如图 ZY2400402003-3 所示，因 u 相断线，uv、uw 间构不成通路，故 $U_{uw}=U_{uv}=0V$，而 vw 间为正常电压回路，故 $U_{vw}=100V$。同理，TV 二次侧 V 相断线，$U_{vw}=U_{uv}=0V$，$U_{uw}=100V$。TV 二次侧 W 相断线，$U_{uw}=U_{vw}=0V$，$U_{uv}=100V$。

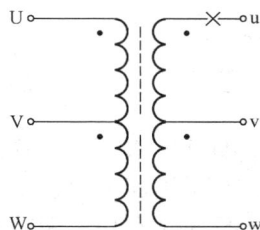

图 ZY2400402003-3　Vv 接线空载时 U 相二次断线

（2）Vv 接线带负荷时，TV 二次侧断线时所测得的二次电压与负荷的连接方式有关。若所接负荷为一只三相三线有功电能表和一只 60° 型三相三线无功电能表，假设各电压线圈的阻抗相等，若 v 相断线，接线图和等效电路图如图 ZY2400402003-4 所示，因 v 相断线，U_{uv} 和 U_{vw} 按阻抗的比例分配 100V 电压，uv 间为一个电压线圈阻抗 Z，而 vw 间为两个电压线圈并联，阻抗为 $Z/2$，故 $2U_{vw}=U_{uv}$，即 $U_{uw}=100V$，$U_{uv}=\dfrac{2}{3}\times100V=66.7V$，$U_{vw}=\dfrac{1}{3}\times100V=33.3V$。

若 TV 二次侧 w 相断线，接线图和等效电路图如图 ZY2400402003-5 所示，因 w 相断线，U_{wu} 和 U_{vw} 按阻抗的比例分配 100V 电压，uw 间为一个电压线圈阻抗 Z，而 vw 间为两个电压线圈并联，阻抗为 $Z/2$，故 $U_{wu}=2U_{vw}$，即 $U_{uv}=100V$，$U_{wu}=\dfrac{2}{3}\times100V=66.7V$，$U_{vw}=\dfrac{1}{3}\times100V=33.3V$。

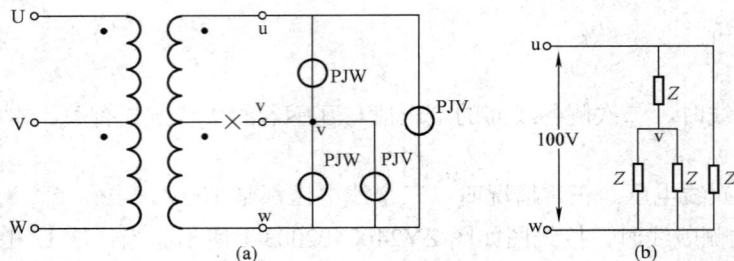

图 ZY2400402003-4 带负荷时 v 相断线

（a）接线图 ；（b）等效电路图

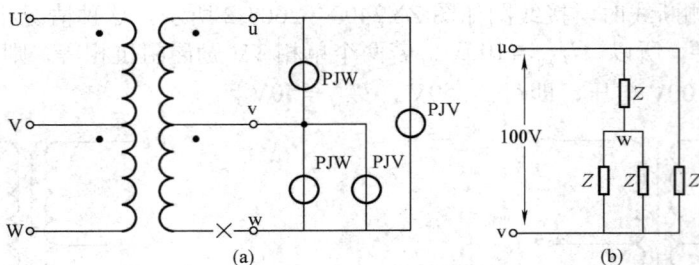

图 ZY2400402003-5 带负荷时 w 相断线

（a）接线图；（b）等效电路图

若 TV 二次侧 u 相断线，接线图和等效电路图如图 ZY2400402003-6 所示，因 u 相断线，从等效电路图可以清楚地看到，$U_{vw}=100V$，而在 v–u–w 这个串联支路中，负荷阻抗的电压与阻抗值成正比，故 $U_{uw}=U_{uv}=50V$。

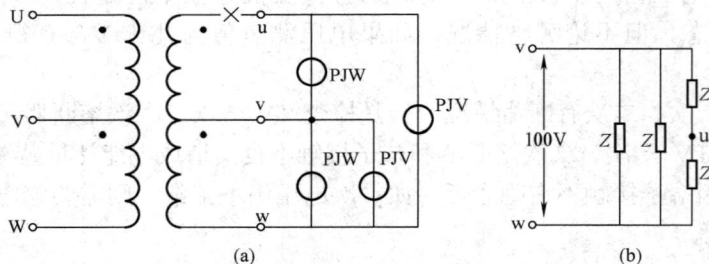

图 ZY2400402003-6 带负荷时 u 相断线

（a）接线图；（b）等效电路图

前面分析的 TV 一次、二次回路断线故障，均为机电式有功、无功电能表联合接线的理想回路分析，对于当前电网大量运用的电子式多功能电能表，电能计量装置只需要配置一只电能表即可满足正、反向，有功、无功电能计量，该配置在电压互感器一次、二次侧断线故障中的表计端电压与单功能有功、无功表联合接线也存在显著不同，其原因是因为电子式多功能电能表内部接线除了电压采样电路外，还有一套电能表工作电源电路并联在电能表的电压回路上，其接线原理如图 ZY2400402003-7 所示。

图 ZY2400402003-7 中的"电源"电路与"电压采样网络"电路的并联关系可能会导致发生电压断线故障后，电能表端该相电压并不会因为该相外部电压断路为零，而是通过电源并联回路，将正常相电压串到电能表故障相端，其电压数值与各种表型"电源"电路设计方式有关（如前端变压器降压、电容降压式电源等）。表 ZY2400402003-2 中列出四种不同厂家电能表在不同电压断路的条件下，电能表端电压数值，对这一观点加以说明，现场处理电能计量装置电压故障时，应以故障电能计量装置电能表端电压的实测值，来计算表计在故障条件下功率元件的实际功率值。

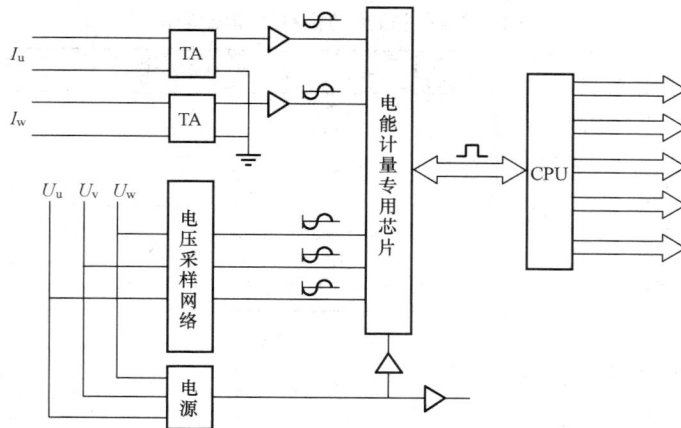

图 ZY2400402003-7 电子式多功能电能表前端逻辑框图

表 ZY2400402003-2　　　　　　　　　　电子式多功能电能表断压实测数据表

被测表铭牌参数	（1）DSSD71　　3×100V　　3×1.5（6）A	
电压回路正常电压值	U_{UV} = 99.94V	U_{WV} = 100.10V
断 U 相	47.09V	100.59V
断 V 相	51.91V	49.44V
断 W 相	99.88V	45.76V
被测表铭牌参数	（2）DSSD71　　3×100V　　3×1.5（6）A	
电压回路正常电压值	U_{uv}= 99.94V	U_{WV} = 100.10V
断 U 相	41.19V	100.08V
断 V 相	50.71V	50.67V
断 W 相	99.89V	40.28V
被测表铭牌参数	ABB　　3×100V　　3×1.5（6）A	
电压回路正常电压值	U_{UV} = 99.94V	U_{WV} = 100.10V
断 U 相	2.65V	100.06V
断 V 相	44.57V	59.39V
断 W 相	99.89V	2.72V
被测表铭牌参数	DSSD719　　3×100V　　3×1.5（6）A	
电压回路正常电压值	U_{UV} = 99.94V	U_{WV} = 100.10V
断 U 相	1.44V	100.51V
断 V 相	48.36V	52.22V
断 W 相	100.34V	1.40V
被测表铭牌参数	DSSD5　　3×100V　　3×1.5（6）A	
电压回路正常电压值	U_{UV} = 99.94V	U_{WV} = 100.10V
断 U 相	38.68V	100.06V
断 V 相	48.16V	52.02V
断 W 相	99.89V	36.78V

3. TV 二次侧极性接反

当 TV 二次侧极性接反，电压相量图和二次电压值有不同的表现，表 ZY2400402003-3 列出了用两只单相电压互感器造成 Vv0 接线时，极性接反的相量图和线电压。

表 ZY2400402003-3　　　　　　　　Vv0 接线极性接反的相量图和线电压

序号	极性接反相别	接线图	相量图	二次线电压（V）
1	U 相极性接反	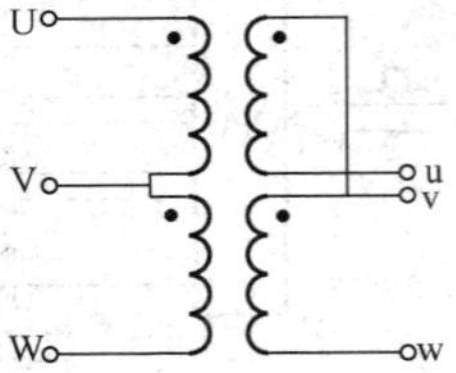	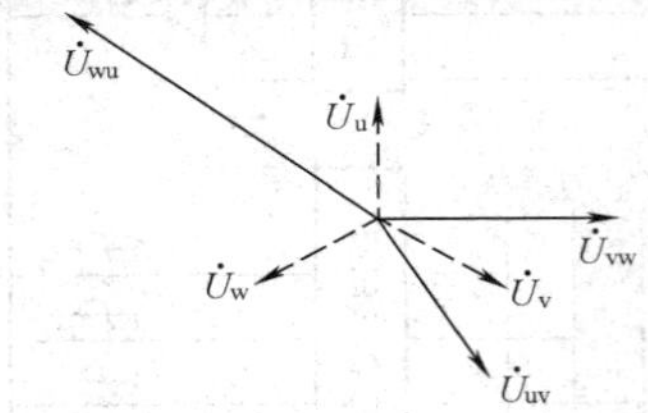	$U_{uv}=100V$ $U_{vw}=100V$ $U_{wu}=173V$
2	W 相极性接反	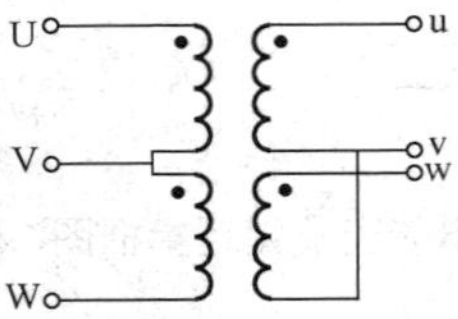	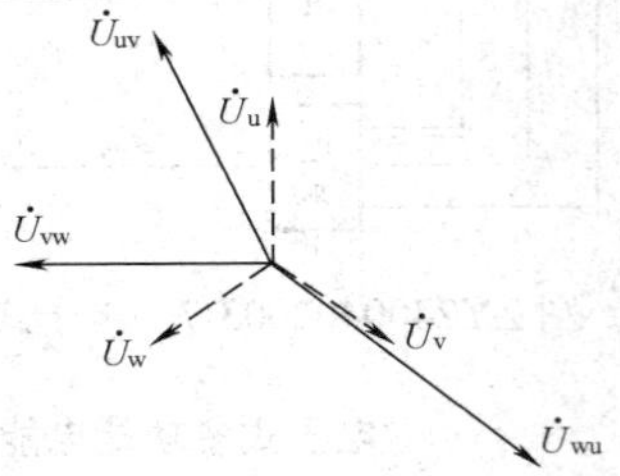	$U_{uv}=100V$ $U_{vw}=100V$ $U_{wu}=173V$
3	U、W 相极性均接反	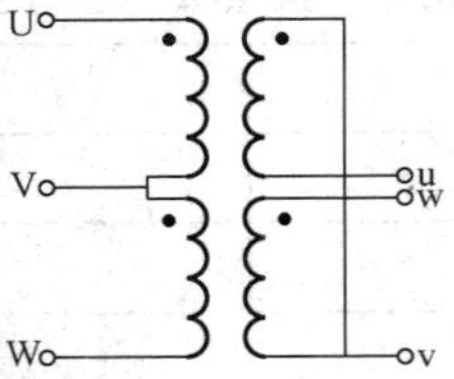	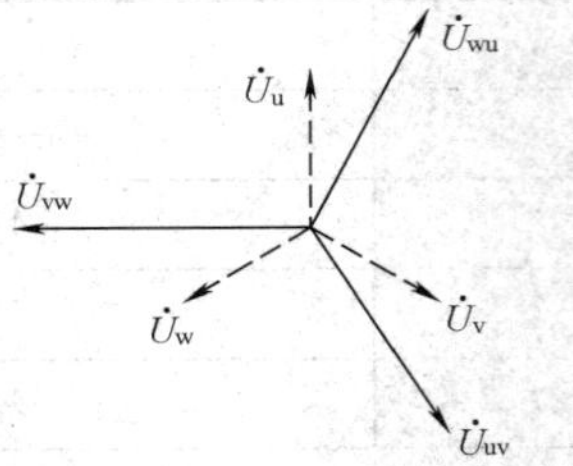	$U_{uv}=100V$ $U_{vw}=100V$ $U_{wu}=100V$

四、案例分析

案例：某专用变压器用户电能表失压故障处理

一"高供高计"客户，抄表时发现电能计量装置电压异常。通知计量部、用电监察部现场检查核实，确认该处电能计量装置 v 相电压异常。

计量故障为高压计量柜 TV 高压侧 v 相熔断管熔断所致，现场进行熔断管更换，电能计量装置于本月 5 日恢复正常工作。因计量故障产生差错电量，需一并计入补收。

据该处多功能电子式电能表记录运行信息，熔断器熔断后，表计进入失压状态。

现场调读多功能表事件记录如图 ZY2400402003-8 所示。

事件记录分析：

（1）当装置 V 相熔断器熔断后，电能表处于 v 相失压从而导致 DS 型电能表两个功率元件都处于失压状态运行。事件记录中的失压累积时间为 10574min，折合 7.34 天，且跨两个月。这个时间只是故障发生的大致时间，一般情况下，该时间会小于实际连续失压时间，因为故障期间当负荷趋于零时可能不满足电能表失压阀值启动条件，从而导致失压中断而发生失压次数增加，但可以根据这个时间大致得到故障发生时段。本次故障记录有总失压累积时间为 10611min，而"失两相"记录的累积时间为 10574min，显然，采用失两相记录的失压累积时间更妥当一些。

（2）失压期间记录累积电量是多功能电能表的基本功能，它是由设定程序不间断的对比接入的实时电能参数，当参数不满足电压、电流、相位关系（阀值）时，启动程序记录此后发生的有功电能量。虽然电能表分别记录有 U、V 两相在失压期间发生的电量，但由于本次故障是因 V 相熔断器熔断所致，还是使用"失两相"记录的"差错电量"4.56 更妥当。

（3）在电能计量装置处于故障状态下，测试故障期间有关技术参数。

该用户系一般工业用电，一班制生产，在用户正常生产的条件下（电容补偿装置长期处于自动补偿状态），测试故障状态下电能表功率元件电能参数。

一元件：$\varphi_{uv}=9.85°$，二元件：$\varphi_{wv}=50.86°$；

一元件：$U_{uv}=37.66V$，二元件：$U_{wv}=52.90V$；

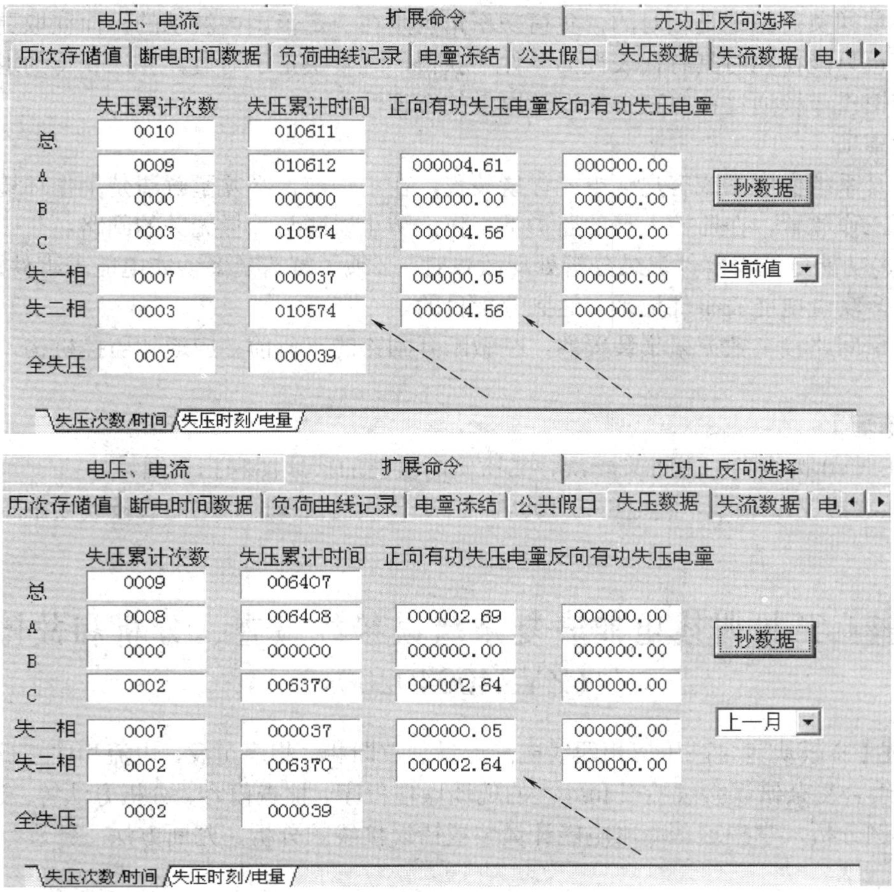

图 ZY2400402003-8　现场调读多功能表事件记录

现场在获取元件功率参数的工况下，测得负荷功率因素：$\cos\varphi = 0.82$；

恢复正常后实测数据：$U_{uv} = U_{wv} = 90.75\text{V}$；

进入失压故障状态功率表达式：

$$P = U_{uv}I_u\cos(9.83°) + U_{wv}I_w\cos(50.86°)$$
$$= [(0.3766 \times 0.9853) + (0.5290 \times 0.6312)] \approx 0.705；$$

更正系数：

$$G = \frac{W_0}{W} = \frac{\text{计量正确功率表达式}}{\text{计量错误功率表达式}} = \frac{\sqrt{3} \times 0.9075 UI\cos\varphi}{0.705} \approx \frac{1.289}{0.705} \approx 1.828；$$

更正率：$\varepsilon = G - 1 \approx 1.828 - 1 \approx 0.828$；

应追补电量：$\Delta A = U_k I_k(0.828 \times 4.61) = 0.828 \times 4.61 \times 400 = 1527.03（\text{kWh}）$

即除电能表上所记录的电量外，还应补收电量：1527kWh 电量的电费。

补收部分电量的时段划分，按照历史电量比例处理。故障期间发生无功电量略。

案例处理分析：

（1）利用事件记录功能获取电能计量装置故障信息是当前电子式多功能电能表运用的一大功能，只要不出现极端条件（两相断压、CPU 死机、逻辑电路器件功能异常、雷击过电压致使电路板器件损坏、部分厂家生产的简易型表等），各型多功能电能表都能提供相应的事件数据。不是所有事件记录都能有效利用，必要时需调取失压、失流、电压合格率、功率因数曲线异常等信息，相互印证，获取有用信息。

（2）所有事件记录只能提供计量异常发生时刻、该时刻电能量值或之后累计发生电能量值，需要仔细利用读表软件或者在连接有负控终端的系统中，判读和寻找有用信息。

（3）大多数条件下，均需要计算电量"更正系数"，这是"差错电量"计算的敏感点。因为在实际条件下，故障期间负荷恒定是相对的，负荷功率角也是在一定范围内波动的，而获取更正系数的用电负荷技术参数也只能在相对具有代表性的条件下获得，这就决定了通过计算法获得的退补电量不可能绝对准确。应慎重审核通过计算获得的退补电量的合理性。

五、注意事项

（1）无论是系统变电站或客户端电能计量装置，在工作前，必须了解清楚工作环境和系统接线状况，准确判断工作位置，在监控人员的监护下工作，防止误碰与计量无关的回路。

（2）利用多功能电能表事件记录分析处理故障时，必须了解清楚多功能电能表事件记录设置状况，才能正确利用多功能电能表事件记录，达到分析目的。

（3）对计量回路接有数据采集装置的，在做断开回路的工作前，应通知监控机构，并得到同意后方可开展工作。

【思考与练习】

1．试画出 Vv0 接线当 U 相 TV 一次、二次侧断线时的接线图和相量图。

2．电压互感器 Vv0 接线，线电压为 100V，当 V 相极性接反时，电能表接线盒电压端子测得的线电压是多少？

模块 4　三相四线电能表复杂错误接线检查、分析和故障处理（ZY2400402004）

【模块描述】本模块包含高压三相四线电能计量装置断相、相序正反、电流相序正反、电压相序正反、反极性等组合复杂错误接线检查和处理的现场操作程序、检查内容、分析方法等。通过列表介绍、图解说明、案例分析，掌握这些高压电能计量装置错误接线的分析、判断方法，并进行故障处理。

【正文】

高压三相四线电能计量装置在运行中可能出现许多种接线故障，在模块"三相四线电能表简单错误接线检查、分析和故障处理（ZY2400402002）"中仅讨论了电能表接线错误的问题，没有涉及电压互感器极性接反和电压互感器断线等接线故障，本模块主要介绍包含电压互感器极性接反和断线等情况检查、判断和处理。

一、作业人员、使用设备和安全措施

1．作业人员组成

工作班成员至少 2 人，其中工作负责人 1 人，工作班成员 1 人，客户（或设备运行）相关人员等。

2．使用设备

万用表、通灯、相序表、相位伏安表、钳形电流表、电能表现场校验仪或专用电能计量装置接线检查仪等。

3．安全措施

进行高压电能计量装置接线检查时，应根据《国家电网公司电力安全工作规程》要求做好安全措施。

（1）根据现场需要办理第一种或第二种工作票，参见相关模块。

（2）现场查勘电能计量装置安装位置及工作环境。高压电能计量装置接线检查危险点分析与控制措施见表 ZY2400402004-1。

表 ZY2400402004-1　　高压电能计量装置接线检查危险点分析与控制措施

序号	危　险　点	控　制　措　施
1	登高及安全工器具运用	按照通用登高模块要求操作
2	安全监护	全程专人监护
3	安全措施	1）在电能计量装置二次回路上工作，防止电流互感器二次回路开路，电压互感器二次短路； 2）防止工作人员走错间隔； 3）工作所用的工具和仪表表笔，其金属裸露部分应做好绝缘处理，防止误碰带电体； 4）防止工器具坠落

序号	危　险　点	控　制　措　施
4	安全防护	1）作业范围设置安全围栏、悬挂标示牌； 2）全部作业人员按工作要求着装、戴安全帽、系好安全带、戴手套、穿绝缘鞋
5	天气情况	雷雨天气，应停止户外作业

二、作业项目、程序和内容

除参照模块"三相三线电能表简单错误接线检查、分析和故障处理（ZY2400402001）"和模块"三相四线电能表简单错误接线检查、分析和故障处理（ZY2400402002）"进行现场作业外，还要特别注意，检查高压电压互感器极性和电压互感器接线故障，应在停电状况下进行处理，需要熟悉系统接线和运行方式，可能需要办理第一种工作票，采取相应安全措施，保证工作顺利开展。

由于高压三相四线电能计量装置一般采用 Yy0 接线，因此当 TV 断线或极性接反时分析方法稍有不同，首先，通过测量电能计量装置表头电压，进行初步判断，判断步骤为：

（1）分别测量二次侧线电压、相电压。正常情况下，三个线电压都是 100V，三个相电压都是 57.7V。

（2）若某相电压为 0V，同时线电压没有出现 0V，说明 TV 一次侧该相断线。

（3）若某相电压为 0V，同时线电压出现 0V，说明 TV 二次侧该相断线。

（4）若某相电压都不为 0V，同时线电压出现 100、57.7、57.7V（可以任意组合），说明 TV 二次侧极性接反，即排除线电压为 100V 的两相后剩余那一相极性接反。

三、电压互感器常见异常（故障）分析

1. TV 一次侧断线

（1）Yy0 接线当 U 相一次侧断线时，接线图如图 ZY2400402004-1 所示。当 U 相一次侧断线时，一次、二次侧都缺少了一相电压，二次 u 相绕组无感应电势此时 u 点和 n 点等电位，即 $U_u = 0$，与 u 相有关的两个线电压 U_{wu} 和 U_{vu} 均降为 57.7V（相电压），$U_{vw} = 100$V 不变。

（2）当 V 相一次断线时，$U_{wu} = 100$V，$U_{uv} = 57.7$V，$U_{vw} = 57.7$V。

（3）当 W 相一次断线时，$U_{uv} = 100$V，$U_{vw} = 57.7$V，$U_{wu} = 57.7$V。

2. TV 二次侧断线

Yy0 接线当 U 相二次侧断线时，接线图如图 ZY2400402004-2 所示。

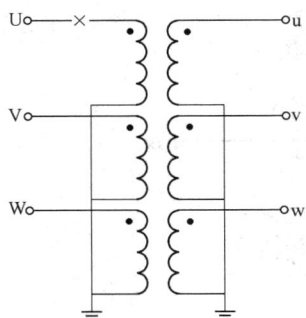

图 ZY2400402004-1　Yy0 接线 U 相
一次侧断线接线图

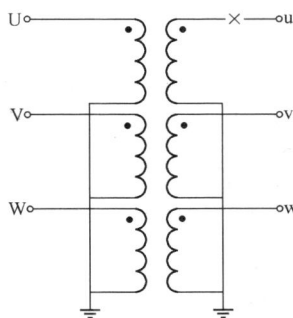

图 ZY2400402004-2　Yy0 接线 U 相
二次侧断线接线图

（1）当 U 相二次侧断线时，因 u 相断线，uv、uw 相构不成通路，故 $U_{uv} = 0$V，$U_{wu} = 0$V，而 vw 间为正常电压回路，故 $U_{vw} = 100$V。

（2）当 V 相二次侧断线时，$U_{wu} = 100$V，$U_{uv} = 0$V，$U_{vw} = 0$V。

（3）当 W 相二次侧断线时，$U_{uv} = 100$V，$U_{vw} = 0$V，$U_{wu} = 0$V。

3. TV 二次侧极性接反

Yy0 接线当 TV U 相二次侧极性接反时，接线图如图 ZY2400402004-3 所示。相量图如图

ZY2400402004-4 所示。

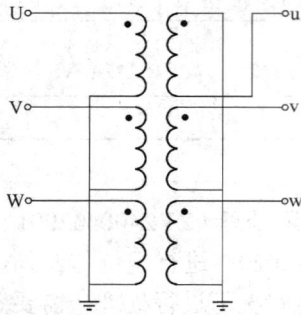

图 ZY2400402004-3 Yy0 接线 U
相二次侧极性接反接线图

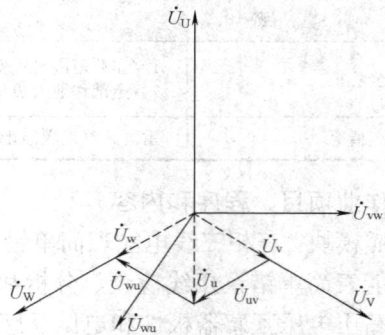

图 ZY2400402004-4 Yy0 接线 U 相
二次侧极性接反相量图

根据相量图可知，Yy0 接线时：

（1）当 TV U 相二次侧极性接反，$U_{vw}=100V$，$U_{uv}=U_{wu}=100/\sqrt{3}=57.7V$。

（2）当 TV V 相二次侧极性接反，$U_{wu}=100V$，$U_{uv}=U_{vw}=100/\sqrt{3}=57.7V$。

（3）当 TV W 相二次侧极性接反，$U_{uv}=100V$，$U_{vw}=U_{wu}=100/\sqrt{3}=57.7V$。

四、案例分析

案例：渭关变电站 330kV 母线电量不平衡故障及电量处理

接相关部门通知，渭关变电站 2、3 月份 330kV 母线电量不平衡，4 月 14 日计量维护人员前去处理。

1. 现场情况调查

了解变电站运行情况及故障现象。

（1）该主站一次网络如图 ZY2400402004-5 所示。"渭北线"和"渭罗线"均为双向功率传输。

输入电量 = 渭罗线 3318（正）+ 渭北线 3317（正）；

输出电量 = 渭罗线 3318（反）+ 渭北线 3317（反）+3301+3302。

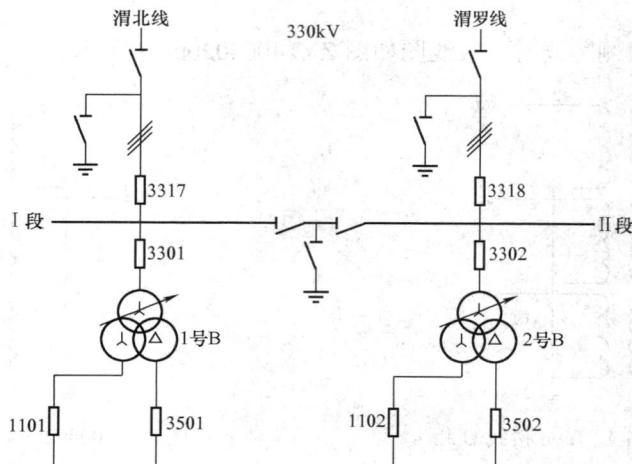

图 ZY2400402004-5 变电站局部接线图

（2）经现场巡视检查发现 3302 隔离开关电能表显示缺少 L2 相电压符号（电能表型号为 DTSD 高压三相四线电能表，电能表显示界面 L1、L2、L3 依次代表电压 u、v、w 三相电压），测量电能表接入电压分别为：$U_{un}=58V$、$U_{vn}=0.11V$、$U_{wn}=58.2V$。电能表侧二次回路端子连接良好。

（3）进一步检查 3302 隔离开关侧二次回路，发现 330 Ⅱ 段母线电压互感器（以下简称 CTV）场地端子箱内，测量绕组 v 相电压端子接触不良，该故障导致 v 相电压输出趋于零（该站 330 母线电压互感器测量绕组输出未接入监控机）。

（4）v 相电压端子恢复完好后，电能表显示电压正常，接入电压分别为 $U_{un}=58.1V$、$U_{vn}=58.2V$、$U_{wn}=58.1V$，计量恢复正常。

（5）故障原因确定为 330 II 段母线 CTV 端子箱测量绕组 v 相电压端子接触不良，导致 v 相电压断相。

（6）调取电能表事件记录，累计失压时间为 7685min，失压期间共发生电量为 18.70 个字。

（7）3302 隔离开关电流互感器变比为 200/5A。抄表结算时间为每月 26 日 0 时 0 分。

（8）变电站 330kV 近期电量平衡数据见表 ZY2400402004-2。

表 ZY2400402004-2　　　　　变电站 330kV 母线平衡及总、分电量表

月份	11 月	12 月	1 月	2 月	3 月	4 月 1~14 日
总电量（万 kWh）			10756.35	10474.20	12577.95	4167.90
分电量（万 kWh）			10758.83	10446.98	12436.88	4076.33
母平率（%）	+ 0.03	+ 0.04	− 0.02	+ 0.26	+ 1.12	+ 2.0

2. 故障技术分析

据现场故障现象，本次故障的发生是母线 CTV 端子箱测量绕组 v 相电压端子出线侧压线螺丝安装时没有压紧，经一段时期运行，该压接点发热氧化，导致产生间歇性接触不良弧光，直至完全断开形成失压故障。

电能表事件记录数据分析：由于故障性质是由接触不良至彻底断开，有一个过程，该过程并不完全连续，且故障点发热所消耗的电量不可量化，电能表记录的失压时间也不是一个连续时段，事件记录的故障期间发生累计电量也与发生时间性质相同，故不宜采用电能表事件记录的失压时间、电量信息及"更正系数法"计算差错电量。

经查阅该站一月前，各级母线电量平衡基本平衡，从二月起，电量平衡开始变化，满足 3302 隔离开关电能表失压少计关系。从近三个月母平率波动趋势也印证此点。

采用 11、12、1 月的母平率均值推算 2、3 月及 4 月 14 日之前输出的"差错电量"作为本次计量故障的追补电量。

3. 故障差错电量计算

$$母平率 = \frac{总电量 - 分电量}{总电量} \times 100\%$$

（1）装置正常时母线电量平均率 δ =（11 月+12 月+1 月）/3=0.01%。

（2）二月份"差错电量"计算：

$$W_{2月分电量} = 2月总电量 - \delta \times 2月总电量 = 10474.20 - \frac{0.01}{100} \times 10474.20 = 10473.15 万 kWh；$$

$$W_{2月差错电量} = 应计分电量 - 实计分电量 = 10473.15 - 10446.98 = 26.17 万 kWh。$$

（3）同样的方法计算三、四月"差错电量"：

$$W_{3月分电量} = 3月总电量 - \delta \times 3月总电量 = 12577.95 - \frac{0.01}{100} \times 12577.95 = 12576.69 万 kWh；$$

$$W_{3月差错电量} = 应计分电量 - 实计分电量 = 12576.69 - 12436.875 = 139.81 万 kWh；$$

$$W_{4月分电量} = 4月总电量 - \delta \times 4月总电量 = 4167.90 - \frac{0.01}{100} \times 4167.90 = 4167.49 万 kWh；$$

$$W_{4月差错电量} = 应计分电量 - 实计分电量 = 4167.49 - 4076.325 = 91.16 万 kWh。$$

（4）故障期间发生"差错电量"为 2、3、4 月之和：

$$W_{差错电量} = W_{2月差错电量} + W_{3月差错电量} + W_{4月差错电量} = 26.17 + 139.81 + 91.16 = 257.14 万 kWh；$$

因渭关变电站 3302 隔离开关电能表电压故障，影响 3302 隔离开关有功电量 257.14 万 kWh。

4. 报告编写

按照规定格式内容要求，完成"计量故障处理报告"，向相关部门出具故障电量退补凭证。

模块 4

ZY2400402004

五、运用更正系数法应注意的问题

因电能计量装置接线错误，通过计算更正系数对差错电量进行退补计算，这种方法称为更正系数法。《供电营业规则》第八十一条第一款规定："计费计量装置接线错误的，以其实际记录的电量为基数，按正确与错误接线的差额率退补电量，退补时间从上次校验或换装投入之日起至接线错误更正之日止。"由此可见，利用更正系数法计算差错电量是有依据的。因此，在电能计量装置技术分析中广泛运用更正系数法，在多种专业书籍中可以找到从各种角度分析的大量题例。但是，在实际运用中如果使用不当，很可能仅能停留在理论分析层面上，无法应用到实际工作中，究其原因有以下几点：

（1）处理计量故障的切入角度。对于一套运行异常（故障）的电能计量装置，所有的检查都是围绕电能表的功率元件展开的，对处于异常（故障）运行的电能表做采样测试时，所获取的参数，只是电能表在"异常"运行区间的一个"点"，要使这个"点"的具有代表性，需要在电能计量装置所承载的负荷运行状态具有代表性时获取参数，方能使获取的参数具有代表性（相对代表性）。

（2）如何获取"点"上的功率因数。使用更正系数法需要得到 K 式 P_0 部分的功率因数，理论上，应该在获取分母 P 元件参数的同时，得到此参数，实际运用中具有一定难度。对于电能计量装置电压故障型，提出两个方案供参考：方法一，若电能计量装置相邻位置配置有 TV 柜（保护、测量专用 TV），可在计量柜中进行采样时，将现场校验仪的电压采样线接入相邻 TV 柜二次电压回路，获取当时的负荷功率因数值。方法二，从现场校验仪中读取当前负荷全部运行参数→停电处理计量异常故障→恢复用电→待全部负荷恢复到先前状态，运行参数基本复原→读取负荷功率因数。采用月平均功率因数计算 K 式不符合采用更正系数法的物理对应关系。在实际工作中，当不能获取实时负荷力率时，也有采用加权平均力率来计算差错电量的情况，但由此发生的计算偏差量值基本上不能确定。当故障电能计量装置所承载的电力系统功率因数相对稳定时，由此带来的偏差会小一些。对于电能计量装置电流故障型，为获取功率因数可参考以上思路。

（3）对于电能计量装置接入的负荷、功率因数变化较大及更正系数为零时，则不能使用更正系数法计算差错电量。其原因是，当电能计量装置处于接线错误等故障时，力率的大幅波动将可能导致电能表的合成功率在"慢—停—快"以及"正转—反转"状态中变化，特别是三相三线 Vv 接线系统，期间错误电量的累计是一个无效数据，也难以确定异常（故障）区间的"代表点"。

（4）对于不能获取装置异常（故障）期间所累计的电量，则不能用计算法获得差错电量。此状态下得到的更正系数，只供装置异常（故障）期间对电量影响量的趋势分析。

（5）在掌握计量故障变化分析机理的前提下，简化运用技术。实际工作中，无论故障如何变化，最终的着眼点是功率元件上的电压、电流及夹角值，与它们在坐标的第几象限无关。

综上所述，运用更正系数进行电量退补计算，有比较苛刻的条件，不仅要求三相负荷相对平衡，还要求现场参数采样时一次负荷具有代表性，客户生产性质所对应的负荷功率因数相对稳定等，否则，通过计算的方法获取更正系数在计算差错电量时会产生较大偏差。

在用电负荷、功率因数不稳定，三相负荷也不平衡时，尽可能在现场创造条件采用现场比对法以确定更正系数，即保持原表计接线方式不变，另行按正确接线接入一只相同型号规格的合格电能表，经一段时间运行后，根据两表记录电量的比值，得到实际更正系数。

【思考与练习】

1. 对现场故障运行的电能计量装置进行采样时，如何合理的获取功率因数参数？

2. 试画出 Yy0 接线 TV 一次、二次 U 相断线时的接线图和相量图。

3. 电压互感器 Yy0 接线，相电压为 57.7V，当 V 相极性接反时，电能表接线盒电压端子测得的线电压是多少？

4. 应用"更正系数"计算故障电量应注意哪些问题？

第五部分

低压接户线、进户线及配套设备安装

第十六章 低压架空接户线、进户线及配套设备安装

模块 1 接户线与进户线金具材料选配及安装（ZY2400501001）

【模块描述】本模块包含根据接户线、进户线施工方案编制工程材料表，选配工程所需要的导线、金具、熔断器（隔离开关）等施工器材的方法，通过方法介绍，掌握材料选配及安装的方法。

【正文】

当客户用电申请被受理后，业扩部门经现场查勘定点，确定供电方案。根据客户的供电方案，接户、进户线路安装作为一个工程，确定所需要的全部器材，本模块根据供电方案，提出接户线、进户线工程施工器材选配原则。

一、金具的选配

1. 一般原则

线路金具主要指户外部分导线架设和设备安装的支撑器材，是接户线、进户线安装工程必不可少的器材。除所有金具、标准件表面必须做热镀锌处理外，金具的型式和规格需要根据导线选配参数、架设方式、工程现场条件选择标准构件，如需采用非标构建应提前预制，避免现场对标准构建或预制的金具做安装前的再加工处理，致使金具防锈涂层被破坏。

2. 杆上部分

主要是配置四线或两线横担、隔离开关安装横担以及横担固定用抱箍、M 垫铁等金具，根据接户横担等金具安装高度的杆径，选配横担、抱箍、M 垫铁开档尺寸。

3. 建筑物侧配置的金具

需要根据进线位置和方式确定。常用有门型、一字型、七字型等金具，金具的固定也需要根据建筑物墙面形状、材质和接户线跨度、张力等因数采取膨胀螺栓或穿墙螺栓、预理等方式。所有制作横担金具的角钢不小于 $50 \times 50 \times 5$（mm），由专业工厂预制。不推荐现场制作。

4. 电缆接户、进户

还需要根据电缆的敷设和固定方式制作适当的金具和防护装置，以保证电缆的安全运行。

二、导线的选配

导线选配涉及两个方面，即导线规格、型号。

根据地区条件的差别，选择接户线和进户线可按照以下进行：

（1）架空电力线路部分：主要采用铝质绝缘导线，常用型号为 JLV 铝芯聚氯乙烯绝缘线、JLY 铝芯聚乙烯绝缘线、JLYJ 铝芯交联聚乙烯绝缘线，BLV 型导线也在户外大量使用。

（2）低压电缆部分：选择聚合塑胶绝缘低压电力电缆。常用型号为 VV——聚氯乙烯绝缘聚氯乙烯护套（铜芯）电力电缆、YJV——交联聚乙烯绝缘聚氯乙烯护套（铜芯）电力电缆。如果是铝芯则为：VLV、YJLV 型。电缆截面需要根据负荷容量确定。

（3）室内线路部分：主要以 BV、BLV、BVV、BLVV 等聚氯乙烯绝缘导线。此类产品由导体和挤包的耐气候绝缘层的构成，最低敷设温度为-20℃，最低使用环境温度为 -40℃。导线截面需要根据发热条件、机械强度、经济电流密度、电压损失和导线长期允许安全载流量等因素决定。由于接户线、进户线长度有限，按照经济电流密度选取导线截面，更实用一些。具体技术要求还可参见模块"根据负荷合理选择导线及相关材料（ZY2400501005）"的相关内容。

（4）进户线安装用材需要根据进户模式及进户后导线敷设的环境、走向、路径确定。

（5）对于进户后直接进表箱型式，只需要考虑穿越建筑物部分导线的防护；对于表箱与进户点有一段距离的型式，则需要选择导线保护措施，常见为穿钢管、PVC 阻燃硬管、PVC 阻燃方线槽等方式。无论采用何种方式，管内（槽内）的导线应不大于管内径（槽内面积）的 40%。

（6）导线做钢管防护时，应选择电线管。钢管外壁应做接地防腐处理并接地。钢管做护口处理，防止管口割伤导线绝缘。

三、绝缘子的选择

低压户外绝缘子选型有蝶式、针式、轴式瓷绝缘子三种。

（1）针式瓷绝缘子使用在 1kV 以下架空电力线路中作绝缘和固定导线用。蝶式、轴式瓷绝缘子供配电线路终端、耐张及转角杆上作为绝缘和固定导线用。

（2）低压针式绝缘子型号有 PD-1T、PD-2T 铁横担直脚，PD-1M、PD-2M 木横担直脚，PD-2W 弯脚形式。型号中后缀数字"1"为尺寸最大一种。

（3）低压蝶式绝缘子型号有 ED-1、ED-2、ED-3、ED-4，型号中后缀数字"1"为尺寸最大一种。

（4）绝缘子规格选型可根据导线的截面而定，截面积大的导线，选择大规格绝缘子。

四、熔断器或隔离开关

接户线与进户线之间通常安装一组熔断器或隔离开关，其主要作用是便于进户线侧开展检修工作。也可以解决导线材质的转换。

（1）熔断器或隔离开关的选择主要是依据所接入负荷的大小，小容量接户装置选侧熔断器，相对大容量的接户装置选择隔离开关。

（2）熔断器可选择瓷插式、螺旋式以及管式，容量在 60A 以下。

（3）隔离开关可选择低压隔离开关，容量在 100~200A。小容量接户装置也使用隔离开关，以保证线路断开时具备明显的断开点。

（4）户外安装时，熔断器或隔离开关必须做防雨措施。

（5）进户中性线不得经过任何熔断器。

五、进户端重复接地器材

接户线重复接地装置选择圆钢或角钢制作的接地极，根据地形、地质条件和接地电阻值决定接地极的位置和接地极根数。一般接地极的规格为：$\geqslant \phi 20 \times 2000mm$ 镀锌圆钢或$\angle 40 \times 40 \times 4 \times 2500$ 镀锌角钢。接地极的连接和引出采用 40×4 镀锌扁钢。接地极和接地扁钢的表面处理应采用热镀锌处理，其焊接面应采用沥青漆做防锈处理。

六、特别说明

由于接户、进户方式的多样性，金具材料选配也需要根据地区差异及实际现场施工方案制订，相关选配方法的案例可参见模块"制订接户线、进户线方案及工程器材（ZY2400501003）"。

【思考与练习】

1. 如何做接户线导线型号选择？

2. 接户线与进户线转接时通常采用何种方法？

模块 2　单相、三相接户线与进户线及器具的安装
（ZY2400501002）

【模块描述】本模块包含按照架空接户线、进户线的设计方案、施工方案、操作程序及注意事项。通过要点讲解、列表介绍、图解说明，掌握安装安全控制、施工步骤的技术要求、质量控制、施工方法以及相关的技术指标。

【正文】

一、接户线安装相关技术规定

1. 1kV 以下架空配电线路接户线安装技术要求

1kV 以下架空配电线路自电杆引至建筑物外墙第一支持物的线路安装工程接户线安装技术要求

如下：

（1）低压绝缘接户线截面应按允许载流量和机械强度选取，但不应小于：铜芯 $10mm^2$；铝芯线 $16mm^2$。

（2）三相四线制中性线不小于相线截面积的 50%（施工中一般中性线与相线选相同截面的导线）；单相接户线相线与中性线截面相同。

（3）低压接户线受电端对地距离不小于 2.5m。

（4）接户线不得从高压引下线间穿过；不同材质的接户线不得在档距间连接；接户线档距中间不能有接头；来自不同的电源引入的接户线不宜同杆架设。

（5）架空接户线的档距不大于 25m，否则应加装中间杆。

（6）架空导线的弧垂值，允许偏差为设计弧垂直的 5%，水平排列的同档导线间弧垂直偏差为 ±50mm。

（7）不同金属导线的连接应有可靠的过渡设备。

（8）同金属导线，采用绑扎连接时，截面积小于 $35mm^2$ 的导线，绑扎长度应不小于 150mm。

（9）绑扎连接时应接触紧密、均匀、无硬弯。接户引流线应呈平滑弧度。

（10）不同截面导线连接时，绑扎长度以小截面导线为准。

（11）采用并沟线夹连接时，线夹数量一般不少于 2 个。

（12）绑扎用的绑线，应选用与导线同金属的单股线，其直径不应少于 2mm。

（13）1kV 以下配电线路每相过渡引流线、引下线与邻相的过渡引流线、引下线或导线之间的净空距离，不应小于 150mm。

（14）1kV 以下配电线路的导线与拉线、电杆或构架之间的净空距离，不应小于 50mm。

（15）1~10kV 以下线与 1kV 以下线路间的距离不应小于 150mm。沿墙敷设线间距离对于水平排列，档距在 4m 以下，线路间的距离不应小于 100mm。垂直排列，档距在 6m 以下，线路间的距离不应小于 150mm。

2．接户线对地及交叉跨越距离技术要求

接户线对地及交叉跨越距离是接户线施工必须遵循的技术规定，相关国家标准参见 GBJ 232《电气装置安装工程施工及验收规范》（10kV 及以下架空配电线路篇）第十二篇第八、九章和 DL/T 601—1996《架空绝缘配电线路设计技术规范》的规定，见表 ZY2400501002-1 ~ 表 ZY2400501002-5。

当采用中性线断线故障保护时，还应满足下列相应要求：

（1）防雷接地装置和中性线断线故障保护的接地装置之间应通过低压避雷器连在一起。

（2）电源为架空引入时，应在入户处的各相和中性线上装设低压避雷器，并将铁横担、绝缘子铁脚及避雷器的接地共同接到中性线断线故障保护的接地装置上。

（3）当采用上述措施时，中性线断线故障保护的接地电阻不宜大于 10Ω。

（4）低压架空线路接户线的绝缘子铁脚宜接地，接地电阻不宜超过 30Ω。当土壤电阻率在 200Ω·m 及以下时，铁横担钢筋混凝土杆线路由于连续多杆自然接地作用，可不另设接地装置。

表 ZY2400501002-1　　　　　导线最小间距（m）

电　压	档　距	线间距
低　压	40 以下	0.3
	50	0.3

表 ZY2400501002-2　　　　导线间、电杆（或构架）间距规定（m）

类　别	电压	
	高压	低压
导线与拉线、电杆（或构架）间净空距离	0.2	0.1
每相导线引下线与相邻导线净空距离	0.3	0.15
靠近电杆低压两线间水平距离	0.5	

表 ZY2400501002-3 　　　　　导线对地距离及交叉跨越最小垂直距离（m）

线路经过地区	低压跨越	线路经过地区	低压跨越
居民区	6.0	不通车的胡同（里、弄、巷）	3.0
非居民区	5.0	跨越阳台、平台、建筑屋顶	2.5
交通困难街道、人行道	3.5	公路、城市道路	6.0
人行过街桥	3.0		

表 ZY2400501002-4 　　　　　分相架设的低压绝缘接户线与建筑物的距离（m）

线路经过地区	低压跨越	线路经过地区	低压跨越
与接户线下方窗户的垂直距离	≥0.3	与阳台或窗户的水平距离	≥0.75
与接户线上方窗户的垂直距离	≥0.8	与墙壁、构架的距离	≥0.05

表 ZY2400501002-5 　　　　　低压绝缘接户线与弱电线路的交叉垂直距离（m）

线路经过地区	低压跨越	线路经过地区	低压跨越
低压接户线在弱电线路的上方	≥0.6	低压接户线在弱电线路的下方	≥0.3

二、作业内容

（一）杆上作业

1. 危险点分析与控制

接户杆安装危险点分析与控制措施见表 ZY2400501002-6，接户线架设危险点分析与控制措施见表 ZY2400501002-7。

表 ZY2400501002-6 　　　　　接户杆安装危险点分析与控制措施

序号	危 险 点	控 制 措 施
1	登杆及安全工器具运用	按照通用登高模块要求操作
2	安全监护	全程专人监护
3	搭接杆上线路情况	当上层线路带电时，严禁穿越
4	金具吊装	1）人工提吊：施工者杆上安全措施完备可靠，戴手套，利用合格吊绳，将金具提起； 2）利用滑轮提吊：选取尺寸合适的滑轮，将其杆上可靠固定，穿入吊绳，由地面人员拉动吊绳，将金具提起； 3）吊绳与金具绑扎必须可靠； 4）起吊过程下方不得站人； 5）安装过程防止器具坠落
5	作业工作面的安全防护	作业范围内的地面部分设置安全围栏；全部作业人员着工装、戴安全帽
6	天气情况	阴冷及雷雨天气，应停止开展登高作业

表 ZY2400501002-7 　　　　　接户线架设危险点分析与控制措施

序号	危 险 点	控 制 措 施
1	导线施放环境	建立接户杆与建筑物受电点的专用施工通道
2	金具、导线吊装上杆	金具、导线由地面吊装至两侧支撑绝缘子需确保规范、可靠，通道无障碍
3	一端绑扎后的紧线	紧线过程接户线两侧施工人员的安全措施可靠，紧线过程确保导线舞动范围内无障碍
4	作业工作面的安全防护	接户杆与建筑物受电点的专用施工通道设立安全围栏；全部作业人员着工装、戴安全帽；杆上作业的安全规范；专人监护
5	天气情况	阴冷及雨雪天气，应停止开展作业

2. 金具的安装

金具是接户线在线路侧固定的支撑，不同的接户形式会设计不同的金具形式，如四线、两线横担。线路所有金具必须经热镀锌处理。

常见的方式为在直线杆上接户、转角杆上接户，接户金具的安装方式相同。

（1）横担安装在接户线下线的反方向，U 型栓固定，使用双螺帽可防止松脱，安装如图 ZY2400501002-1 所示。

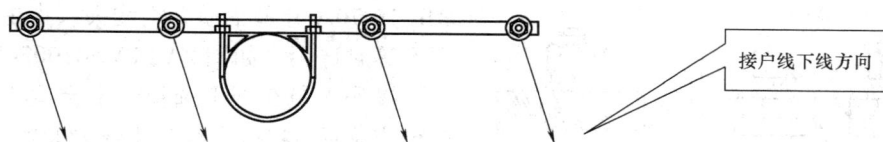

图 ZY2400501002-1　接户线横担安装示意图

（2）接户线横担安装在电杆所有电力线路的最底层，距上层低压线路的距离不小于 0.6m。

（3）现场施工一般是在地面组装，使用传递绳将其吊至杆上施工位置，再将横担固定在电杆上。

3. 绝缘子的安装

接户线使用的绝缘子主要为蝶式或针式低压绝缘子。

蝶式绝缘子常见安装方式为穿芯螺杆固定或曲型拉板固定。螺杆或曲型拉板的尺寸规格与绝缘子的型号有关，安装如图 ZY2400501002-2 所示。

4. 施放导线

使用 BLV 型塑料铝芯导线作接户线的施放导线，应从整盘导线外圈开始施放。施工人员将双臂对插入整圈导线中心，双臂作环状滚动时，将导线头顺势牵引出来，保证导线不发生扭扣死结，也可以利用放线盘放线。

5. 导线的绑扎与连接

导线的绑扎分为接户线搭接的绑扎与绝缘子的绑扎。

（1）将 LJ-25（35）架空裸铝绞线剪断约 1~1.2m/段，退成单股，将其卷成直径约 100mm 的线卷，用作绝缘子扎线和接户线搭接绑扎用扎线。

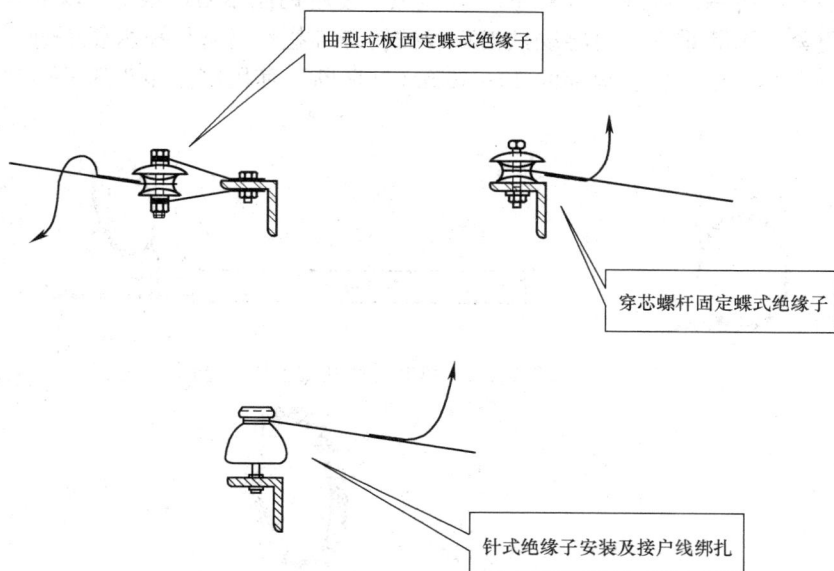

图 ZY2400501002-2　低压绝缘子安装示意图

（2）25mm^2 及以下截面的导线连接可直接进行绑扎搭接。35mm^2 及以上截面的导线搭接宜采用并沟线夹。绑扎搭接的长度按表 ZY2400501002-8 中数据处理。

表 ZY2400501002-8　　　　　　　　进户线绑扎搭接长度

导线截面积（mm^2）	绑扎长度（mm）	导线截面积（mm^2）	绑扎长度（mm）
10 及以下	>50	25	>150
16	>80		

（3）并沟线夹搭接。JB 系列铝并沟线夹适用于架空电力线路铝导线的非承力接线。该型式还有铜铝并沟线夹供不同材质导线转接用（如：JB-TL/0）。

低压接户线常用并沟线夹规格型号：JB-0（10～25mm²），JB-1（35～50mm²），还有如 BTL-10 型、BJL-16-70A 异型铝质并沟线夹，当主线与接户线截面不等时选用（如图 ZY2400501002-3 所示）。

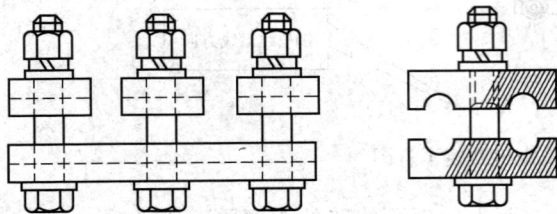

图 ZY2400501002-3　并沟线夹示意图

操作人员在杆上选择一个合适的位置，在做好安全措施后，将接户线与主线之间的过渡线头造型，剥除适当的长度的绝缘，并整理为与主线平行。选择适当型号的并沟线夹，使用铝包带将线夹将要压接导线部位缠紧（如图 ZY2400501002-4 所示），将处理好的导线安装在并沟线夹夹口内，使用扳手将线夹螺栓压紧即可。

图 ZY2400501002-4　并沟线夹安装示意图

在实际运用中，并沟线夹是负荷电流的一个转接点，特别是因负荷电流大小的变化，线夹热胀冷缩的因素，可能导致线夹发生接触电阻变化而引起故障。施工中，按照 JGJ/T16-1992《民用建筑电气设计规范》规定，应采用双线夹搭接，以加强接触的可靠性。

（4）缠绕法搭接。操作人员在杆上定位并完成人体绝缘安全处置，将接户线与主线之间的过渡线头做造型后，裁断多余导线，剥除需要搭接导线的外绝缘，将事先已经卷成直径约为 100mm 铝扎线头拉出一段，在接户线头靠绝缘处扎两圈（如图 ZY2400501002-5、图 ZY2400501002-6 所示），扎线短头与导线平行延长约 3～5cm，将接户线与配电网主线靠接在一起，左手稳住导线（或使用钢丝钳），右手将扎线顺势紧密缠绕两根导线，当缠绕 2～3 匝后，使用钢丝钳刀口根部，以刚好夹住扎线顺势用力，将扎线缠绕更紧，不断重复一直缠绕，当双线被缠绕绑扎长度满足技术要求时，使用钢丝钳将扎线两端提起绞紧，在其绞合部位至根部约 20～40mm 处剪断，使用钢丝钳头的平面部位，将其拍至与导线平行即可。

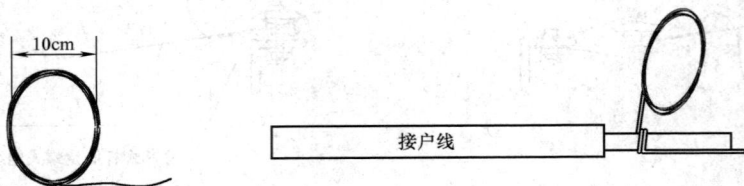

图 ZY2400501002-5　绑扎导线扎线使用示意图

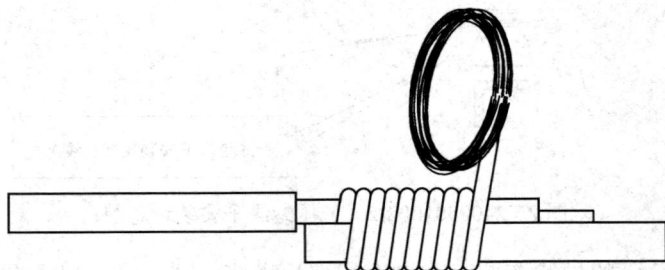

图 ZY2400501002-6　绑扎导线搭接示意图

（5）绝缘子的绑扎。蝶式绝缘子采用边槽绑扎法。扎线使用事先准备的裸铝线，将扎线一头顺导线预留 150～250mm，另一头的扎线圈顺绝缘子绕一圈与导线交叉回头至绝缘子两根导线平行处的根部缠绕，缠绕长度视接户线跨距，当跨距大时（接户线导线张力大），扎接的缠绕长度应适当长一些。当双线被缠绕绑扎长度满足要求时，可将引流线分开，继续将接户线与扎线的另一平行线头紧紧缠绕

5～10 圈，使用钢丝钳将扎线两端提起绞紧，在其绞合部位至根部约 2～4cm 处剪断，使用钢丝钳头的平面部位，将其拍至与导线平行即可，安装如图 ZY2400501002-7 所示。

实际施工中，有使用大于 2.5mm^2 的绝缘铜线作为扎线的施工方法，比较使用裸铝线作绑扎线，裸铝线扎接效果更好。

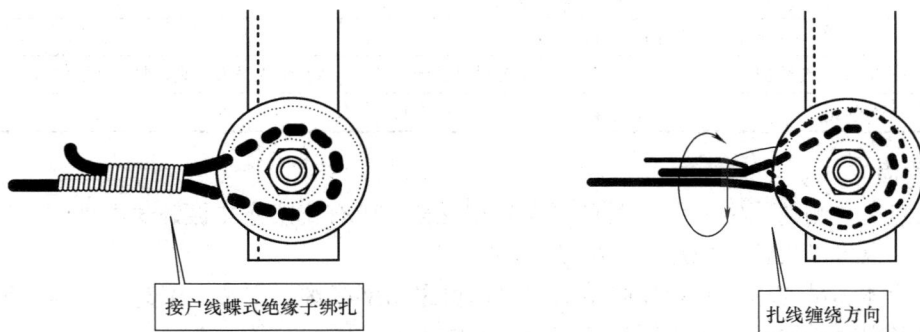

图 ZY2400501002-7　低压蝶式绝缘子绑扎示意图

针式绝缘子的绑扎：针式绝缘子可以采用顶槽或边槽绑扎。对于接户线施工，采用边槽绑扎。其方法与蝶式绝缘子的绑扎相同。

（6）如果主线为架空绝缘线，则要使用电工绝缘带将搭接部分作绝缘处理，绝缘带应交叉重叠不少于 4 层，缠绕长度应超出绑扎部位达导线绝缘层 30～50mm。

6．过渡引流线的处理

过渡引流线（也叫引流线、弓子线）主要指接户线杆上绝缘子固定与搭接头之间的一段导线。除美观、对称外，应尽可能缩短过渡线的长度。为防止雨水顺接户线线芯流下，影响进户线侧电器的绝缘安全，在主线搭接处，将接户线向上翘起造型，作一个约 50～100mm 半圆弧引下（如图 ZY2400501002-8 所示）。

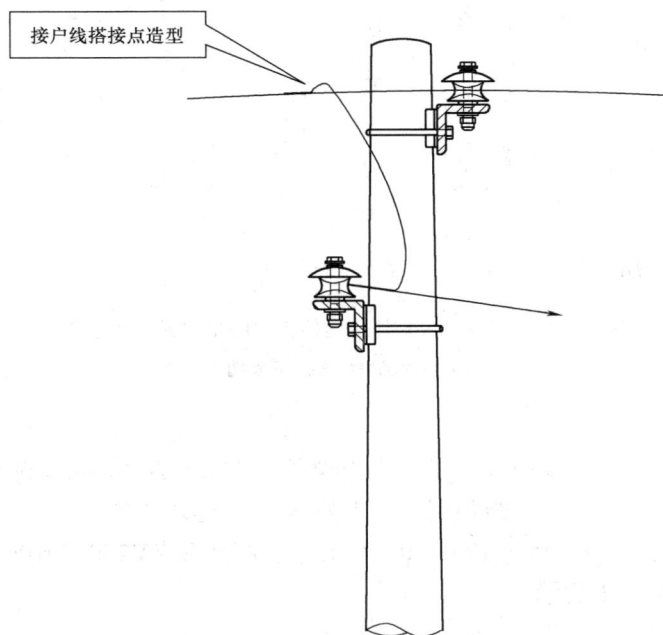

图 ZY2400501002-8　接户线搭接引下线制作示意图

（二）建筑物侧作业

1．危险点分析与控制

建筑物侧安装危险点分析与控制措施见表 ZY2400501002-9。

表 ZY2400501002-9　　　　　　　　　建筑物侧安装危险点分析与控制措施

序号	危 险 点	控 制 措 施
1	登高及安全工器具运用	按照通用登高模块要求操作；使用登高梯应遵照《国家电网公司电力安全工作规程》的相关规定
2	电动工具运用	电动工具的使用遵照 JGJ 46—2005《施工现场临时用电安全技术规范》第 9 章第 9.6 节的规定
3	金具安装	可靠传递，定位并安装
4	安全监护	全程专人监护
5	作业工作面的安全防护	作业范围内的地面部分设置安全围栏；全部作业人员着工装、戴安全帽
6	天气情况	阴冷及雨雪天气，应停止开展作业

2. 支撑物固定

接户线在建筑物侧的固定使用门型支架或 L 型支架，所有支架作热镀锌表面处理。根据建筑物墙体、墙面条件，也可以设计其他形状支撑架。

在建筑物墙体满足使用膨胀螺栓固定支架时，可采用膨胀螺栓安装支架。当墙体不能满足膨胀螺栓胀力时，可采用加长穿墙螺栓内侧加装方型垫铁的方式，固定支架。

还可利用墙体转角固定直横担（如图 ZY2400501002-9 所示）或将直横担的一端预埋进墙体固定横担。预埋端要制作成燕尾状，做防锈处理。埋入深度要根据受力程度，至少要大于 120mm，使用高强度水泥砂浆并经过养护期固化。

支架的安装与杆上金具的安装可同时进行，此项工程完成后，方可进行放线、紧线、调整弧垂、绑扎绝缘子等工作。

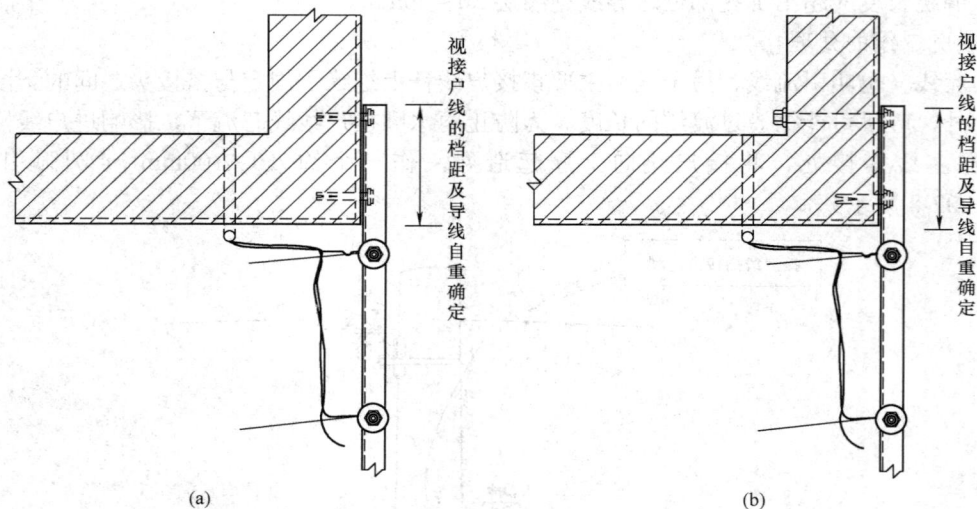

图 ZY2400501002-9　利用墙体转角固定直横担示意图

（a）示意图 1；（b）示意图 2

3. 绝缘子安装

与接户线线路侧一样，主要采用针式或蝶式绝缘子。其固定方法与杆上相同。

进户线在建筑物侧装置的制作安装使用门型支架或 L 型支架安装。

门型支架安装尺寸见表 ZY2400501002-10，安装示意图如图 ZY2400501002-10 所示。L 型支架安装示意图如 ZY2400501002-11 所示。

表 ZY2400501002-10　　　　　　　　门型支架安装尺寸　　　　　　　　　　　　　　　mm

导 线 根 数	两 根	四 根
L	600	800
L_1	400	300
角钢	50 × 50 × 5	

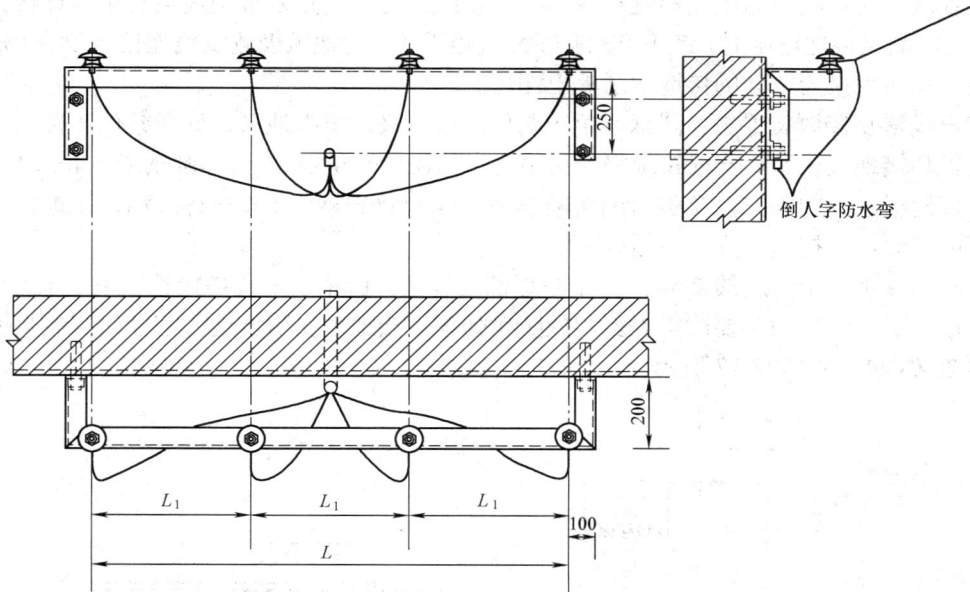

图 ZY2400501002-10　门型支架安装示意图

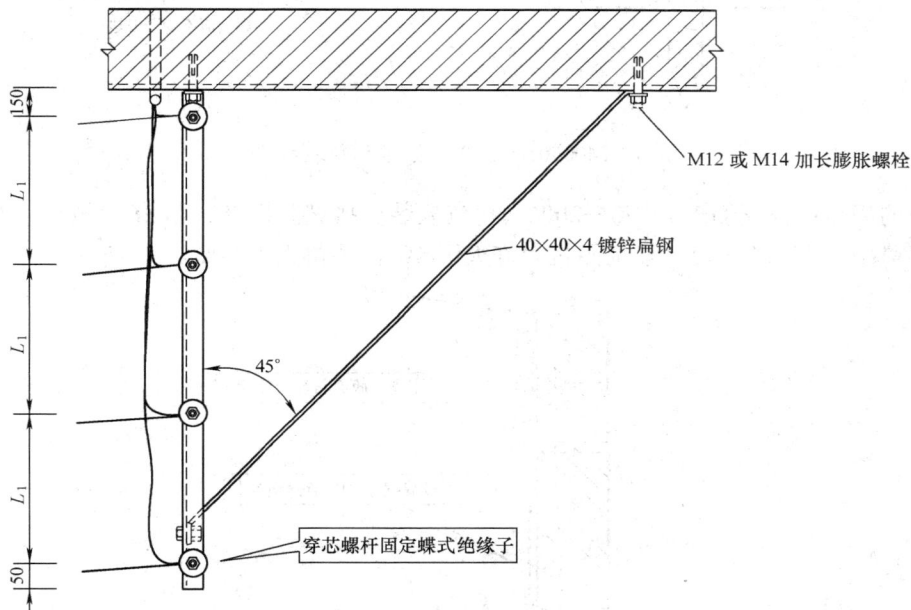

图 ZY2400501002-11　L 型支架示安装示意图

4. 重复接地的安装

在三相四线制进户线安装工程中，常采用在进户点制作重复接地装置的方式来满足用户侧接地保护的要求和防止因接户中性线断路时发生中性点飘移的供电事故。

重复接地安装示意如图 ZY2400501002-13 所示。

（1）根据 DL/T 601—1996《架空绝缘配电线路设计技术规程》规定，在低压 TN 系统中，架空线路干线和分支线的终端，其 PEN 线或 PE 线应做重复接地，接地电阻符合技术要求。架空线路在每个建筑物的进线外均需做重复接地（如无特殊要求，对小型单层建筑，距接地点不超过 50m 可除外），本工种接户线、进户线施工在此规定中。

（2）低压架空进户线重复接地可在建筑物的进线处做引下线。N 线与 PE 线的连接可在重复接地节点处连接。需测试接地电阻时，打开节点处的连接板。架空线路除在建筑物外做重复接地外，还可利用总配电屏、箱的接地装置做 PEN 线或 PE 线的重复接地。

（3）电缆进户时，利用总配电箱进行 N 线与 PE 线的连接，重复接地线再与箱体连接。中间可不设断接卡，当需测试接地电阻时，卸下 PE 线与 N 线连端子，把地阻表测试线连接到仪表 "E" 端钮上，另一端连到与箱体焊接为一体的接地端子板上测试。

（4）接户线重复接地装置选择圆钢或角钢制作的接地极，根据地形、地质条件和接地电阻值决定接地极的位置和接地极根数。一般接地极的规格为：$\geqslant \phi 20 \times 2000mm$ 镀锌圆钢或 $\angle 40 \times 40 \times 4 \times 2500$ 镀锌角钢。接地极之间的连接以及引出地面采用 40×4 镀锌扁钢或 $\phi 16$ 镀锌圆钢，接地极与接地线的连接须电焊或气焊，焊接面不少于三边。

扁钢搭接长度不小于宽度的 2 倍，三个棱边都要焊接。圆钢引下线搭接长度不小于圆钢直径的 6 倍，两面焊接。所有焊接面都要清除焊药，做防腐处理。接地体及引出地面部分，应做热镀锌处理。焊接制作如图 ZY2400501002-12 所示。

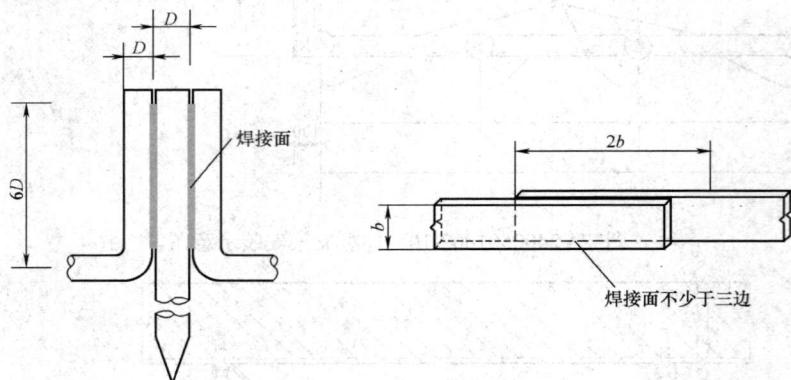

图 ZY2400501002-12　接地极焊接示意图

接地电阻的规定：根据 GB 50150—2006《电气安装交接试验标准》第 26 章规定，1kV 以下电力设备，当总容量小于 100kVA 时，接地阻抗允许大于 4Ω 但不得大于 10Ω。

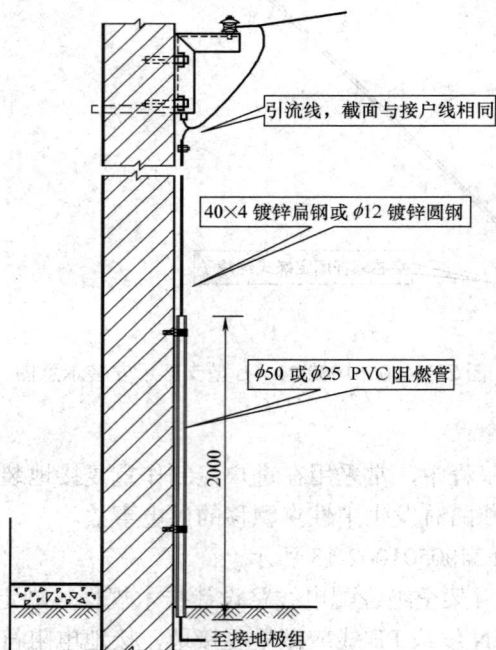

图 ZY2400501002-13　重复接地安装示意图

（三）进户线安装

1. 危险点分析与控制

进户线安装部分见表 ZY2400501002-11。

表 ZY2400501002-11　　　　　　　　　　　　**进 户 线 安 装 部 分**

序号	危 险 点	控 制 措 施
1	登高及安全工器具运用	按照通用登高模块要求操作；使用登高梯应遵照《国家电网公司电力安全工作规程》的相关规定
2	电动工具运用	电动工具的使用遵照 JGJ 46—2005《施工现场临时用电安全技术规范》第 9 章第 9.6 节的规定
3	电能表箱柜安装牢固性	表箱悬挂螺栓或表柜地脚螺栓应牢固可靠
4	作业工作面的安全防护	作业人员着工装、戴安全帽和棉质手套

接户线引至建筑物侧的第一个支撑物即为接户线与进户线的分界。有以下进户方式：

（1）直接进户。

（2）经低压隔离开关进户。

（3）经进户熔断器进户。

（4）熔断器、隔离开关转接后以电缆的方式进户。经隔离开关或熔断器进户，方便进户线之后的维护检修。

三相四线制进户线的中性线不得经过开关或熔断器。

2. 隔离开关、熔断器的安装

（1）建筑物侧安装。对于单相小负荷接户线，可选用隔离开关。三相接户线根据用电容量可选取三相低压隔离开关或熔断器。

单相负荷开关容量应大于负荷电流的 2 倍，三相负荷开关容量应大于负荷电流的 3 倍。隔离开关内的熔断丝安装位置应直接用铜丝替代。

（2）隔离开关、熔断器可安装在金属箱内或金属安装版上。金属部位应接地。

（3）户外安装方式必须具备防雨、防锈蚀措施。

3. 户内线路安装

（1）进户线可以通过阻燃 PVC 管、槽或金属管进入户内，当采用金属管时，管壁必须可靠接地，管口安装护口圈。

（2）户内安装进户线可采用 PVC 圆管或方型线槽、金属电线管，要求导线的截面积不大于管、槽内径的 40%。两根绝缘导线同穿一根导管时，导管内径不应小于两根导线外径之和的 1.35 倍。

（3）金属电线管配线，所选线管应有防锈蚀处理。线管的连接应采用螺纹接头，穿入电线后不得对线管施以电焊，管体必须可靠接地。

（4）电线管、槽的固定应牢靠、美观。

（5）导线的走向应避开热力管道。

4. 户内配电装置

户内配电装置是指配电箱、柜或电能计量装置安装箱、柜。

（1）进户线管应进入箱、柜后引出导线，箱、柜内电能计量装置的前端应安装熔断器或隔离开关，后端应安装负荷开关。

（2）熔断器、隔离开关、负荷开关的规格型号应满足安全用电的技术要求。

（3）配电箱内应设置中性线母排，中性线应接入中性线母排后进行转接。禁止将中性线经电能表转接。

（4）户内配电箱、柜体应妥善接地。

【思考与练习】

1. 对接户线和进户线的定义是什么？

2. 对架空接户线的最小截面有什么要求？

3. 过渡线的处理主要解决什么问题？

4. 进户线的重复接地有什么意义？

模块 3 制订接户线、进户线方案及工程器材（ZY2400501003）

【模块描述】本模块包含架空接户线、进户线的施工方案查勘、设计，依据方案制作工程器材计划表。通过案例分析介绍，掌握低压架空接户线安装工程查勘定点、方案制订、质量控制、施工验收的方法。

【正文】

一、制订接户线、进户线施工方案

按照营销业务流程，装表接电部门在接到用电业务流程传递的用电方案通知书后，组织接户线、进户线方案制订。

1. 查勘部分

现场根据工程施工环境、架设方式，确认工程方案。

2. 制订施工方案

依据现场查勘结果完成施工方案的编制。

由用电方案通知书确定的用电地址、用电性质、用电容量，设计施工方案。方案主要兼顾客户负荷位置，电源位置，电能计量装置方式及位置，便于施工维护，接户线、进户线走向及环境空间。

3. 编制工程器材计划表

施工方案确定后，即可编制工程器材材料计划表。送审后，由物质供应部门完成器材配置。材料表需要列出本项工程所需要的全部器材型号规格、单位数量明细，对不可预计器材、耗材，可另注明。

二、制订施工质量管理方案

施工质量管理方案，主要体现在施工质量和工程管理方面。对于一个方案确定的安装工程，全过程质量管理是施工组织者施工前必须明确的一个环节。对于装表接电工而言，承接一个接户线、进户线工程，主要质量管理体现在以下环节：

1. 前期准备

工程过程所涉及的全部器材的型号、规格、质量、数量与计划表相一致。

2. 施工组织

根据工班成员的技能水平安排不同人员担任不同的工作。

3. 施工过程质量控制

（1）金具安装牢固，满足技术要求。

（2）导线搭接符合搭接方案，扎线工艺合格，并沟线夹安装正确，压接可靠。

（3）架空线路对地距离满足技术要求，导线弧垂满足技术要求。

（4）熔断器箱、室内配电箱安装箱、柜安装牢固可靠，符合技术要求。

（5）重复接地装置安装、测试接地装置安装满足技术要求，引出部分防护可靠牢固，测试数据合格。

（6）接户线建筑侧金具安装金具制作符合现场要求，安装牢固可靠，不影响建筑整体形象。

（7）接户线敷设，防止雨水顺导线流入措施。防水弯制作合格，必要时，在导线进入建筑物前的最低处用电工刀，将导线绝缘面向地面侧横向切开 2~3 道口，以利于雨水排除。

（8）进户熔断器两侧铜铝过渡接线鼻压接，采用油压钳可靠压接（六角模具压接，不少于两模），利用电工绝缘胶带将接线鼻除螺栓连接部分做绝缘处理。

（9）中性线与重复接地引线连接可靠。接地线引出地面部分的防护处理。

（10）进户线敷设，户内 PVC 管布线，线管安装线路合理，美观可靠。

（11）配电箱内器件安装，接、配线，器件布置合理，安装牢固，配线美观。

（12）组织工程质量验收。

三、制订施工方案案例

某客户，提出用电申请，经用电业务部门受理并现场查勘，批准方案见表 ZY2400501003-1。

表 ZY2400501003-1　　　　　　　　　**用 电 申 请 批 准 方 案**

户　　号	户　　名	用 电 地 址
051111111	×　×　×	×　×区×　×路×　×号
用 电 容 量	供 电 电 压	负 荷 等 级
12kW	380V	Ⅲ级

贵单位的用电申请已收悉。经研究确定，供电方案为：

1. 供电电源从 10kV×　×路×　×路公用变压器 A7 号杆搭接。
2. 你户新装 3×10（40）A 三相四线复费率电能表一只；用电性质：商业。
3. 应急自备发电机作为用电负荷的应急电源，并到×　×供电局营业厅完善审批手续。

　　经装表接电部现场查勘（如图 ZY2400501003-1 所示），接户位于×　×路公用变压器 A7 号杆，A7 号电杆为变径 12m 杆，接户横担安装位置距地面 8m，距客户接户位置直线距离 25m 采用架空直接接户，户外经熔断器进户。户内 PVC 电线管配线。客户室内安装壁挂式配电箱一台，配置表前熔断器一组，表后塑壳空气断路器一台。进户前做重复接地。

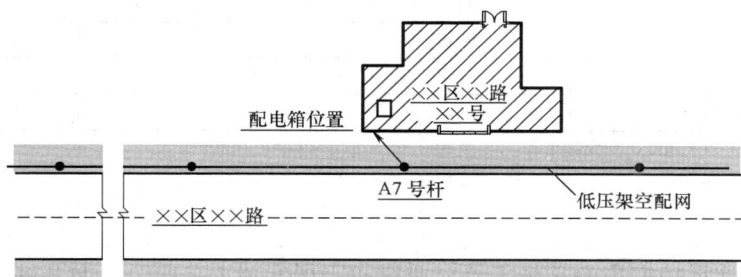

图 ZY2400501003-1　接户工程现场平面图

1. 材料计划表封面

材料计划表封面需列出以下主要信息：

（1）工程名称、编号；

（2）计划编制人、编制时间；

（3）计划审核人、审核时间；

（4）计划审批人、审批时间。

2. 材料计划表样表

材料计划表样表见表 ZY2400501003-2。

表 ZY2400501003-2　　　　　　　　　**材 料 计 划 表 样 表**

填报单位：×　×局装表接电部　　　　　　　　制表时间：×　×　×　×年×　×月×　×日

序号	材料名称	型号规格	单位	数量	备　　注
		工程名称：×　×　×低压户表接户、进户工程			
1	三相壁挂式配电箱	500×600×180	个	1	户内喷塑，带零排
2	熔断器	RT16-00	套	3	100A
3	熔断器式隔离开关	HR17Y-160	个	3	（80A）表箱内配置
4	塑壳空气断路器	DZ20Y-63A	台	1	
5	四线横担	L50×5×1800	片	1	开档：×　×m
6	U型栓	φ220	套	1	开档：×　×m
7	四线一字铁横担	L50×5×1200	片	1	安装在侧墙头
8	蝶式绝缘子	ED-2	个	8	
9	绝缘子丝杆	M16×120	套	8	
10	户外保险箱	350×300×200	个	1	不锈钢带防雨遮沿（下端进出线）
11	镀锌圆钢接地极	φ20×2500	根	2	视接地电阻值增减

续表

序号	材料名称	型号规格	单位	数量	备　注
		工程名称：×××低压户表接户、进户工程			
12	镀锌扁钢	40×4	m	5	视接地极位置确定
13	绝缘铝芯线	BLV-25mm²	m	200	
14	铜铝过渡线鼻	25mm²	个	12	
15	绝缘铜芯线	BV-16mm²	m	10	电能表进出配线
16	PVC 电线管	φ50	根	1	进户线使用
17	PVC90°弯头	φ50	个	4	进户线使用
18	镀锌铁管卡	φ50	个	10	进户线使用
19	铁膨胀螺栓	M12×150	根	5	
20	铁膨胀螺栓	M8×10	根	4	户外保险箱固定
21	穿芯螺栓	M12×300	根	1	一字铁横担固定
22	塑料膨胀	M8	包	1	
23	木螺丝	M3×40	盒	1	
24	镀锌螺丝	M10×35	套	1	重复接地线连接
25	电工绝缘粘胶带		圈	5	
26	其他耗材				

注　1. 其他耗材主要包含搭接扎线、尼龙扎带等。
　　2. 电能表不在材料计划表内。

四、质量控制

接户、进户工程质量控制主要从施工器材质量和工程安装工艺两个方面开展。

（1）所采用的器材应满足国标技术要求。工程施工所应用的器材主要分为主材和耗材两个部分。主材指金具、绝缘子、螺栓、螺丝、并沟线夹、接线鼻、熔断器、隔离开关、配电箱柜等。施工前，应对领用的全部器材进行检查验收，不应使用来路不明，没有规范标志的器材。耗材指扎线、电工绝缘胶带等。

（2）安装工艺主要指器具安装是否满足技术规范，诸如横担的安装位置、导线架设规程及绑扎的规范和导线弧垂的一致性、对地距离等技术指标，所有器件安装的牢固性等施工环节。应对照标准化作业指导书中所列施工工艺逐项检查。

五、施工验收

工程安装完工后，验收检查可分为两种形式，一种是监督施工人员确认施工质量的完好性，另一种是验收人员亲自检查安装质量。验收人员应熟悉技术规程规范的具体要求，所有验收项目都要逐一检查确认，并签字认可备案。

【思考与练习】

1. 依据何种资料开展现场查勘工作？

2. 对工程材料表的编制有何要求？

模块 4　接户线、进户线工程施工组织及监护 (ZY2400501004)

【模块描述】本模块包含接户线、进户线工程施工组织和监护。通过方案介绍、案例分析，掌握进户线、接户线的施工组织及安全监护方法。

【正文】

接户线、进户线安装作为一个工程，需进行周密的组织，按照工程施工管理的流程，组织工作主要包含工程前期准备、施工器材配置、人员配置、车辆调度、安全器具配置及正确使用以及施工过程全程监护。

一、施工组织

（1）施工分为户外杆上作业部分，户外建筑物部分。导线施放、金具配置安装、地面辅助配合部分，建筑内接户线施工部分。

（2）按照新架设的施工模式，接户、进户线路工程需要制订现场标准化作业指导书。制订的现场标准化作业指导书应满足国家电网公司《现场标准化作业指导书编制导则》提出的编制原则。

（3）如果需要带电搭接，需要办理电力线路带电作业工作票，（见《国家电网公司电力安全工作规程（电力线路部分）》附录E）。

（4）按照接户线形式，单相接户线工程以3~4人、三相四线接户线工程以4~5人组成施工队。

（5）接户线与进户线应分别组织施工。根据工作班成员数量，可先组织完成接户线两侧的金具、绝缘子安装、重复接地装置安装、导线架设、建筑物侧导线连接处理。再组织进户线安装，计量（配电）箱、柜安装，进户导线敷设，进户线与电能计量装置（熔断器、隔离开关）连接、出表线与出表开关的连接，最后，实施户外杆上接电（视人员配置，现场条件确定施工顺序）。

（6）施工组织及安全措施的制订，主要根据工程方案及现场查勘的情况确定。现场作业指导书和工作票所涉及的安全措施必须得到审核批准并切实可行。

二、施工监护

施工监护是安全管理的重要环节，没有监护的施工方式在电力施工中被绝对禁止。

（1）监护由有一定工作经验、熟悉安全规程、熟悉工作班员的工作能力、熟悉工作范围的设备情况具有安全管理部门批准的人员担任。

（2）监护人必须熟悉施工方案和工作环境，保证安全正确地组织工作，负责检查工作票及标准化作业指导书所列安全措施是否正确完备，必要时，可根据现场情况予以补充。

（3）工作前对工作班成员进行危险点告知、交代安全措施和技术措施，并确认每一个工作班成员都已知晓。

（4）督促、监护工作班成员遵守安全规程，正确使用劳动防护用品和执行现场安全措施。

三、案例

编制标准化作业指导书的目的是将本项施工作业任务具体化，围绕作业项目的人身安全、设备安全、施工工艺、质量控制等方面的需要，以安全生产规程、反事故措施、施工工艺要求、施工验收规范等规定为依据，通过危险点分析，围绕作业过程的组织、技术、安全管理，制订相应的安全及质量控制措施，并在作业的全过程中加以执行。

各网省公司根据地方区域特点，编制专项标准化作业指导书［参见"国家电网公司现场标准化作业指导书编制导则"（试行）］。作业指导书一般由封面、引用文件、施工前准备、施工流程图（必要时做）、作业程序和工艺标准、验收记录、作业指导书评估和附录等11项内容组成。内容及参考格式如下：

（一）封面内容

由作业名称、编号、编制人及时间、审核人及时间、比准人及时间、施工负责人、施工工期、编制单位等8项内容组成。作业指导书的编号应具有唯一性和可追溯性。可采用施工单位的统一标准进行编号。位置在封面的右上角。封面见表ZY2400501004-1。

表 ZY2400501004-1　　　　　　作 业 指 导 书 封 面

编号：Q/×××× ×××（客户名称） **低压接户线、进户线施工作业指导书** 编　　写：×××　　××××年××月××日 审　　核：×××　　××××年××月××日 批　　准：×××　　××××年××月××日 施工负责人：×××　　××××年××月××日 施 工 日 期：××××年××月××日××时至××××年××月××日××时 **×××供电公司**

（二）作业指导书的运用范围

应对指导书的应用范围做出规定。如本作业指导书是为×××客户低压接户线、进户线安装工程编制，仅适用于该工程指导施工使用。

（三）明确编制作业指导书所依据和引用的规程、规范、标准以及相关的技术文件

（四）现场查勘报告

为实现施工过程的可控，应根据作业内容，安排对施工现场的查勘工作。一般情况下，查勘内容可用报告的形式表现，见表 ZY2400501004-2。

表 ZY2400501004-2 现 场 查 勘 报 告

现场查勘时间	××××年××月××日	查勘负责人	×××
参加查勘人员：×××、×××、×××、×××			
现场查勘范围及主要内容： 查勘范围：××街 38 号商铺及××公用变压器低压侧 A2 号杆 （描述作业现场的地理环境及作业范围的基本情况）			

也可以将施工现场情况绘制平面图，作为查勘报告的附件，如图 ZY2400501004-1 所示。

（五）施工前的准备工作

1. 应安排的准备工作

（1）包括明确作业项目，确定作业人员并组织学习作业指导书。

（2）确定准备施工所配置的全部器材及到位时间。

（3）核定办理工作票的时间和保证安全的要求。

（4）施工现场定值摆放的要求。

（5）为便于逐项核对，应编制开工前项目检查表，见表 ZY2400501004-3。

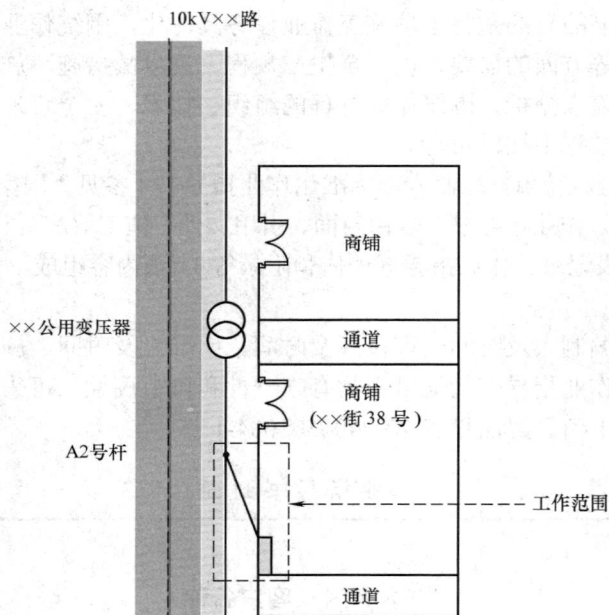

图 ZY2400501004-1 作业现场平面图

表 ZY2400501004-3 开 工 前 准 备 项 目 表

序　号	内　　容	标　准	责任人	确　认	备　注
1	作业指导书学习	全体参加	×××	√	
2	作业配置器材检查	逐项检查	×××	√	
3	施工工作票的办理	审核签发	×××	√	
n	…	…	…	…	

2. 作业人员要求应包含的内容

（1）对参加施工人员的精神状态提出要求。

（2）对参加施工人员的资质提出要求（作业技能、安全资质、特殊工种资质）。

（3）编制要求确认表，见表 ZY2400501004-4。

表 ZY2400501004-4　　　　工班成员资质确认表

序　号	内　　　容	责任人	确认	备注
1	工班成员技能水平	×××	√	
2	工班成员安全知识考核	×××	√	
3	工班成员线路作业资质	×××	√	
n	…		…	…

3. 施工器具部分

（1）专用器具。

（2）梯子、吊绳、吊袋。

（3）编制需求列表，见表 ZY2400501004-5。

表 ZY2400501004-5　　　　施 工 器 具 需 求 表

序　号	名　　　称	规　格	单位	数量	确认	备注
1	个人工器具（登高安全器具）		套	2	√	
2	梯子	4/2.5m	把	2	√	
3	安全围栏		副	2	√	
n	…	…	…	…	…	…

4. 施工器材部分

（1）工程施工所需要材料、耗材。

（2）编制工程材料表，见表 ZY2400501004-6。

表 ZY2400501004-6　　　　工 程 材 料 表

序　号	名　　　称	规　格	单位	数量	确认	备注
1	铝芯绝缘线	BLV-25	m	200	√	
2	并沟线夹	JB-1	个	8	√	
3	熔断器	RT0-100A	个	3	√	
n	…	…	…	…	…	…

5. 施工现场定置图及安全围栏图

根据现场平面布置，为地面器材放置、地面组装场地规划位置，同时，将安全围栏的布置，人员进出位置，安全警示标志设置绘制在现场平面布置图中，便于工班成员按照预案开展施工场地布置和管理，如图 ZY2400501004-2 所示。

6. 危险点分析的主要内容

（1）作业现场特点。

（2）工作环境情况。

（3）施工器具操作可能对人员的伤害。

（4）违反作业顺序安排，可能带来的危害和施工工艺的缺陷。

（5）作业人员身体状态，思想波动，自我约束能力，技能水平等可能带来的危害。

（6）其他可能给作业人员带来的危害或造成器材异常。

（7）将上述各项梳理列表，现场逐项排查，见表 ZY2400501004-7。

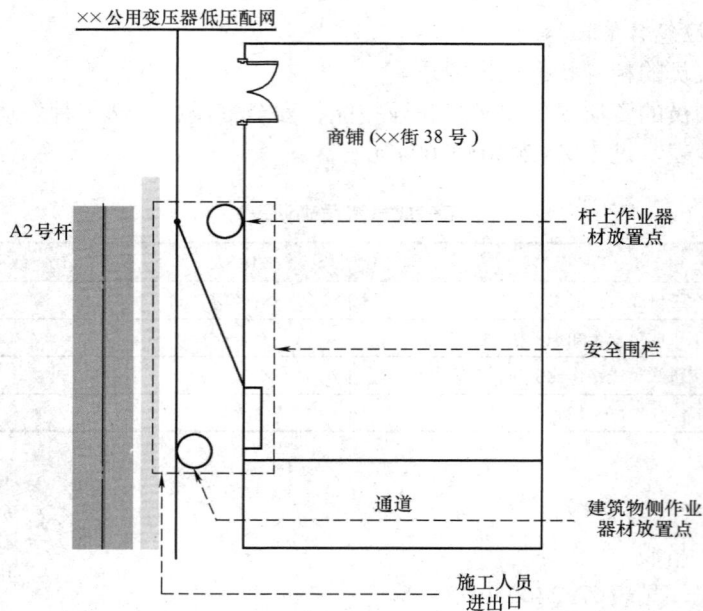

图 ZY2400501004-2　施工现场定置图

表 ZY2400501004-7　　　　　　　　施工现场危险点分析表

序号	危 险 点	控 制 措 施	确 认	备 注
1	安全围栏设置不牢固，标识不清楚	采用钢管桩固定围栏，另外设置警示筒、标识牌	√	
2	地面监护不到位	杆上作业和建筑物侧作业分别指定专人监护	√	
3	登高安全器具存在隐患	登高前，有使用者和监护人共同检查登高安全器具	√	
n	…	…	…	

7. 安全技术措施的主要内容

（1）各类工器具的使用措施，如梯子、安全带、脚扣（登高踩板）、安全腰绳，电动工具，临时电源等。

（2）工作票规定的安全措施。

（3）作业时对着装的规定。

（4）将上述各项梳理列表，现场逐项排查。安全技术措施对应检查表见表 ZY2400501004-8。

表 ZY2400501004-8　　　　　　　　安全技术措施对应检查表

序号	名　　　称	确 认	备　　　注
1	工作负责人负责部分：…	√	
2	技术负责人负责部分：…	√	
3	现场安全监督、监护负责部分：…	√	
n	工作班成员负责部分：…	…	

（六）施工人员分工

（1）根据工程流程，明确作业人员所承担的具体作业任务。

（2）将作业项目列表，作为开工前布置任务和作业中的责任明确。施工人员分工配置表见表 ZY2400501004-9。

表 ZY2400501004-9　　　　　　　　施工人员分工配置表

序号	作 业 项 目	作业负责人	作业人员
1	杆上作业部分	×××	×××
2	建筑物侧作业部分	×××	××× ×××
3	安全监护部分	×××	××× ×××
n	…		…

（七）施工流程图

按照施工内容可将接户线安装和进户线安装分开做流程，如图 ZY2400501004-3 所示。

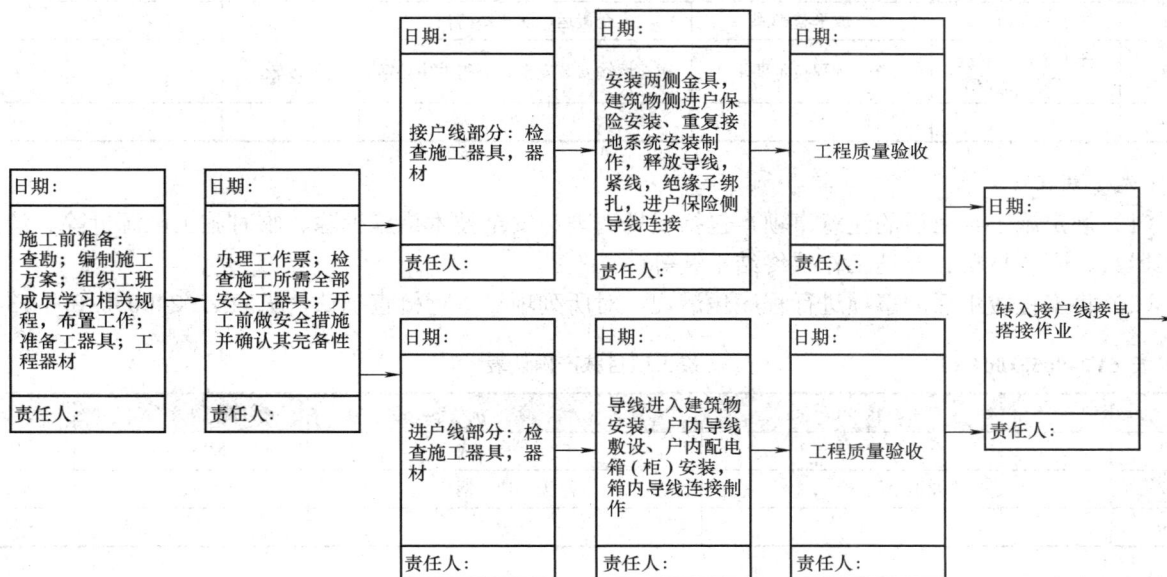

图 ZY2400501004-3　施工流程表

（八）作业程序及工艺标准

1. 对开工的要求

（1）规定办理开工许可手续前应检查落实的内容。

（2）规定施工前开工前的内容。

（3）确定参加施工人员的现场人员。

（4）将施工项目及内容列表，作为开工前到位人员责任交底，见表 ZY2400501004-10。

表 ZY2400501004-10　　　　　作业程序及工艺标准表

序号	作 业 内 容	到位人员签字	确 认
1	低压配电箱安装	××× ×××	√
2	杆上金具、导线安装、架设	×××	√
3	进户金具安装、导线架设	××× ×××	√
n	…	…	…

2. 临时施工电源

（1）规定临时施工电源接取位置。

（2）规定接取临时电源的注意事项。

（3）将施工所需临时电源接取以及接取时的安全事项列表进行责任确认，见表 ZY2400501004-11。

表 ZY2400501004-11　　　　　临时电源使用安全控制表

序号	内 容	标 准	责任人签字	确 认
1	使用单相发电机输出临时施工电源	发电机完好，输出漏电保护开关正常	×××	√
2	电转、电锤	完好	×××	√
n	…	…	…	…

3. 施工内容及工艺标准

（1）按照施工流程，对每一项作业内容，明确工艺标准，安全注意事项，记录施工人员和责任人。

（2）将施工步骤工艺标准进行明确，对完成后的质量标准进行检查确认，见表 ZY2400501004-12。

表 ZY2400501004-12 施 工 步 骤 表

序号	安装内容	工艺标准	安全措施及注意事项	检查结果	责任人签字	确认
1	低压配电箱安装	安放平整稳固	安全搬运，防止坠落伤人	安全	×××	√
2	杆上金具、导线安装、架设	符合规程技术要求	横担运输安装安全、不得发生坠落	规范安全	×××	√
n	…	…	…	…	…	…

（九）竣工

（1）规定施工结束后的注意事项，包括现场清理、安全技术措施拆除、临时施工电源拆除、清点施工器具、回收材料、办理工作票终结手续等。

（2）将工程竣工后的事项进行程序化清理，对所列项目进行检查确认，见表 ZY2400501004-13。

表 ZY2400501004-13 竣工项目减产确认表

序号	内　容	检查结果	责任人签字	确认
1	全部作业	完　成	×××	√
2	作业地段检查	无　遗漏	×××	√
n	…	…	…	…

（十）验收

（1）对整个工程质量进行评估。

（2）对存在的问题确定处理意见。

（3）各工序负责人验收意见并签字确认。

（4）主管部门验收意见并签字确认。

（5）可用列表形式进行，见表 ZY2400501004-14。

表 ZY2400501004-14 验收项目检查确认表

自验记录	存在问题及处理意见	发生行人无意识闯安全围栏。在人行道上施工，应设置专人对安全围栏的监护，防止行人，无意识闯围栏发生
验收单位意见记录	施工工班验收意见及签字	安全完成项目施工任务。施工质量满足技术要求。 　　　　　　　　　　　　　　　　工作负责人签字：×××
	主管部门验收意见及签字	经现场核查，本次施工质量合格 　　　　　　　　　　　　　　　　公司质检负责人签字：×××

注 应根据需要确定参加验收的单位和人员。

（十一）作业指导书执行情况评估

（1）对依据工程项目编制的作业指导书的符合性、操作性进行评价。

（2）对其中发生的不可操作性、过程中发生的修改项、遗漏项以及存在的问题做出整理统计。

（3）提出改进意见。

（4）可用列表形式进行，见表 ZY2400501004-15。

表 ZY2400501004-15 作业指导书执行情况评估表

评估内容	符合性	优	√	可操作项	
		良		不可操作项	无
	可操作性	优		修改项	—
		良	√	遗漏项	无
存在问题	安全围栏管理				
改进意见	增设围栏监护人				

【思考与练习】

1．标准化作业指导书的编制导则依据是什么？

2．标准化作业指导书的结构是什么？

3．施工监护人的责任是什么？

4．为什么要求对施工步骤进行责任人确认？

模块 5　根据负荷合理选择导线及相关材料（ZY2400501005）

【模块描述】本模块包含接户线、进户线配置导线的选择以及架设导线配套材料的选择。通过要点介绍、案例讲解，掌握选择方法。

【正文】

低压接户线与进户线安装所选择的导线主要有两种形式，架空单芯电缆和三相四线电力电缆，以下侧重介绍架空单芯电缆类导线的选择以及架设导线的配套材料。

一、低压电缆接户线、进户线的选择

1．导线选型

（1）低压接户线应采用绝缘导线，导线截面根据负荷计算电流和机械强度确定，同时要考虑今后负荷发展的可能性。当负荷电流小于 30A 且无三相用电设备时，宜采用单相接户方式；大于 30A 时，宜采用三相四线接户方式。

（2）低压接户线一般采用 JKYJ、JKLYJ 或 BV、BLV 等型号聚乙烯、交联聚乙烯或聚氯乙烯绝缘电缆、电线，实际运用中以铝芯线居多。由于架空主线均采用铝质导线，使用铜线接户，必须进行铜铝转换（例如：铜铝转换并沟线夹），使用铝导线接户，线路侧可采用并沟线夹或直接绑扎连接，负荷侧一般与隔离开关或熔断器相连接，需使用铜铝过渡接线鼻转接，严禁铜铝直接搭、压接。

（3）进户线部分采用铜芯绝缘线居多。如果采用铝导线进户，则必须使用铜铝过渡接线鼻。不得直接将铝质导线制作羊眼圈供隔离开关螺丝压接，也不允许将铝质导线直接进入电能表。

（4）接户线导线直径要求：DL/T 601—1996《架空绝缘配电线路设计技术规范》规定为：铜绞线，不小于 10mm^2；铝绞线，不小于 16mm^2。在其他的规程、规范中也有各放大一个规格的规定。

（5）常用的低压电力电缆有 YJV、YJLV，YJV22、YJLV22 等型号聚氯乙烯、交联聚乙烯绝缘电缆。

聚氯乙烯绝缘电缆具有电气性能较高，化学性能稳定，机械加工性能好，不延燃，价格便宜的特点。对运行温度要求不高于 65℃。此类绝缘一般只用在 6kV 及以下的电力电缆绝缘层或作为电缆的外护层。

交联聚乙烯绝缘电力电缆适用于固定敷设在交流 50Hz，额定电压 35kV 及以下的电力输配电线路上作输送电能用。与聚氯乙烯电力电缆相比，具有优异的电气性能、机械性能、耐热老化性能、耐环境应力和耐化学腐蚀性能的能力，而且结构简单、重量轻、不受敷设落差限制、长期工作温度高（90℃）等特点。

随着生产技术和工艺的不断提高，交联聚乙烯电缆的应用最为广泛。电缆选型时，有带钢铠和不带钢铠两种，应根据使用的不同环境和条件，结合具体情况进行选择。

2．导线规格的选择

（1）接户线导线的选择，主要兼顾"电压损失，额定载流量，机械强度，允许最小截面"四个方面。

（2）鉴于接户线、进户线用途的确定性，不需要进行较复杂的计算。一般情况下，为保证供用电系统安全、可靠、经济、合理的运行，进户线、接户线截面的选择可根据经济电流密度来确定。

确定导线传输的最大负荷电流 I_{max}，其值为：

$$I_{max} = \frac{P_{max}}{\sqrt{3}U_N \cos\varphi}$$

（ZY2400501005-1）

式中　P_{max}——最大传输有功功率，W；

　　　U_N——线路额定电压，V；

　　　$\cos\varphi$——负荷功率因数。

确定负荷的最大负荷利用小时数 T_{max}，它是由用电负荷的性质确定的。确定经济电流密度 j，可由表 ZY2400501005-1 查得。

表 ZY2400501005-1　　　　　　确定导线的经济电流密度 j（A/mm^2）

导线材质	年最大负荷利用小时（h）		
	<3000	3000～5000	>5000
铜	3.00	2.25	1.75
铝	1.65	1.15	0.90

计算导线截面 S（mm^2），计算公式为：

$$S = \frac{I_{max}}{j}$$

（ZY2400501005-2）

根据计算所得的导线截面，选择最接近的标称截面。当计算所得截面介于两个标称截面之间时，一般应选取较大的标称截面。

导线截面选定后，应用最大允许载流量来校核。如果负荷电流超过了允许载流量，则应增大截面。必要时，还应进行机械强度试验，在任何恶劣的环境条件下，应保证线路在电气安装和正常运行过程中导线不被拉断。

例1　一商业用电负荷，10kW，供电直径30m，采用三相四线方式供电，按照导线选配原则，确定导线型号、规格。

解：确定负荷电流 I，功率因数按 0.8 计算，

$$I = \frac{P}{\sqrt{3}U_N \cos\varphi} = \frac{10000}{\sqrt{3}\times380\times0.8} = 18.99 \text{（A）}$$

确定导线的经济电流密度 j（A/mm^2），按照商业用电性质，负荷的最大负荷利用小时数 $T_{max} \approx 3000～5000$，按照铝质导线选择，则 $j = 1.15$

导线截面 S 为：$S = \frac{I_{max}}{j} = \frac{18.99}{1.15} = 16.5$（mm^2），考虑负荷的变化因数，选择聚氯乙烯绝缘铝导线 BLV-25 型，满足长期连续负荷允许载流量和架空导线的最小截面。

（3）当接户线线路过长时，还应按电压损失校验导线截面，保证线路的电压损失不超过允许值（10kV 及以下三相供电的用户受电端供电电压允许偏差为额定电压的 ±7%；对于 380V 则为 407～354V；220V 单相供电，为额定电压的 +5%，−10%，即 231～198V）。

（4）接户线用聚氯乙烯绝缘电线长期连续负荷允许载流量见表 ZY2400501005-2～表 ZY2400501005-4。

表 ZY2400501005-2　　　　低压单根架空绝缘电线在空气温度为 30℃ 时的长期允许载流量

导线标称截面（mm^2）	铜		铝		铝 合 金	
	PVC（A）	PE（A）	PVC（A）	PE（A）	PVC（A）	PE（A）
16	102	104	79	81	73	75
25	138	142	107	111	99	102
35	170	175	132	136	122	125
50	209	216	162	168	149	154

（5）电缆截面积的选择，需要兼顾工程投资、线路的损耗和电压质量、电缆的使用寿命等因数。选择合适的截面积，使电力电缆满足最大工作电流下的缆芯温度要求和压降要求，最大短路电流作用下的热稳定要求。必要时，还应考虑负荷增长的剩余系数。接户电缆的规格系列及载流量参见表 ZY2400501005-5、表 ZY2400501005-6。

选择电缆截面积时，还要满足 DL/T 599—2005《城市中低压配电网改造技术导则》和 Q/GDW 156—2006《城市电力网规划导则》要求。

二、导线连接用器材的选择

当导线型号、规格确定后，导线与低压配电网和接户装置、接户装置的连接所配置的器材也就可以确定。

接户线与电网侧，采用绑扎连接时需要根据导线的材质决定绑扎线材质，不得使用与不同材质扎线绑扎导线。扎线直径不宜过细，通常采用 LGJ 或 LJ35mm² 架空裸导线，松为单股后，用于绑扎导线。

采用并沟线夹时也需要根据两侧导线质量选择并沟线夹材质。常用的 JB 系列铝并沟线夹适用于架空电力线路铝导线的非承力接线。实际运用时，可采用单线夹或双线夹的方式。

表 ZY2400501005-3　　　　500V 铝芯聚氯乙烯绝缘导线长期连续负荷允许载流量

导线截面（mm²）	线芯结构			导线明敷设		聚氯乙烯绝缘导线多根同穿在一根管内时允许负荷电流（A）											
	股数	单芯直径（mm）	成品外径（mm）	25℃	30℃	25℃						30℃					
				塑料		穿金属管			穿塑料管			穿金属管			穿塑料管		
						2根	3根	4根	2根	3根	4根	2根	3根	4根	2根	3根	4根
10	7	1.33	7.8	59	55	49	44	38	42	38	33	46	41	36	39	36	31
16	7	1.68	8.8	80	75	63	56	50	55	49	44	59	52	47	51	46	41
25	7	2.11	10.6	105	98	80	70	65	73	65	57	75	66	61	68	61	53
35	7	2.49	11.8	130	121	100	90	80	90	80	70	94	84	75	84	75	65
50	19	1.81	13.8	165	154	125	110	100	114	102	90	117	103	94	106	95	84

表 ZY2400501005-4　　　　500V 铜芯聚氯乙烯绝缘导线长期连续负荷允许载流量

导线截面（mm²）	线芯结构			导线明敷设		聚氯乙烯绝缘导线多根同穿在一根管内时允许负荷电流（A）											
	股数	单芯直径（mm）	成品外径（mm）	25℃	30℃	25℃						30℃					
				塑料		穿金属管			穿塑料管			穿金属管			穿塑料管		
						2根	3根	4根	2根	3根	4根	2根	3根	4根	2根	3根	4根
10	7	1.33	7.8	75	70	65	57	50	56	49	44	61	53	47	52	46	41
16	7	1.68	8.8	105	98	82	73	65	72	65	57	77	68	61	67	61	53
25	19	1.28	10.6	138	128	107	95	85	95	85	75	100	89	80	89	80	70
35	19	1.51	11.8	170	159	133	115	105	120	105	93	124	107	98	112	98	87
50	19	1.81	13.8	215	201	165	146	130	150	132	117	154	136	121	140	123	109

表 ZY2400501005-5　　　　VJV、VJY 交联聚乙烯绝缘护套电力电缆规格

型　号		芯　数	额定电压（kV）
铜	铝		0.6/1
			标称截面
YJV YJY	YJLV YJLY	1	1.5——400
		3	1.5——300
		2	1.5——150
		3+1	4——400
		3+2、4+1	5——240
		5	1.5——35
YJV22 YJY23	YJLV22 YJLY23	1	1.5——400
		3	1.5——300
		2	1.5——150
		3+1	4——400
		3+2、4+1	5——240
		5	1.5——35

表 ZY2400501005-6　　　**0.6/1kV 交联聚乙烯绝缘电力电缆允许持续载流量（A）**

型　号	YJV、YJLV、YJV22、YJLV22、YJY、YJLY、YJV23、YJLV23、JYV32、YJLV32				YJV、YJLV、YJY、YJLY							
芯　数	2 芯、3 芯、4 芯、3＋1 芯、3＋2 芯、4+1 芯、5 芯				单　芯							
敷　设	空　气　中		土　壤　中		空　气　中				土　壤　中			
单芯电缆排列方式					⬤⬤ （叠）		⬤⬤⬤		⬤⬤ （叠）		⬤⬤⬤	
线芯材质	铜	铝	铜	铝	铜	铝	铜	铝	铜	铝	铜	铝
6	45	36	66	54	56	45	70	57	70	54	74	60
10	63	49	90	69	77	59	97	75	94	69	99	76
16	84	65	117	91	100	78	125	99	120	90	128	99
25	113	88	151	117	130	100	165	125	155	115	164	128
35	139	108	181	140	160	125	200	155	185	135	197	153
50	161	125	210	163	195	150	245	190	220	165	232	180
70	204	158	257	200	245	190	305	240	270	200	285	221
95	252	195	310	240	300	230	375	290	320	240	342	265
环境温度	40		25		40				25			
线芯最高温度	90											

【思考与练习】

1．接户线、进户线最小截面是如何规定的？

2．怎样确定导线传输的最大负荷电流？

3．根据经济电流密度，如何计算导线截面？

第十七章　低压电缆接户线、进户线及配套设备的安装

模块 1　电缆架空接户线、进户线施工技术（ZY2400502001）

【模块描述】本模块包含采用电缆接户、进户方式的施工技术。通过要点讲解、例题计算，掌握安装步骤中的技术要求、质量控制、施工方法以及相关的技术指标。

【正文】

电缆接户、进户主要运用在城市配电网系统。常用方式主要分为电缆架空接户方式和电缆分支箱接户方式。

一、电缆架空接户方式的安装

1. 作业内容

在接户杆上安装一组双横担，一组单横担，在上下垂直横担面上安装一组低压户外熔断器式隔离开关，其上侧另一组横担装设蝶（针）式绝缘子用于绑扎接户引流线。安装示意图如图 ZY2400502001-1（未含避雷器部分）所示。

熔断器式隔离开关安装也有单横担方式，可根据其选型以及安装说明书配置横担型式。

一般情况下，接户电缆长度应在 50m 以内，按照 GB 50254—1996《电气装置安装工程施工及验收规范》的要求，电力电缆应经保护开关接入配电网，考虑到进户电缆长度相对较短，选用 JDW2-0.5 或 GRW1-0.5 户外型熔断器式隔离开关，可满足通、断空载电缆线路和电缆侧短路故障保护。

在电缆与架空线连接处，还应装设避雷器，避雷器接地端与电缆的金属外皮或钢管及绝缘子铁脚连在一起接地，其冲击接地电阻不应大于 10Ω。

对于具有电缆接户的架空线路，阀型避雷器应装设在熔断器式隔离开关电缆侧。

现场应根据配电网架构以及配电网过电压保护设施的配置，确定是否设置避雷器。

当采用中性线保护时，应满足下列相应要求：

（1）电源为电缆引入时，各相及中性线通过低压避雷器在进线箱处与重复接地保护的接地干线连接。

（2）当采用上述措施时，重复接地的接地电阻不宜大于 10Ω。

2. 危险点分析与控制

电缆接户工程危险点分析与控制见表 ZY2400502001-1。

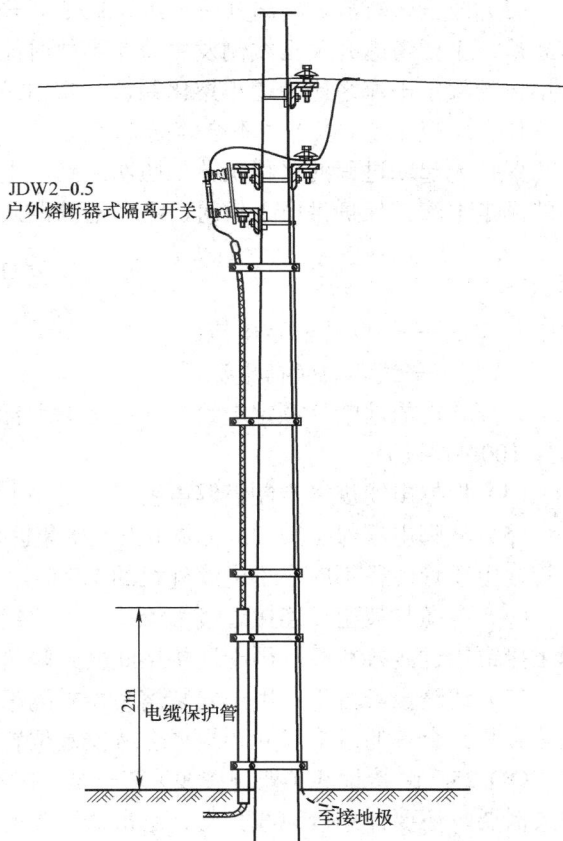

JDW2-0.5
户外熔断器式隔离开关

2m　电缆保护管

至接地极

图 ZY2400502001-1　电缆接户工程安装示意图

表 ZY2400502001-1　　　　　　　　电缆接户工程危险点分析与控制

序号	危　险　点	控　制　措　施
1	操作人员登杆及杆上作业发生失误	按照登杆安全技术要求操作、监护
2	外人进入作业杆施工场地	在作业场地设置安全围栏
3	吊具滑轮的杆上固定不牢、吊绳强度不够	选择适当规格滑轮，妥善设置，检查吊绳是否满足安全要求
4	安装过程金具、设备发生脱落	杆上人员规范操作，杆下不准站立人员
5	电缆上杆过程发生损坏	正确设用吊绳绑扎电缆头，电缆到位进行调整方向位置，用电缆卡子将电缆固定在电杆上
6	电缆杆上固定不可靠，发生位移损坏电缆	检查电缆卡子规格是否合适，允许使用单层电缆外皮作为电缆卡固定电缆的保护层

3. 作业前准备工作

（1）低压电缆热缩终端材料一套（电源侧）接线鼻一套共四个，规格根据电缆截面选择。

（2）电缆头制作时，应考虑分支线的长度。根据电缆定位方向预留不同长度，以满足接入熔断器式隔离开关的不同距离。

（3）低压熔断器式隔离开关一组（3 只），规格根据最大负荷电流选择。选择熔断器式隔离开关的熔断片，主要考虑开关出线侧发生短路事故时能可靠熔断因数。按照一般定义，熔体的最小熔断电流与熔体的额定电流之比为最小熔化系数，常用熔体的熔化系数大于 1.25，也就是说额定电流为 100A 的熔体在电流 125A 以下时不会熔断。

保护无起动过程的平稳负荷如照明线路、电阻、电炉等时，熔体额定电流略大于或等于负荷电路中的额定电流。保护供电干线时，可考虑按照式（ZY2400502001-1）选配熔断片。

$$I_{RN} \geqslant (1.5 \sim 2.5) \, \Sigma I_N \qquad\qquad (ZY2400502001\text{-}1)$$

式中　I_{RN} ——熔断片额定电流；

　　　ΣI_N ——线路总负荷电流。

计算获得的熔断片额定电流，应向上选配标称规格的熔断片。例如计算熔断片额定电流为 85A，选择 100A 熔断片。

（4）根据电缆规格定制镀锌电缆卡（抱箍）若干套。

（5）杆脚电缆保护管 2m（城市人流密集区域，保护管应大于 2m），采用镀锌钢管或塑胶波纹电缆管，电缆管内径不应小于电缆外径的 1.5 倍。

（6）电缆与架空线连接过渡引流线（架空绝缘铝绞线，截面积与电缆线芯直径匹配）4 根，开关侧压接铜铝过渡接线鼻，用于连接熔断器式隔离开关。

（7）线路金具若干；用于安装熔断器式隔离开关、引流线固定绝缘子、电缆固定、电缆保护管固定等金具。金具的规格尺寸要根据金具安装位置的杆径、电缆的规格等因数确定。

（8）25mm² 接地线（裸铜绞线）若干米（接地极引出扁钢压线螺栓至最上一层金具的长度加损耗，如果需要，还要计划接地线分支、避雷器分支的长度）。

（9）安装制作工器具、杆上作业安全工器具、辅助耗材等。

（10）施工班组不少于 4 人，其中工作负责人（施工监护人）1 名，工作班 3 名（不含电缆敷设施工）。

4. 作业项目、程序

（1）在电缆敷设完成后，在搭接杆脚下预挖一个备用电缆埋设坑（埋管或电缆沟敷设则直接上杆），将电缆上杆尺寸以及预留长度确定后，切断多余电缆，穿入电缆保护管，制作电缆头参见模块"低压三相四线电力电缆头的制作技术（ZY2400502003）"。

（2）杆上安装电缆固定支撑金具及电缆头固定金具、熔断器式隔离开关安装金具、跳线固定绝缘子金具，使用滑轮吊绳将在地面制作完成的低压电缆头连同电缆提升至杆上熔断器式隔离开关出线侧下方位置，调直电缆，理顺杆脚预留部分电缆（经电缆沟或经塑胶波纹电缆管敷设除外），调整电缆方向（方便电缆与熔断器式隔离开关的连接），将电缆用卡具的固定在电杆金具上。

（3）连接电缆头出线与熔断器式隔离开关、开关电源侧过渡线，过渡线与绝缘子绑扎，将过渡线与架空主线可靠搭接，将电缆接入配电网系统。杆上跳线搭接部分与架空线接户施工相同。杆上作业部分参见模块"单相、三相接户线与进户线及器具的安装（ZY2400501002）"。

（4）垂直接地体的安装：将配置好的接地体放在预挖的地沟的中心线上，用大锤将接地体打入地下，顶部距地面不小于 0.6m，间距不小于 5m。接地极与地面应保持垂直打入，然后将镀锌扁钢调直置入沟内，依次将扁钢与接地体用电焊焊接。扁钢应侧放而不可平放，扁钢与接地极连接的位置距接地体顶端 100mm，焊接时将扁钢拉直，焊好后清除药皮，刷沥青漆做防腐处理，并将接地扁钢引出至需要的位置，留有足够的连接高度，以待使用。

5. 质量控制

电缆架空接户工程施工质量保证环节如下：

（1）电缆敷设部分应遵照国家标准 GBJ 232—1992《电气装置安装工程施工及验收规范（电缆线路篇）》电气装置安装工程施工及验收规范的相关规定。

（2）电缆上杆过程对电缆和电缆头的保护。制作完成的电缆头在安装过程中，必须小心谨慎，电缆头不得受到额外的作用力，防止损坏电缆头结构的绝缘。

（3）杆上金具、熔断器式隔离开关安装要牢固可靠。

（4）熔断器式隔离开关的熔断片规格配置满足接入负荷的基本配置。

（5）杆上金具、金属电缆护管、电缆铠装接地及接地装置的连接要可靠。接地电阻符合技术要求。

（6）电缆与熔断器式隔离开关的连接：电缆分相导线自然过渡，在保持对称的前提下，减少多余的导线。过渡线制作与连接主要考虑自然弧度和对称美观。

（7）使用金属电缆保护管时，管口需做护口处理，电缆外绝缘不得受到金属管口的切割作用力。

二、电缆分支箱接户方式的安装

1. 作业内容

在低压配电网系统中，根据配电变压器供电范围，设置多个电缆分支箱，箱内设置 n 个预留分支终端连接端口，每一个分支连接端口均安装有带短路、过载功能的开断装置（塑料外壳式断路器，如：GSM_1-×××L/3300 型），由分支端口引出的支线电缆进入用电区域装设电缆接线箱。

根据客户的用电容量可以在电缆分支箱中连接电源，也可以在电缆终端接线箱中连接电源（接线箱中一般只设置连接母线供客户接电）。

电缆分支箱接户示意图如图 ZY2400502001-2 所示。

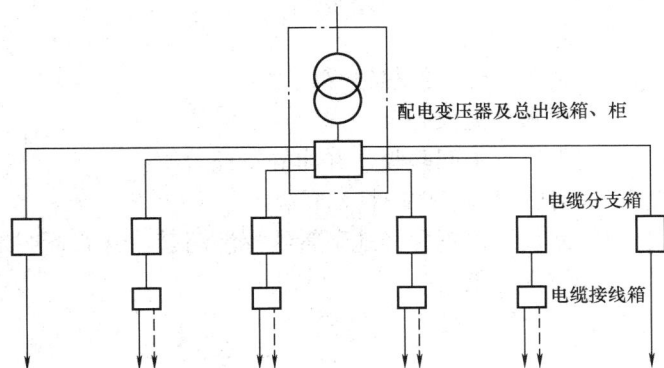

图 ZY2400502001-2　电缆分支箱接户示意图

2. 危险点分析与控制

电缆分支箱接户工程危险点分析与控制见表 ZY2400502001-2。

表 ZY2400502001-2　　　　　　　　电缆分支箱接户工程危险点分析与控制

序号	危　险　点	控　制　措　施
1	分支箱内带电体与接入回路的安全距离不够	如果没有足够的操作空间，应将分支箱全部停电
2	电缆从箱底进入的操作空间过于狭窄，导致电缆头的穿入变形过大	现场查勘，制订电缆穿入的方法，穿入时，对狭窄通道做电缆穿过保护，保证电缆头绝缘完整
3	电缆头就位后的弯曲系数超过技术要求，导致电缆头绝缘破坏	保证弯曲系数满足技术要求
4	电缆头就位后引线受力	电缆后就位，用电缆卡将其固定后，做分支芯线造型连接
5	电缆头分支与箱内回路的连接安装操作空间不够	电缆头制作时要考虑芯线连接位置，操作时，戴手套，防止用力时，滑脱碰伤

　　3. 作业前准备工作

　　电缆分支箱接户方式的器材主要由分支箱（接线箱）提供成套设备，接户电缆与之连接施工较为简单。一般包括低压电缆热缩终端材料一套（只考虑电源侧），接线鼻一套共四个，安装制作工器具、辅助耗材等。

　　4. 作业项目、程序

　　在电缆敷设完成后，在分支箱（或接线箱）下预挖一个备用电缆埋设坑（埋管或电缆沟敷设则直接进箱），将电缆进箱尺寸以及预留长度确定后，切断多余电缆，制作电缆头（参见模块"低压三相四线电力电缆头的制作技术（ZY2400502003）"），电缆头的引出线应根据电缆定位方向预留不同长度，以满足接入分支箱（接线箱）内母排和零排的不同距离。

　　5. 质量控制

　　（1）电缆分支箱接户工程施工质量保证环节如下：

　　1）电缆敷设部分应遵照国家标准 GBJ 232—1992《电气装置安装工程施工及验收规范（电缆线路篇）》电气装置安装工程施工及验收规范的相关规定。

　　2）电缆进箱过程对电缆和电缆头的保护。制作完成的电缆头在安装过程中，必须小心谨慎，电缆头不得受到额外的作用力，防止损坏电缆头结构的绝缘。

　　3）箱内电缆的固定安装要牢固可靠。

　　4）电缆铠装接地及接地装置的连接要可靠。

　　（2）电缆接户（进户）工程施工验收还应下列检查：

　　1）电缆型号规格应符合设计方案；无机械损伤；标志牌应装设齐全、正确、清晰。

　　2）电缆的固定、弯曲半径、电力电缆的接线等应符合技术要求。

　　3）电缆铠装的接地应良好。

　　4）电缆终端头、电缆接头相色正确。

　　5）电缆支架、杆上固定等金属部件应经热镀锌处理。

　　6）电缆沟内应无杂物，无积水，盖板齐全牢固。

　　7）隐蔽工程应在施工过程中进行中间验收，并作好签证。

　　（3）在验收时，应提交下列技术资料和文件：

　　1）直埋电缆接户、进户线路敷设位置图（地下管线标注清楚，并有标明地下管线的剖面图）。

　　2）安装工程及隐蔽工程的技术记录。

　　3）实际敷设长度（总长度及分段长度）。

　　4）电缆试验记录。

　　5）接地装置试验记录。

【思考与练习】

　　1. 简述电缆接户、进户方式。

　　2. 简述电缆上杆的固定保护措施。

3．在电缆与架空线连接处如何进行过电压保护？

4．画出电缆经分支箱接户的配置方案。

5．电缆经分支箱接户为什么不需要做避雷措施？

模块 2　电缆敷设技术（ZY2400502002）

【模块描述】本模块包含采用电缆接户、进户方式的低压 0.4kV YJV22 型电力电缆敷设施工作业及技术要求。通过操作步骤介绍、列表说明，掌握电缆地埋、杆上固定、穿管等施工敷设技术。

【正文】

低压电力电缆大多使用聚合塑胶绝缘材料制作，其结构具有可靠、免维护等优势，在电力系统得到广泛运用。本模块主要介绍低压电缆敷设的基本要求、环境条件，以及室内、电缆沟敷设、管道内电缆敷设、电缆埋地敷设、架空敷设等敷设方式的技术要求。

一、敷设基本要求

（1）电缆具备防护措施。

（2）敷设整齐美观，固定牢固可靠。

（3）电缆与各种设施间的距离符合规定要求。

（4）电缆与主网及负荷的连接应装设隔离开关和熔断器。

（5）电缆在两头应留有 1～2m 余量，以备重新封端或制作电缆头用。

（6）电缆从地下引出地面时，地面上 2m 一段，应采用镀锌金属管（或硬塑胶电缆管）加以保护。

（7）电缆金属铠装及金属保护管应可靠接地（本模块不涉及铅包电力电缆）。

二、敷设环境条件

（1）便于维护。

（2）电缆路径最短。

（3）与城市建设规划无冲突。

（4）无受外部因素破坏危险。

三、敷设技术要求

1．室内、电缆沟敷设

（1）无铠装的电缆在室内明敷，应在电缆支架上敷设。水平敷设时，距地面不应小于 2.5m，垂直敷设时，距地面不应小于 1.8m。当电缆需沿墙面垂直敷设时，应参照电缆上杆的方式，对至地面 1.8m 电缆加以保护（钢管或金属护网）。

（2）相同电压等级的电缆并列明敷时，电缆的净距不应小于 35mm，低压电缆与控制电缆及高压电缆应分开敷设。当需要并列明敷时，其净宽距离不应小于 150mm。

（3）在下列地方应将电缆加以固定：垂直敷设或超过 45° 倾斜敷设的电缆，在每一个支架上；水平敷设的电缆，在电缆首末两端及转弯、电缆接头的两端处。

（4）电缆支架一般为角钢焊接，钢结构电缆支架所用钢材应平直，无显著扭曲。下料后长短差应在 5mm 范围内，切口处应无卷边、毛刺。

（5）钢支架应焊接牢固，无显著变形。支架各横撑间的垂直净距应符合设计，其偏差不应大于 2mm。当设计无规定时，可参见表 ZY2400502002-1 的数值，但层间净距应不小于两倍电缆外径加 10mm。

表 ZY2400502002-1　　　　　层间最小允许垂直距离　　　　　mm

电缆种类	电缆夹层	电缆隧道	电缆沟
电力电缆	200	200	150

（6）电缆各支持点间的距离应按设计规定。当设计无规定时，不应大于表 ZY2400502002-2 中所列数值。

表 ZY2400502002-2 电缆各支持点间的距离 m

电缆种类	支架上敷设①		钢索上悬吊敷设	
	水平	垂直	水平	垂直
电力电缆	0.4	1.0	0.75	1.5

① 包括沿墙壁、构架、楼板等非支架固定。

（7）电缆固定点的间距应按设计规定。当设计无规定时，不应大于表 ZY2400502002-3 中所列数值。

表 ZY2400502002-3 电缆固定点的间距 mm

电缆种类		固定点的间距
电力电缆	全塑型	1000
	除全塑型外的电缆	1500

2. 管道内电缆敷设

（1）在下列地点，电缆应有一定机械强度的保护管或加装保护罩：电缆进入建筑物、隧道、穿过楼板及墙壁处；从沟道引至电杆、设备、墙外表面或房屋内行人容易接近处的电缆，距地面高度 2m 以下的一段；其他可能受到机械损伤的地方。保护管埋入地面的深度不应小于 100mm（埋入混凝土内的不作规定），伸出建筑物散水坡的长度不应小于 250mm。保护罩根部应与地面取平。

（2）管道内部应无积水，且无杂物堵塞。穿电缆时，为避免护层损伤，可采用无腐蚀性的润滑剂。

（3）电缆穿管时，应符合下列规定：每根电力电缆应单独穿入一根管内；电力电缆不得与裸铠装控制电缆穿入同一根管内；敷设在混凝土管、陶土管、石棉水泥管内的电缆，宜使用塑料护套的电缆。

3. 电缆埋地敷设

（1）电缆室外直埋敷设深度不应小于 0.7m，直埋农田时，不小于 1m，电缆的上下部位均匀铺设细沙层，其厚度为 0.1m。当使用混凝土护板或砖等保护层，其宽度应超出电缆两侧各 50mm。

（2）电缆通过下列地段应穿管，管径不应小于电缆外经的 1.5 倍：建筑物和构筑物的基础、散水坡、楼板和穿过墙体等处；道路和可能受到机械损伤的地段；电缆引出地面 2m 至地下 0.2m 处人、畜容易接触使电缆可能受到机械损伤的部位；埋地敷设的电缆之间及其与各种设施平行或交叉的净距离，应符合表 ZY2400502002-4 的规定。

表 ZY2400502002-4 电缆间及其与各种设施平行或交叉净距离 m

项 目	敷设条件	
	平行时	交叉时
建筑物、构筑物基础	0.5	—
电杆	0.6	—
乔木	1.5	—
灌木丛	0.5	—
1kV 及以下电力电缆之间，以及与控制电缆之间	0.1	0.5（0.25）
通信电缆	0.5（0.1）	0.5（0.25）
热力管道	2.0	（0.5）
水管、压缩空气管	1.0（0.25）	0.5（0.25）
可燃气体及易燃液体管道	1.0	0.5（0.25）
道路	1.5（与路边）	1.0（与路边）
排水明沟	1.0（与沟边）	0.5（与沟边）

注 路灯电缆与道路灌木丛平行距离不限；表中括号内数字，指局部部位。

当电缆穿管或者其他管道有防护设施（如管道的保温层等）时，表 ZY2400502002-4 中净距应从管壁或防护设施的外壁算起。

（3）严禁将电缆平行敷设于管道的上面或下面。

（4）电缆与铁路、公路、城市街道、厂区道路交叉时，应敷设于坚固的保护管或隧道内。电缆管的两端宜伸出道路路基两边各 2m；伸出排水沟 0.5m；在城市街道应伸出车道路面。

（5）电缆管的弯曲半径应符合所穿入电缆弯曲半径的规定，参见表 ZY2400502002-5。每根电缆管最多不应超过三个弯头，直角弯不应多于 2 个。

表 ZY2400502002-5　　　　　　　　　　电缆最小允许弯曲半径

电缆种类	最小允许弯曲半径	电缆种类	最小允许弯曲半径
聚氯乙烯绝缘电力电缆	10D	交联聚氯乙烯绝缘电力电缆	15D

注　D 为电缆外径。

4. 架空敷设

（1）此类敷设一般采用钢缆作为电缆的悬空定位支撑，除钢缆的架设技术要考虑敷设环境外，电缆定位一般采用通信电缆架空敷设的镀锌钢丝吊卡或专用电缆夹具。

（2）在架设施工中，应考虑电缆吊卡或夹具经钢缆所形成的闭合回路在电缆处于三相负荷不平衡大电流运行时，可能产生的涡流引起的热效应损害电缆的绝缘。设计方案时，需要采取技术措施，防止吊卡或夹具产生涡流。严禁使用闭合导磁金属吊卡或夹具。

（3）对于聚合塑胶绝缘材料制作的电力电缆的室外敷设，除生产厂家注明外，环境温度应高于 0℃。

（4）电缆进入电缆沟、隧道、竖井、建筑物、盘（柜）以及穿入管子时，出入口应封闭，管口应密封。封闭材料要满足防火、防水、防鼠害等功能。

在实际运用时，电缆的敷设可参考 JGJT 16—2008《民用建筑电气设计规范》第 8.9 章的相关规定。

【思考与练习】

1. 聚氯乙烯绝缘低压电力电缆的弯曲半径是多少？

2. 聚合塑胶绝缘低压电力电缆敷设对环境温度有什么要求？

模块 3　低压三相四线电力电缆头的制作技术（ZY2400502003）

【模块描述】本模块包含低压三相四线 YJV22 型交联聚乙烯绝缘电力电缆热缩电缆终端头制作。通过操作步骤介绍、图解说明，掌握依据电缆头制作技术尺寸图纸，合理使用工器具，制作低压电缆头的操作程序、工艺要求及质量标准。

【正文】

低压三相四线电力电缆主要型式为交联聚氯乙烯绝缘聚氯乙烯护套电缆（VV 型）、交联聚乙烯绝缘聚氯乙烯护套电缆（YJV 型）。电缆线芯通常采用 3＋1 方式配置，即三根主线截面相同，中性线配置小规格截面，例如 $3 \times 25 mm^2 + 1 \times 16 mm^2$。

电缆在结构上还分铠装型和非铠装型，在型号编排中以字母后缀数字表示，如：22、20，分别表示带铠装和不带铠装，本模块以低压铠装电力电缆为例，介绍电缆头制作及相关技术。

一、常用工具材料及使用

1. 低压电力电缆头制作常用工具材料

（1）细齿钢手锯一把，锯条若干。

（2）汽油喷灯一把（或液化气喷炬一套）。

（3）压接钳。

（4）细锉刀一把，0 号纱布一张。

（5）焊锡条若干，焊锡膏一盒。

（6）2m 钢卷尺一把。

（7）帆布手套。

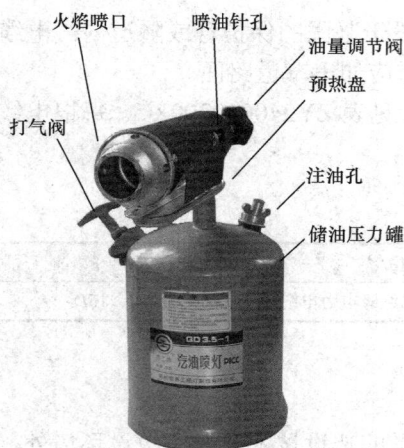

图 ZY2400502003-1　汽油喷灯功能示意图

（8）常用电工工具一套。

2．喷灯的使用

汽油喷灯功能示意图如图 ZY2400502003-1 所示。

汽油喷灯使用方法：

（1）由注油孔注入适量的燃油，一般以不超过储油罐的 3/4，余下的空间供存储压缩空气以维持必要的油压。由于注油孔口径较小，需要准备相应规格的漏斗。注油完毕应旋紧注油孔螺栓，螺栓内橡胶密封垫完好。关闭油量调节阀，擦净灯体外部外部的残油。

（2）少量打气，轻旋油量调节阀，使燃油顺喷嘴流出进入预热盘后关闭调节阀，点燃预热盘中燃油，预热火焰喷嘴及喷腔。

（3）待喷头嘴管路烧热后，缓慢开启油量调节阀，喷嘴喷出雾状燃油并正常燃烧，继续加压，使火焰喷射呈蓝色焰柱为止。

（4）使用完毕时，先关闭油量调节阀至火焰完全熄灭，待喷头温度降低后，慢慢旋松注油螺栓，听由压缩气体缓慢泄放至压力释放完毕。

使用注意事项：

（1）根据喷灯使用说明加注规定燃油。

（2）使用完毕，释放油罐压力时，由于罐体温度较高，排放出的气体属于饱和性气化燃油，一方面要求喷灯喷油燃烧部件温度降至常温状态，另一方面，周围不得有火种存在。放气过程要缓慢，防止燃油喷出。

（3）罐体加压不得过高，打气完毕时，阀杆应压下处于打气泵阀的盖卡上。

（4）为防止油罐温升过高，罐内燃油不应少于容积的 1/4。

（5）当燃油在带压条件下，密封、连接部件存在渗漏现象时，应停止使用。

（6）当喷油嘴出现断续喷射或喷射无力时，应将油量调节阀适量关小，使用喷灯配置的专用钢丝捅针，疏通喷油嘴。

3．液化气喷炬的使用

液化气喷炬具有使用便捷，安全系数高的特点，特别适合在地面使用。液化气喷炬使用示意图如图 ZY2400502003-2 所示。

3kg 装民用液化气罐即可保证较长时间使用。通过调节喷炬手柄阀门控制喷射火焰烈度。

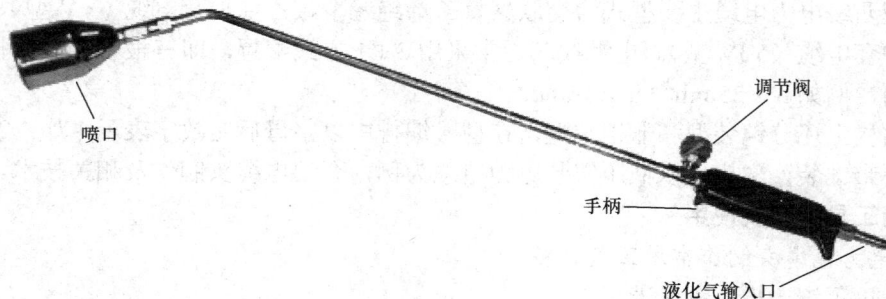

图 ZY2400502003-2　液化气喷炬使用示意图

使用注意事项：

（1）采用具有专门机构检测合格的液化气罐。

（2）配置合格的减压阀。

（3）配置氧焊专用胶管并牢固固定软管接头。

（4）使用中，防止火焰烧灼输气胶管。

（5）防止气罐剧烈碰撞和高空跌落。

二、低压电力电缆一般性试验

电力电缆的电气试验是保证电缆安全运行的重要措施之一。通过试验，可以发现电缆绝缘特性的变化及其内部可能隐藏的缺陷。装表接电工主要涉及电缆"交接试验"部分，对于低压交联聚乙烯护套绝缘的电力电缆，交接试验只做绝缘电阻测量。必要时，还可以做交流耐压试验。

选择 1kV 绝缘电阻表，分别对电缆芯线间、芯线对铠装金属部位作绝缘电阻测试。试验前，将电缆两头芯线剥开悬空，芯线裸露部分保持一定空间距离。

对 4 芯电力电缆分别按图 ZY2400502003-3 所示，做电缆绝缘电阻测试。其测试数据应大于 10MΩ。

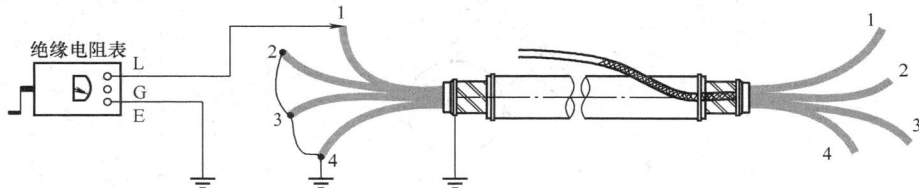

图 ZY2400502003-3　电力电缆绝缘试验接线图

在 GB 50303—2002《建筑电气工程施工质量验收规范》第 18.1.2 款中规定：低压电线和电缆，线间和线对地间的绝缘电阻值必须大于 0.5MΩ。对于新电缆，应按照大于 10MΩ 的技术要求做交接试验。

电力电缆的绝缘测试，属于测试电容性负荷，除对绝缘电阻表的使用方法有要求外，测试完毕后，应将每一根芯线充分对地放电。

因测试对象属低压电力电缆，绝缘电阻表"G"接线端是否与电缆铠装层连接，对测试数据影响不大。

三、低压三相四线电力电缆终端头的制作

1. 安全技术措施

（1）电缆终端头的制作，应由经过培训的熟悉工艺的人员进行；或在前述人员的指导下进行工作。

（2）施工现场符合安全防火规定，具备施工所需的环境空间。制作电缆终端头时，应在气候良好的条件下进行，并应有防止尘土和外来污物的措施。

（3）对于低压电力电缆头的制作，一般采用 SY 型热缩电缆头套件，由专门厂家按照不同规格生产的热缩电缆头套件包含了制作所需的全部材料、耗材以及制作工艺尺寸简图，按照简图标明的尺寸及顺序逐步进行即可完成制作工作。

2. 作业项目、程序和内容

（1）确认电缆型号规格与设计方案一致并经试验合格。

（2）确认电缆终端头的配件应齐全，并符合要求。

（3）根据电缆与设备连接的具体尺寸，在电缆上做好标记，切除多余的电缆，根据电缆头套件型号尺寸要求，剥除电缆外护套，如图 ZY2400502003-4 所示。

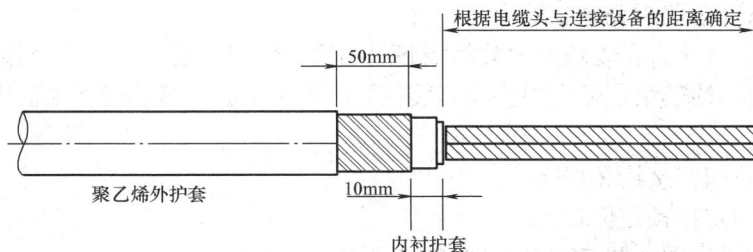

图 ZY2400502003-4　电缆头制作尺寸示意图

（4）锯除铠装。开锯前用细铁丝或铜丝将电缆钢铠锯断处做临时绑扎，防止锯时钢铠晃动松脱。

用细齿钢锯在第一道卡子位置再延长 5mm 处，将钢铠锯一环形锯痕，不得锯透。用平口螺丝刀将锯痕钢铠的尖角处挑起，使用钳子将钢铠顺锯痕撕断，用平板细锉将断口毛刺修整光滑。

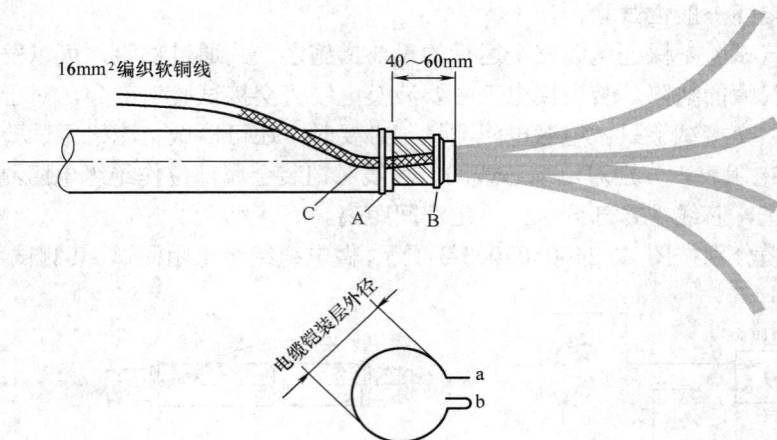

图 ZY2400502003-5　钢带卡制作示意图

（5）制作安装钢带卡箍。将接地线焊接部位的钢铠表面防锈漆打磨干净，用制作的钢带卡子把接地线和钢铠紧密的卡接在一起；卡箍的作用是防止钢铠松脱，固定接地编织软铜线。采用剥离下来的废弃钢铠，可用铁皮剪刀将钢铠一分为二，按照图 ZY2400502003-5 制作。图中"A"部位的绑扎是将接地线定位，防止接地线焊锡点受力。可以用钢铠箍绑扎，也可以用 2.5～4mm² 单股铜线镀锡后绕扎。

（6）焊接铠装接地线（16mm² 裸铜编织软线）。使用 300W 或 500W 电烙铁，将图中"B"点前后接地软铜线可靠焊接在两层钢带上，不能将电缆内包绝缘烫伤。要求将图中"C"部位长约 15～20mm 的软铜编制带镀满焊锡，防止水分沿编织铜带浸入。

（7）剥除电缆分支部分护套及填料。

（8）电缆头填充。一种是使用电缆填充料（或电工塑料带）将四芯分叉以及统包根部包裹成球状，再套入分支手套。另一种直接将分支手套套入电缆根部，进行热缩，对于低压电力电缆，两种处理方法都可以满足技术要求。

（9）安装（热缩）分支手套，指套的统包部分要大于 60mm，套入线芯根部。指套内要有预涂的密封胶（由电缆热缩头套厂家预先涂在套头内壁），加热时，密封胶软化填充头套内部空间，起到密封防潮作用。使用喷灯或液化气喷炬，先对分支套部分加热，使其均匀收缩，逐步向统包导管加热收缩，待完全收缩后，可见少量密封胶受热挤出。

（10）安装压接接线端子（接线鼻子）。以接线鼻管的深度加 10mm，剥除线芯绝缘，清除管内及线芯表面的氧化层，在线芯上涂抹导电膏（或中性凡士林油），调节好线鼻方向，用压线钳将线鼻与线芯压接，应采用六角压模，不少于两模。

（11）安装分相热缩管。分相热缩管要将指套套入 20～30mm，接线鼻侧要套入 30mm，也可以使热缩管稍长，待热缩完成后，用电工刀将多余部分切割掉。使用喷灯或喷炬，沿手指根部向上均匀加热，使热缩管均匀收缩至四指完全收缩为止。

（12）安装热缩防雨罩。在处理好的分相线芯上的适当位置，套入一至两个热缩防雨罩，加热后，使其紧密的紧缩在分相线芯上，使电缆头在安装位置，雨水不会顺线芯流下（低压电缆也有不安装防雨罩的制作方式）。

（13）将相色箍热缩在接线鼻根部。

（14）将终端头固定在预定位置上。

电缆头制作工艺示意图如图 ZY2400502003-6 所示。

四、低压电力电缆终端头制作注意事项

（1）剥出多余绝缘，应防止割伤芯线绝缘。

（2）根据电缆头安装位置，预先确定分线芯长度。

（3）对热缩材料加热时，应了解材料热缩比性能，不能过度加热，以防止材料碳化损坏。

（4）制作好电缆头的电缆在安装过程中，应保护好电缆头，防止绝缘损坏。

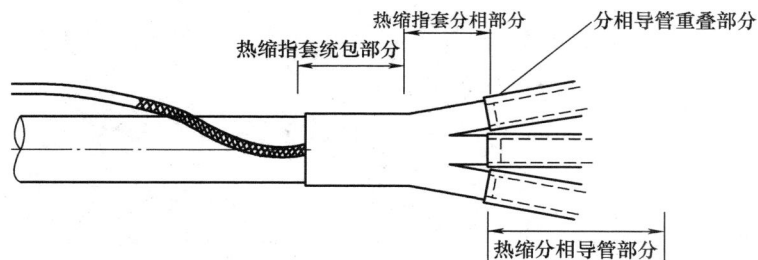

图 ZY2400502003-6　电缆头制作工艺示意图

【思考与练习】

1．电缆头分支的长度，取决于什么因数？

2．对低压电缆头钢铠的接地处理有什么技术要求？

3．低压电力电缆头制作中，为什么要将编织接地线热缩统包内的一段镀锡？

4．简述低压电力电缆试验的技术要求？

第六部分

电能表、互感器现场检验

第十八章　互感器极性判断和变比测量

模块1　互感器极性判断（ZY2400601001）

【模块描述】本模块包含互感器极性判断操作程序及注意事项、三相电压互感器组别试验方法及注意事项。通过操作程序介绍、图解说明，掌握互感器加、减极性的判断方法。

【正文】

互感器在工作时，瞬间流过一、二次绕组的电流方向称为互感器的极性。对于电流互感器，一般采用减极性，一次电流 $\dot{i}_1$ 与二次电流 $\dot{i}_2$ 瞬时方向相对于同名端正好相反，即若 $\dot{i}_1$ 从"P1"端流入，$\dot{i}_2$ 此时一定从"S1"端流出，如图 ZY2400601001-1 所示。

对于电压互感器，一般采用减极性，一次绕组 $\dot{U}_1$ 与二次绕组 $\dot{U}_2$ 瞬时极性相对于同名端恰好相同，即若"A"端为"+"，"a"端此时也一定为"+"，如图 ZY2400601001-2 所示。

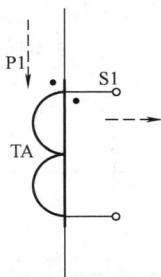

图 ZY2400601001-1　电流互感器极性示意图　　　　图 ZY2400601001-2　电压互感器极性示意图

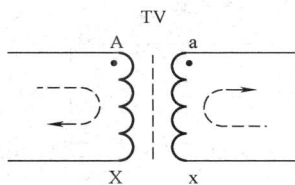

在互感器投入运行以前，必须进行一、二次绕组极性试验，测试互感器的极性非常重要，如果极性判断错误，会使接入电能表的电压或电流的相位相差180°，电能计量装置的接线即使是正确的，也会导致电能表出现计量错误。

一、安全和技术要求

互感器极性测试分现场和实验室两种。现场对运行设备开展互感器极性测试应遵照以下规定。

（1）按规定办理第一种工作票。

（2）至少有2人一起工作，其中1人进行监护。

（3）应在工作区范围设立标示牌或护栏。

（4）工作时，按规定着装、戴绝缘手套、安全帽、穿绝缘鞋，并站在绝缘垫上，操作工具绝缘良好。

（5）拆、接试验接线前，应将被试互感器对地充分放电，以防止剩余电荷、感应电压伤人及影响测量结果。

二、测试接线及步骤

互感器极性测试方法一般有直流法、交流法和比较法等。比较法是利用互感器校验仪，来确定被试互感器绕组的极性，通常在互感器检定时同时进行。直流法和交流法方法简单，容易操作，交流法主要是用于检查电压互感器的极性。

（一）直流法

1. 单相电压互感器

（1）试验用工器具有直流毫伏表1只，开关1只，1.5V直流电源1只，导线若干。

（2）接线。将直流毫伏表接入电压互感器二次绕组中：仪表正端接预判的"a"，负端接预判"x"。将开关断开和直流电源串联用导线接入电压互感器一次绕组中：直流电源的正极接预判"A"端,负极接预判"X"端。接线图如图 ZY2400601001-3 所示，并检查接线是否牢固可靠。

（3）极性判断。用"点合"（刚合上，立即断开）的方式操作开关。合上开关的瞬间，仪表指针正向摆动，断开开关的瞬间，仪表指针反向摆动，则电压互感器为减极性，电压互感器一次绕组预判的"A"端和二次绕组"a"端与实际极性相同，为同名端。

若偏转方向与上述方向相反，则电压互感器为加极性，电压互感器一次绕组预判的"A"端和二次绕组预判的"x"端为同名端。

试验时，若电压表指针偏转不明显，电池也可以放在二次侧，但是直流电压表应放在较高的档位。

接线时要注意电源正极、仪表正端与绕组之间的对应，切勿接错，如果对应关系错误将会造成极性判断错误。

2. 电流互感器

电流互感器极性试验基本上和电压互感器极性试验方法一样，不同的是电流互感器一次绕组的匝数少，有的甚至只有一匝，而电压互感器初级绕组匝数多，所以试验时注意仪表量程的选用。

（1）试验用工器具有直流微安表（也可以用万用表直流毫安档代替）1 只，开关 1 只，1.5V 直流电源 1 只，导线若干。

（2）接线。将直流微安表接入电流互感器二次绕组中：仪表正端接预判的"S1"，负端接预判的"S2"。将开关断开和直流电源串联用导线接入电流互感器一次绕组中：直流电源的正极接预判的"P1"端,负极接预判的"P2"端。接线图如图 ZY2400601001-4 所示，并检查接线是否牢固可靠。

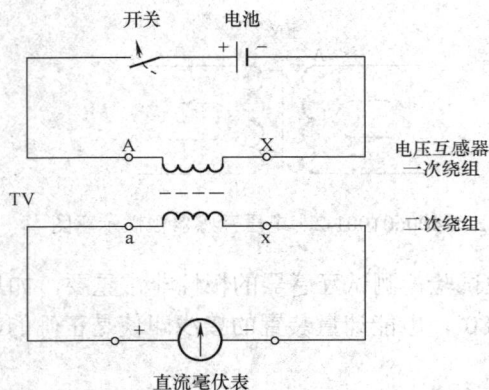

图 ZY2400601001-3　单相电压互感器直流法
极性试验接线图

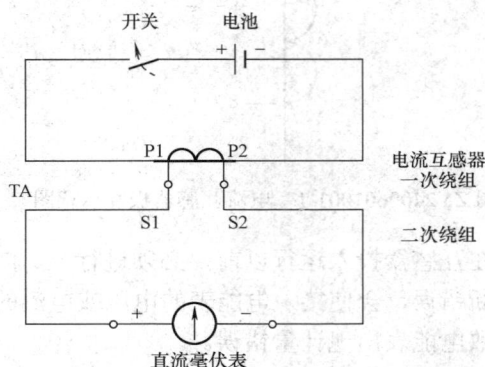

图 ZY2400601001-4　单相电流互感器直流法
极性试验接线图

（3）极性判断。用"点合"（刚合上，立即断开）的方式操作开关。当合上开关的瞬间，仪表指针正向摆动，断开开关的瞬间，仪表指针反向摆动，则电流互感器为减极性，电流互感器一次绕组"P1"端和二次绕组"S1"端为同名端。

若偏转方向与上述方向相反，则电流互感器为加极性，电流互感器一次绕组"P1"端和二次绕组"S2"端为同名端。

接线时要注意电源正极、仪表正端与绕组之间的对应，切勿接错，如果对应关系错误将会造成极性判断错误。

（二）交流法

主要用于电压互感器极性判定。

（1）试验用工器具有交流电压表（也可以用万用表电压档代替）2 只，试验交流电源，导线若干。

（2）接线。在电压互感器一次、二次侧各选一个端子，用导线直接连接起来，将电压表 V 接在剩余的两个端子之间，将电压表 V1 连接在一次侧两端子间，然后加适于测量的交流电压。接线图如图 ZY2400601001-5 所示。

（3）极性判断。若电压表 V 测得的电压为一次、二次侧电压之差（$U=U_1-U_2$），则电压表 V 所连互感器的两端为同名端；若测得的电压为一、二次电压之和（$U=U_1+U_2$），则 V 所连互感器的两端为异名端。

三、试验注意事项

（1）测试时要将直流电源和仪表的同极性端接绕组的同名端。拉、合开关时都应有一个时间间隔，以便观察清楚表针摆动的真实方向。

（2）试验时应反复操作几次，以免误判试验结果。

（3）操作时要先接通测量回路，然后再接通电源回路。读完数后，要先断开电源回路，然后再断开测量回路仪表。

（4）测量变比大的电压互感器时，应加较高的电压同时选用小量程仪表，以便仪表有明显的指示。

（5）测试过程中不要用手触及绕组的高压侧接线端头，以防触电。

（6）使用交流法判断电压互感器极性时，严禁电压互感器二次回路短路。

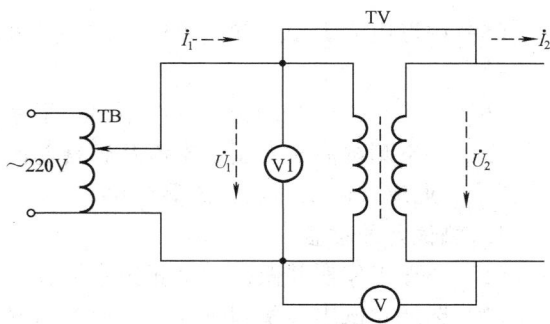

图 ZY2400601001-5　交流法检查电压互感器的极性

【思考与练习】

1．互感器的减极性是如何定义的？

2．交流法判断电压互感器极性试验中注意哪些问题？

模块 2　互感器变比测量（ZY2400601002）

【模块描述】本模块包含互感器变比检查内容、互感器变比现场测试方法。通过操作程序介绍、图解说明，掌握互感器变比的检查方法。

【正文】

电压互感器的变比是指额定一次电压与额定二次电压之比，也等于电压互感器一次绕组匝数与二次绕组匝数之比。电流互感器的变比是指额定一次电流与额定二次电流之比，也等于电流互感器一次绕组匝数与二次绕组匝数之比的倒数。现场运行的电压、电流互感器不一定是额定条件，互感器的实际运行变比就等于一次、二次侧电压或电流之比。现场做互感器更换时或对倍率产生怀疑时应进行变比检查。测量变比可以检查计量倍率的准确性。根据电压、电流互感器变比的定义可知测量电压比和测量电流比就可得出电压、电流互感器的变比。

一、安全和技术要求

参见模块"互感器极性判断（ZY2400601001）"。

二、带电测试低压电流互感器变比

1．测试前的准备

（1）查勘被试电流互感器现场情况及试验条件，办理工作票并做好试验现场安全和技术措施。

（2）选择测试用仪表。多量程钳形电流表 1 只，根据被测试电流互感器的一次、二次电流的大小选择合适的量程。

（3）检查被试电流互感器一次、二次接线的正确性，检查接线端子是否牢固可靠。

2．测试方法

将钳形电流表分别接入被测电流互感器的一次、二次回路，记录读数，根据测试的一次、二次侧电流之比得出被测电流互感器的变比。测试完成后，取下钳形电流表，确认无误后撤离现场。

3．测试注意事项

（1）装表接电工不得使用钳形电流表在高压系统中测量高压电流互感器一次侧电流。

（2）操作者和带电导线保持一定的安全距离，防止人员触电。

（3）一次电流测量应在绝缘导体上进行。

（4）测试中应特别注意不能使电流互感器二次回路开路。

（5）钳形电流表使用前必须检查钳口是否清洁，如不清洁则清理后再使用，否则会带来较大的测量误差。

（6）测量时钳口要接触良好，不要用手挪动钳口，或用手夹紧钳头。

三、停电测试高压电压、电流互感器变比

（一）电流法测试电流互感器变比

1. 测试前的准备

（1）办理工作票并做好安全和技术措施。

（2）选择测试用设备和仪表。电流互感器一次、二次电流的测试导线、普通电流表（可用万用表代替）、钳形电流表、试验电源、升流器。

（3）电流互感器从系统中隔离，对电流互感器一次、二次端子进行放电，并在一次侧两端挂接地线。

（4）确认电流互感器二次有关保护回路已退出，电流互感器除被测二次绕组外其他二次绕组应可靠短路。

（5）测试开始前将一次侧任一端接地线拆除，测试完迅速恢复。

2. 测试方法

电流法测试电流互感器变比接线图如图 ZY2400601002-1 所示。

（1）在电流互感器被测二次回路接入普通电流表，将其他二次绕组短接。

（2）在电流互感器一次回路中接入升流器和钳形电流表。

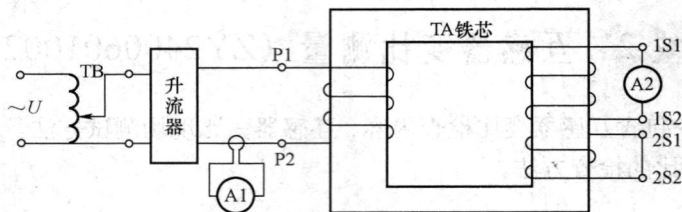

图 ZY2400601002-1　电流法测试电流互感器变比接线图

（3）对被测试电流互感器一次、二次回路进行检查核对，确认无误后，调节升流器使施加的电流在一次、二次电流表上有足够的分辨率，并保持电流稳定。

（4）读取电流互感器一次、二次侧电流表的读数并记录，计算电流互感器的变比。

（5）将升流器降至零，然后拆除测试导线。

按照上述方法测量其他二次绕组的变比。

3. 测试注意事项

（1）试验中禁止电流互感器二次回路开路。

（2）短路电流互感器二次绕组时，必须使用专用短路片或短路线，短路应妥善可靠，严禁用导线缠绕。

（3）施加在电流互感器一次电流稳定后，同时读取一次、二次侧电流值。

（4）注意测试导线不能太长，接触应良好，否则将产生测量误差。

（二）比较法测试电压互感器变比

1. 测试前的准备

（1）办理工作票并做好试验安全和技术措施。

（2）选择测试用设备和仪表。标准电压互感器（或已知变比的电压互感器）、电压互感器一次、二次电压的测试导线、普通电压表（可用万用表代替）、试验电源、调压器。

（3）电压互感器从系统中隔离，对电压互感器一次、二次端子进行放电，并在一次侧两端挂接地线。

（4）测试开始前将一次侧接地线拆除，测试完迅速恢复。

2. 测试方法

（1）将被试电压互感器 TV 和标准互感器 TV0 二次回路分别接入电压表 V1 和 V2。

（2）将被试电压互感器和标准电压互感器一次绕组并联，接到调压器两输出端，接线图如图 ZY2400601002-2 所示。

（3）对一次、二次回路进行检查核对，确认无误后，使调压器从零开始升压，升至被试电压互感器额定电压的20%~70%，并保持电压稳定。

（4）读取电压表 V1、V2 的读数并记录，按照式（ZY2400601002-1）计算被试电压互感器的实际变比

$$K_x = \frac{K_n U_n}{U_x} \qquad （ZY2400601002-1）$$

式中　K_n——标准互感器的变比；

U_n——标准互感器二次回路电压，即电压表 V1 的读数，V；

U_x——被试互感器二次回路电压，即电压表 V2 的读数，V。

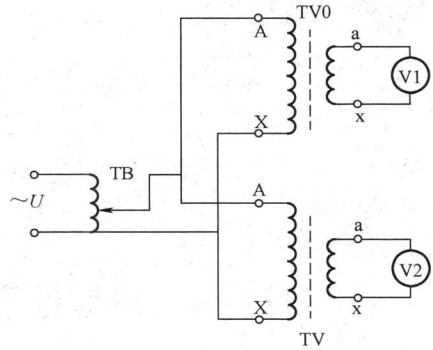

图 ZY2400601002-2　比较法测试电压互感器变比

（5）将调压器降至零，对电压互感器放电，然后拆除测试导线。

3．测试注意事项

（1）试验中禁止电压互感器二次回路短路。

（2）施加的电压不应低于被试电压互感器额定电压的20%，并尽可能保持稳定，读数时低压侧两只电压表应同时进行。

【思考与练习】

1．检查互感器的极性有哪些方法？为什么要检查互感器的极性？

2．用直流法测试电流互感器变比注意哪些问题？

3．绘制用比较法测试电压互感器变比的接线图，并给出被试互感器实际变比的计算公式。

第十九章 电能表现场检验

模块 1 识读电子式多功能电能表（ZY2400602001）

【模块描述】本模块包含电子式多功能电能表各种显示信息内容。通过图形举例，掌握电子式多功能电能表各种参数识读。

【正文】

电子式多功能电能表是在电子式电能表的基础上发展形成的一种除同时计量正向有功、反向有功、感性无功和容性无功外，还具有分时、测量需量等两种以上功能，并能显示、储存和输出数据的电能表。

一、常规测量信息

包括电能计量、需量测量、电网监测（含潮流方向）、当前运行时段等信息。

1. 电能计量

电子式多功能电能表一般将当前电量设置在轮流显示界面上供人工抄读"本月电量"，这是电能表最基本的计量功能。显示信息一般有：

正向尖、峰、平、谷、总有功电量；

反向尖、峰、平、谷、总有功电量；

正向尖、峰、平、谷、总无功电量；

反向尖、峰、平、谷、总无功电量。

每组电量信息轮显顺序有可能不同，比如，先显示总电量，再连续显示时段电量。同时，将上月、上上月以及前 6 个月（至少）以上的电量信息记录存储，供需要时调取。

电子式多功能电能表一般还具有数据冻结功能，可在任意时间即时冻结当前各费率时段电量。由于冻结电量数据相对较多，所有表计都不在轮显信息中反映该类信息，大多数电能表的冻结电量需要利用抄表器或读表程序读取相关电量信息。

2. 需量测量

在测量电能的同时，电子式多功能电能表还要将最大需量进行存储，供需要时读取。记录最大需量所需需量周期和滑差时间等参数可在电能表中进行设置。

最大需量及需量发生时间一般都跟随正向、反向有功电量和正向、反向无功电量进行轮显。需量的单位是 kW，实际反映表计测量的电能计量装置二次功率。

3. 电网监测

电子式多功能电能表一般都能检测当前电能表线电压（或相电压）、电流、功率、功能因数等运行参数。

大多数电能表都在读表界面左下角显示以下符号，表示当前接入电能表的各相电压、电流为正常状态，在轮显信息中显示当前接入电能表的各相电压、电流的具体数值。

Ua Ub Uc		Ua Ub Uc		L1 L2 L3		L1 L3
	或		或		或	
Ia Ib Ic		Ia Ic		① ② ③		① ③

需要说明的是，大多数电能表显示信息中目前仍用 A、B、C 表示各相。在三相三线电能表中，U_a、U_c 分别表示电能表一元件、二元件电压，而非 a 相、c 相电压。

各相有功、无功功率一般在轮显信息中显示具体数值及单位。

功能因数一般在读表界面下方以 A、B、C 与 φ 组合显示，表示电能表各元件功率因数，在读表界面右下方显示具体数值。需要说明的是，有的三相三线电能表显示的功能因数值并非 U 相或 W 相功率因数，而是电能表一元件或二元件电压电流相位角的余弦。

4. 潮流方向

电子式多功能电能表的功率测量功能是以在线实时测量的方式实现的。以设定时间间隔刷新并显示在电能表的界面上，通过观察，即可获得当前电能表的运行基本参数。

当电能表外部接线形式确定后，流经电能表的功率方向即被确定。比如：接线方式满足从电网流入客户方向，称之为"下网潮流"（用电模式），则，由客户方向流入电网，可称之为"上网潮流"（发电模式）。电子式多功能电能表会自动计算并判定当前接入电能表的有功功率和无功功率的方向（以下简称为：潮流方向），常见的显示方式有以下几种：

（1）用水平箭头表示当前有功、无功潮流方向，如图 ZY2400602001-1 所示。图中 var 表示无功潮流，watt 表示有功潮流。图 ZY2400602001-1（a）表示当前有、无功处于下网潮流。图 ZY2400602001-1（b）表示当前无功上网（容性无功）、有功下网潮流。图 ZY2400602001-1（c）表示当前有、无功均处于上网潮流状态。

（2）用坐标箭头表示当前有功、无功潮流方向，如图 ZY2400602001-2 所示。图 ZY2400602001-2（a）表示的是液晶屏上预先设置的四个箭头状态，正常运用时，只显示 P、Q 各一个箭头。箭头上的 P、Q 标注可以互换，不影响对有、无功潮流的指示。图 ZY2400602001-2（b）表示当前有、无功处于下网潮流。图 ZY2400602001-2（c）表示当前有功处于下网潮流，而无功处于上网潮流（容性无功）。图 ZY2400602001-2（d）表示当前无功处于下网潮流，而有功处于上网潮流。图 ZY2400602001-2（e）表示当前有、无功均处于上网潮流状态。

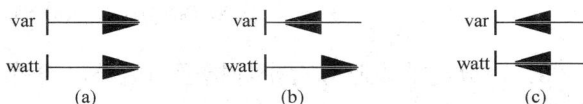

图 ZY2400602001-1　电子式多功能电能表功率方向指示

（a）功率方向指示 1；（b）功率方向指示 2；（c）功率方向指示 3

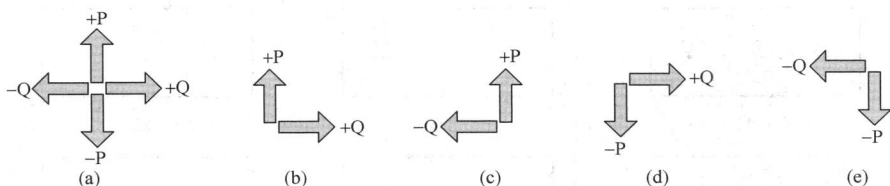

图 ZY2400602001-2　电子式多功能电能表用坐标箭头表示当前有功、无功潮流方向

（a）潮流方向 1；（b）潮流方向 2；（c）潮流方向 3；（d）潮流方向 4；（e）潮流方向 5

（3）有功、无功潮流还可以用坐标圆的形式表示当前有功、无功潮流方向，如图 ZY2400602001-3 所示。图 ZY2400602001-3（a）、（b）、（c）均表示当前有功、无功处于下网潮流，运行在 I 象限。图 ZY2400602001-3（d）表示当前有功、无功运行在 II 象限，至于到底属于有功上网，还是无功上网，并不重要，分析的思路是：当按照本模块设置的前提，感性负荷下网潮流应在 I 象限，感性负荷上网潮流应在 III 象限，对于当前运行在 II 象限的原因，可以观察客户负荷性质及电容补偿情况，判断是否是容性无功运行，引起的 II 象限运行。必要时，使用现场校验仪类仪器，核查该装置的实负荷向量图，是否属于异常接线。

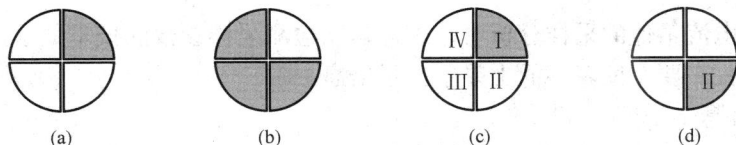

图 ZY2400602001-3　电子式多功能电能表用坐标圆表示当前有功、无功潮流方向

（a）潮流方向 1；（b）潮流方向 2；（c）潮流方向 3；（d）潮流方向 4

（4）用点亮不同字符表示当前有功、无功潮流方向（上、下排各点亮一个字符）。

［正有功］　　　　［反有功］

［正无功］　　　　［反无功］

（5）用坐标表示当前有功、无功潮流方向，如图 ZY2400602001-4 所示。图 ZY2400602001-4（a）、（b）表示当前有、无功均处于下网潮流，运行在Ⅰ象限。图 ZY2400602001-4（c）表示当前无功处于上网潮流（容性无功）。

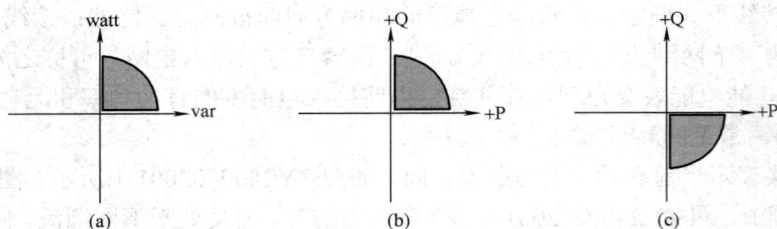

图 ZY2400602001-4　电子式多功能电能表用坐标表示当前当前有功、无功潮流方向

（a）潮流方向 1；（b）潮流方向 2；（c）潮流方向 3

（6）部分电能表除具有坐标指示功能外，还有当前功率方向指示。如图 ZY2400602001-5 中虚框内所示。

当接入为三相三线方式时，一元件 $P_1 = U_{ab}I_a\cos\varphi_a$，二元件 $P_2 = U_{cb}I_c\cos\varphi_c$，当 P_1 或 P_2 为负时，对应的功率方向符号显示。当对应的功率方向为正时该符号不显示。

当接入为三相四线方式时，一元件 $P_1 = U_aI_a\cos\varphi_a$，一元件 $P_2 = U_bI_b\cos\varphi_b$，三元件 $P_3 = U_cI_c\cos\varphi_c$，当 P_1 或 P_2 或 P_3 为负时，对应的功率方向符号显示。当对应的功率方向为正时该符号不显示。

图 ZY2400602001-5（a）表示当前三相功率均为负值（或称之为：功率反向）；图 ZY2400602001-5（b）表示当前 A、C 相功率均为负值；图 ZY2400602001-5（c）表示当前 A 相功率为负值。

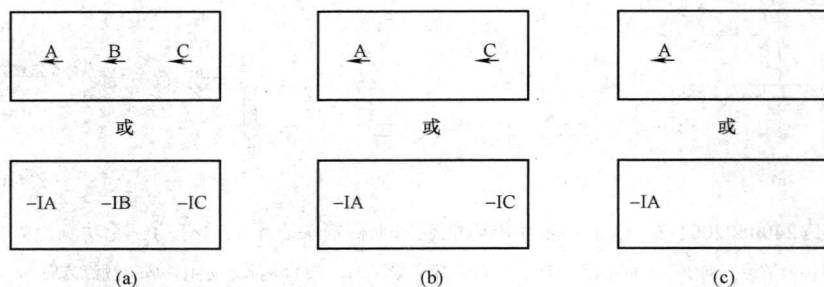

图 ZY2400602001-5　电子式多功能电能表界面信息中的元件功率方向指示

（a）元件功率方向 1；（b）元件功率方向 2；（c）元件功率方向 3

5．当前运行时段

所有电子式多功能电能表都具有复费率功能，各时段划分按照当地电价政策设置。大多数表计界面上都有运行时段指示信息，与主电量信息存在明显的区别。常见形式如图 ZY2400602001-6（a）（b）（c）（d）中箭头所示。运行时，分别显示相应的符号，表示当前电能表的运行时段。

二、异常信息

在对接入电压、电流量值的采样分析中，表计自动检测采样参数的技术关系，当关系不能满足正常运行范围时，表计程序要在读表界面上显示提示信息。

1．失压、断压信息

按照 DL/T 566—1995《电压失压计时器技术条件》的规定，失压故障判定的启动电压应为电能表参比电压的 78%±2V。当电压恢复时的返回电压为参比电压的 85%±2V，"计时器"应停止计时。该定值可通过多功能电能表后台程序设置。

当电能表发生失压故障时，凡是具有 "Ua Ub Uc" 或 "L1 L2 L3" 电压符号的界面，处于低电压相的符号应不停地闪烁。当某相电压趋于零时，该符号应消失。在此时，电压轮显的数值也会反映出故障相的具体电压数值。

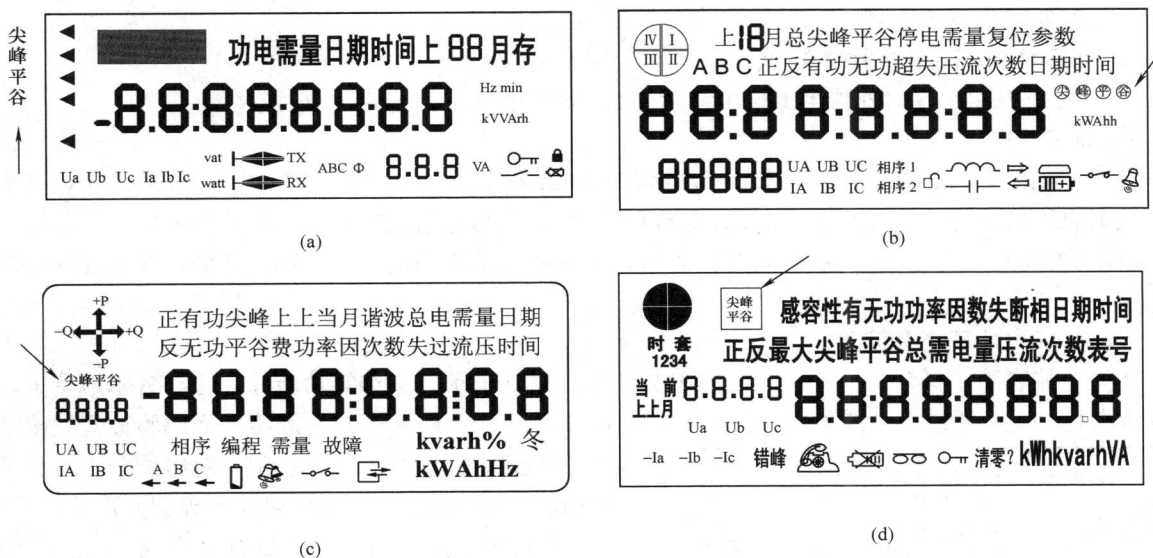

(a)　　　　　　　　　　　　　　(b)

(c)　　　　　　　　　　　　　　(d)

图 ZY2400602001-6　电子式多功能电能表界面信息中的时段设置显示

（a）时段设置显示 1；　（b）时段设置显示 2；　（c）时段设置显示 3；　（d）时段设置显示 4

对于图 ZY2400602001-6（a）所示界面类电能表，它的元件电压、电流、功率因数在界面下侧轮显，当发生某相失压时，轮显会停在故障相电压信息栏并不停显示，提示此时，电能表处于失压状态。

2．失流、断流信息

按照 DL/T 566—1995《电压失压计时器技术条件》的规定，起动电流为额定电流的0.5%。一般程序设置为"当电能表的最大相电流大于5%（可设置），并且（最大相—某相电流）/最大相电流＞30%（可设置），电能表判定此相为电流不平衡，其对应电流符号闪烁。当某相电流趋于零时，该符号应消失。

3．相序错误信息

常用电能表有两种表示形式：

（1）"Ua Ub Uc"（或 L1 L2 L3）三个符号同时闪烁。

（2）中文"相序"点亮。

4．三相电流接入顺序与三相电压接入顺序不对应

当三相电流与三相电压接入顺序不对应时，"I1、I2、I3"同时闪烁。

三、报警信息

当前电能表存在异常时，电能表还应发出其他报警信息，例如：

1．事件报警提示

表示当前电能表处于异常状态工作或事件记录中存在异常信息，如出现"Errl"、"故障"等字样或中文提示符，报警"警铃"符号闪烁。如图 ZY2400602001-6（c）界面中下警铃符号。

2．电池低电压报警

电池符号点亮，如图 ZY2400602001-7 所示。

图 ZY2400602001-7　电能表电池低电压报警符号

四、其他信息

电子式多功能电能表还应具备以下显示功能：

1. 日历、时钟

一般在轮显信息中表现。

2. 负荷曲线、超限执行信息等

需要通过 RS485 接口外传至上位机显示或配套软件读取。

3. 通信状态

有一些电能表具有通信指示，如图 ZY2400602001-6（a）中的 TX、RX 符号，TX 表示电能表接受到数据 RX 表示电能表发送数据。这两个符号闪烁，只与通信状态有关，不代表异常信息。还有图 ZY2400602001-6（c）中的"▭→"符号闪烁时，也表示电能表当前正在通信。有的电能表在通信时显示▉符号。

五、智能电能表特有信息

智能电能表除了具备电能计量、运行参数监测、事件记录、冻结等功能外，还具备本地费控功能和远程费控功能，通过主站或售电系统下发拉闸命令，经内置 ESAM 模块严格的密码验证及安全认证后，对电能表进行拉、合闸控制。对电能表进行充值和参数设置，既能使用 IC 卡也可通过虚拟介质远程实现。

智能电能表具有一些独有的显示信息，如图 ZY2400602001-8 所示。主要有以下字符显示：阶梯电价、电量，赊欠金额、剩余金额，密码验证错误指示，IC 卡"读卡中"、"读卡成功"、"读卡失败"，"请购电"（剩余金额偏低时闪烁），"透支"状态指示，"囤积"（IC 卡金额超过最大储值金额时闪烁），"拉闸"（跳闸前延时过程中字符闪烁，延时时间到停止闪烁，合闸延时前字符停止显示）。

图 ZY2400602001-8　单相智能电能表全屏显示内容

六、用电信息采集终端显示信息

用电信息采集终端按应用场所分为专用变压器采集终端、集中抄表终端（包括集中器、采集器）、分布式能源监控终端等，下面主要介绍专用变压器采集终端、集中器和采集器显示信息。

1. 专用变压器采集终端

专用变压器采集终端是对专用变压器用户用电信息进行采集的设备，可实现电能表数据的采集、电能计量设备工况和供电电能质量监测，以及客户用电负荷和电能量的监控，并对采集数据进行管理和双向传输。专用变压器采集终端显示主画面如图 ZY2400602001-9 所示，显示菜单内容见表 ZY2400602001-1。

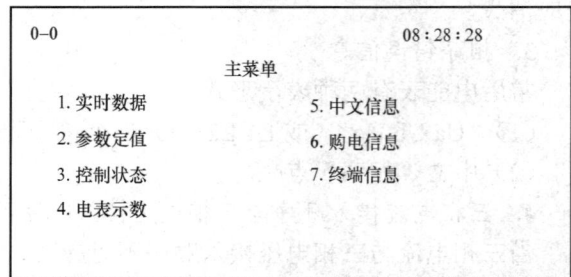

```
0—0                            08：28：28
                    主菜单
        1. 实时数据          5. 中文信息
        2. 参数定值          6. 购电信息
        3. 控制状态          7. 终端信息
        4. 电表示数
```

图 ZY2400602001-9　专用变压器采集终端显示主画面

表 ZY2400602001-1　　　　专用变压器采集终端显示菜单内容表

主菜单			
主菜单	实时数据	当前功率	当前总加组功率和当前各个分路脉冲功率
		当前电量	当日电量（有功总、尖、峰、平、谷、无功总） 当月电量（有功总、尖、峰、平、谷、无功总）
		负荷曲线	功率曲线
		开关状态	当前开关量状态
		功控记录	当前功控记录
		电控记录	当前电控记录
		遥控记录	当前遥控记录
		失电记录	当前失电及恢复时间
	参数定值	时段控参数	时段控方案及相关设置
		厂休控参数	厂休定值、时段及厂休日

续表

主菜单	参数定值	下浮控参数	控制投入次数、第1轮告警时间、第2轮告警时间、第3轮告警时间、第4轮告警时间、控制时间、下浮系数
		$K_v K_i K_p$	各路 $K_v K_i K_p$ 配置
		电能表参数	局编号、通道、协议、表地址
		配置参数	行政区码、终端地址
	控制状态		1）功控类：时段控解除/投入、报停控解除/投入、厂休控解除/投入、下浮控解除/投入； 2）电控类：月定控解除/投入、购电控解除/投入、保电解除/投入
	电表示数		电表数据：局编号、正向有功电量总尖峰平谷示数、正反向无功示数、月最大需量及时间
	正文信息		信息类型及内容
	购电信息		购电单号、购前电量、购后电量、报警门限、跳闸门限、剩余电量
	终端信息		地区代码、终端地址、终端编号、软件版本、通信速率、数传延时

2. 集中器

集中抄表终端是对低压用户用电信息进行采集的设备，包括集中器、采集器。

集中器是指收集各采集器或电能表的数据，并进行处理储存，同时能和主站或手持设备进行数据交换的设备。集中器显示主画面如图 ZY2400602001-10 所示，包括顶层显示状态栏、主显示画面、底层显示状态栏三部分。

（1）顶层显示状态栏。显示固定的一些参数（不参与翻屏轮显），如通信方式、信号强度、异常告警等。

📶——信号强度指示，目前是 4 格，信号最好；

Ｇ——通信方式指示，目前是 GPRS 通信方式；

①——异常告警指示，表示集中器或测量点有异常情况；

01——当前测量点编号，目前是轮显第 1 号测量点数据。

（2）主显示画面。集中器在默认情况下为轮显模式，主要显示翻屏数据，如瞬时功率、电压、电流、功率因数等。轮显模式下按任意键可进入按键查询（或设置）模式（如图 ZY2400602001-11 所示），停止按键 1min 后回到轮显模式。在按键查询模式下，可通过按键翻屏显示所有未被屏蔽的内容；在按键设置模式下，可设置与主站通信参数、测量点运行参数、密码、时间等参数。

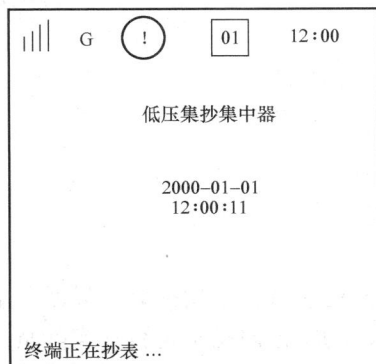

图 ZY2400602001-10　集中器显示主画面　　　图 ZY2400602001-11　集中器非轮显模式下主菜单示图

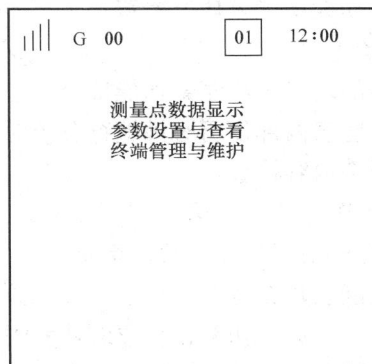

（3）底层显示状态栏。显示集中器运行状态，如任务执行状态、与主站通信状态等。

3. 采集器

采集器是指采集多个或单个电能表的电能信息，并可与集中器进行数据交换的设备。采集器显示信息较少，一般采用指示灯显示上电失电、异常告警、与主站通信状况等内容，如图 ZY2400602001-12 所示。

图 ZY2400602001-12　采集器状态显示图

电源灯——上电指示灯，绿色。采集器上电时灯亮，失电时灯灭。

ZY2400602001

模块 1

告警灯——告警指示灯，红色。

上行通信灯——上行通信状态指示灯，红绿双色灯。红色闪烁时表示采集器上行通道接收数据，绿色闪烁时表示采集器上行通道发送数据。

下行通信灯——下行通信状态指示灯，红绿双色灯。红色闪烁时表示采集器下行通道接收数据，绿色闪烁时表示采集器下行通道发送数据。

【思考与练习】

1．列举几种常见的电能表功率方向的表示方式。

2．列举几种常见的电能表当前运行时段的表示方法。

3．列举几种常见的集中器数据查询和参数设置方法。

模块 2　电子式多功能电能表功能检查（ZY2400602002）

【模块描述】本模块包含电子式多功能电能表外观检查项目及要求、电子式多功能电能表基本功能检查项目及要求。通过操作过程介绍，掌握电子式多功能电能表外观检查和基本功能检查方法。

【正文】

电能表现场检验是在实负荷运行状态下，对运行中电能表实施的在线检查和测试。

一、检验项目

电能表现场检验包括外观检查、电能表带电接线检查、多功能表功能检查（包括智能电能表功能检查）、测量实际负荷下电能表的误差、检查计量差错、不合理计量方式等检验项目，其中，电能表带电接线检查项目参见本书第四部分"电能计量装置的检查与处理"，测量实际负荷下电能表的误差项目参见模块"测量实际负荷下电能表的误差（ZY2400602003）"。下面主要讲解外观检查、多功能表功能检查内容、方法及步骤，此外，还将简要介绍检查计量差错和不合理计量方式的方法。

二、外观检查

外观检查主要检查电能表外表有无损坏，读表窗口是否整洁完好，数字显示器是否正常工作，与导线的连接是否可靠、有无过热变形迹象，电能表所有封印是否完好（如接线盒封印、电能表盖封印、编程及需量回零机构封印等），合格证是否在有效期内，线路标示是否正确，计量柜（箱）的封印是否完整，电能计量柜（箱）防止非许可的措施是否完好等。

三、多功能电能表功能检查

（一）检查项目

（1）电能表显示和测量功能检查。

（2）电能表内部日历时钟检查及校对。

（3）报警内容检查。

（二）检查方法和步骤

1．电能表显示和测量功能检查

检查电能表是否能自动轮显，显示数据是否清晰可辨，按键能否正常切换显示界面；电能表显示的实时电压、电流、功率、相位或功率因数等数值有无异常，功率方向指示是否与实际负荷运行情况一致，当前运行时段是否与用电营业规定一致。

2．电能表内部日历时钟检查及校对

（1）检查电能表内部日历时钟是否与当前日历时钟一致。通常，现场校对电能表内部时钟的方法是采用北京时间校对法。北京时间的获取方法可将便携式电脑连接在互联网上，通过登录标准授时台网址，校对便携式电脑时钟，再用电脑中预装的电能表校时软件，对电能表内部时钟进行校准。校对前应记录电能表时间差，校对后应检查电能表时钟显示界面，确认校时成功。

实际工作中，现场校时条件受限，除了利用电能表管理软件校时外，通用手段较少。利用抄表器小偏差校时的技术，随电能表厂家和款式的增多，基本上没有实用性。

当现场需要校时而不具备校时手段时，应请求技术支持或做换表处理。

（2）现场运行的电能表内部时钟与北京时间相差原则上每年不得大于 5min；校准周期每年不得少于 1 次或结合现场校验周期完成校对工作。

（3）若检查被试电能表内的日历时钟与北京时间相差在 5min 及以下，在具备时钟校准手段的前提下，可现场校对表内时间；与北京时间误差在 5min 以上，需分析原因，必要时应更换表计。

3. 电能表费率时段设置检查

大多数表型都需要配套软件才能设置检查此功能，鉴于营销管理权限，配套软件一般由专门机构管理，通常的现场校验工应不具备此项职权。也有部分表型可以通过代码调读时段设置，但不具备修改功能。可以利用该项功能检查时段设置是否满足当地电价政策。

4. 电能表结算（冻结时间）日检查

大多数电能表都需要通过配套软件才能设置检查此功能，部分表款可以通过代码调读结算日设置，但不具备修改功能。可以利用该项功能检查结算日设置是否满足当地营销规则。

5. 报警内容检查

电子式多功能电能表对运行状态有很强的监视和自检功能。一旦出现异常，会产生故障代码或报警信息。报警方式有多种，常见的有报警指示灯亮、报警符号闪烁，异常项目的标识不停闪烁或消失。现场应做详细观察，如有异常，应及时处理并作相应记录。

报警指示至少包括下列内容：

（1）功率方向改变。

（2）电压相序反。

（3）失压、断压。

（4）电流不平衡、断流。

（5）电池电压不足。

（6）自检功能报错等。

需要说明的一点是，并不是所有的报警信息都表示异常。比如，三相三线有功电能表在功率因数低于 0.5 时，一元件反映的功率为负值，电能表将发出分相功率方向改变的报警信息，但此时电能表运行情况恰恰是正常的。低压三相四线型电能表也会因为低压配电网三相负荷不平衡而触及电流不平衡报警阀值，引起电流符号闪烁，所以对电能表报警内容检查时要结合电能表实际运行工况进行。

四、智能电能表功能检查

在对智能电能表进行现场检验时除了检查多功能电能表所有功能检查项目外，还应检查以下项目：

（1）检查存储器是否归零，电量是否丢失。

（2）检查费控功能，检查当前电价设置是否正确（时区、时段）。

（3）检查电能表通信是否正常，包括红外通信、485 通信、载波通信，现场检验前应检查下发指令有无应答。

（4）检查是否有误拉闸报警，剩余电费未到报警限时是否有误报警。

（5）检查是否有报警和跳闸失效故障。

（6）检查是否有超过囤积金额情况。

（7）首次现场校验时检查密钥下装是否正常。

五、检查计量差错

对于现场计量有差错的，应及时更正处理，对超出装表接电工范围的项目应逐级上报。在现场检验电能表时，应检查下列计量差错：

（1）电能表倍率差错。电能表的计费倍率 K_G 应按式（ZY2400602002-1）计算。

$$K_G = K_I K_U \hspace{4cm} \text{（ZY2400602002-1）}$$

式中 $K_I K_U$——与电能表连用的计量用电流互感器和电压互感器的变比。

（2）电压互感器熔断器熔断或二次回路接触不良。

（3）电流互感器二次回路接触不良或开路。

（4）电压相序反。

（5）电流回路极性不正确。

（6）电压接入元件，与电流接入元件不对应。

六、检查不合理计量方式

发现有不合理计量方式，应及时更正处理，对超出装表接电工范围的项目应逐级上报。在现场检验电能表时，应检查下列不合理计量方式：

（1）电流互感器的变比过大，致使电流互感器经常在30%额定电流以下运行的。

（2）电压互感器的额定电压与线路额定电压不相符的。

（3）电能表接在电流互感器非计量二次绕组上。

（4）多绕组或多抽头电流互感器，非计量二次绕组的不规范处理。

（5）电能表电压回路未接到相应的母线电压互感器二次绕组上。

【思考与练习】

1. 三相三线有功电能表在功率因数低于 0.5 时，一元件功率反向报警，为什么？

2. 读表界面"Ua、Ub、Uc"同时闪烁，表示何种故障？

模块 3　测量实际负荷下电能表的误差（ZY2400602003）

【模块描述】 本模块包含电子式多功能电能表现场检验项目、实际运行中电能表误差测试的工作程序及注意事项。通过操作程序介绍、图解列表说明，掌握实际负荷下电能表误差的测试方法。

【正文】

电能表是电能计量装置的重要组成部分，运行中的误差变化，会直接影响电能计量的准确性。为保证电能计量装置现场运行合格率，按 SD 109—1983《电能计量装置检验规程》、JJG 1055—1997《交流电能表现场校准技术规范》的规定，应在现场具有一定负荷条件下对电能表进行误差测试。鉴于计量装置的数量众多，按照电能计量装置月计电量的多少或装见容量的大小，将电能计量装置进行五类划分，在规定的时间周期内，对其中的 I～IV 类高压电能计量装置中的电能表开展现场实负荷检验。

（1）新投运或改造后的 I、II、III、IV 类高压电能计量装置，应在 1 个月内进行首次现场检验。

（2）I 类电能表至少每 3 个月现场检验一次；II 类电能表至少每 6 个月现场检验一次；III 类电能表至少每年现场检验一次；IV 类高压电能表至少两年现场检验一次。

一、人员、设备、安全工作要求

1. 安全技术要求

（1）根据电能计量装置安装位置办理第二种工作票或现场标准化作业指导书。

（2）至少有 2 人一起工作，其中 1 人进行监护。

（3）在工作区范围设立标示牌或护栏。

（4）工作时，按规定着装，戴绝缘手套，穿绝缘鞋，并站在绝缘垫上，操作工具绝缘良好。

（5）在接通和断开电流端子时，必须用仪表进行监视。

（6）在运行中的电能计量装置二次回路上工作时，电压互感器二次严格防止短路和接地，电流互感器二次严禁开路。

2. 现场检验条件

在现场检验时，工作条件应满足下列要求：

（1）环境温度：0～35℃之间；相对湿度≤85%。

（2）频率对额定值的偏差不应超过 ±2%。

（3）电压对额定值的偏差不应超过 ±10%。

（4）现场负荷功率应为实际常用负荷，当负荷电流低于被检电能表标定电流的 10%（S 级的电能表为 5%）或功率因数低于 0.5 时，不宜进行现场误差检验。

（5）负荷相对稳定。

3. 现场检验常用仪器

电能表现场检验标准广泛采用电能表现场校验仪（以下简称现校仪）。现校仪应满足下列要求：

（1）现校仪准确度等级至少应比被检电能表高两个准确度等级。现校仪的电压、电流、功率测量的准确度等级应不低于 0.5 级。现校仪的准确度等级和对电能的测量误差应符合表 ZY2400602003-1 规定。

表 ZY2400602003-1　　　　　　　　现校仪的准确度等级和对电能的测量误差

被检电能表的准确度等级	0.2	0.5	1	2
现校仪准确度等级	0.05	0.1	0.2	0.3

（2）现校仪应至少每 3 个月在试验室比对一次。每一年送标准检定机构做周期检定。允许使用标准钳形电流互感器（以下简称电流钳）作为现校仪的电流输入组件，校准时，现校仪与电流钳应整体校准；在现场校验 0.5 级及以上精度电能表时，现校仪电流回路应采用直接接入方式串入电能计量装置二次电流回路，避免电流钳自身的误差影响检验结果。

（3）现校仪应适用各种接线方式：Y 形、V 形；单相、三相三线、三相四线。

（4）现校仪必须按固定相序使用，且有明显的相别标志。

（5）现校仪和被检电能计量装置之间的连接导线应有良好的绝缘，中间不允许有接头，并应有明显的极性和相别标志，其中，现校仪的电流连接端子应具有自锁功能。

（6）现校仪接入电路的通电预热时间，应遵照仪器使用说明的要求。

（7）现校仪必须具备运输和保管中的防尘、防潮和防振措施。

二、现场检验步骤

现场实负荷测定电能表误差时，采用标准电能表法（即现校仪）。使现校仪与受检电能表同时工作在连续条件下，利用光电采样控制或被检表校表脉冲输出控制等方式，将受检电能表转数（脉冲数）转换成脉冲数，控制现校仪计数来确定受检电能表的相对误差。

（1）现校仪引出线检查。引出线应是专用分相色测试软线，导线两端固化有通用插接头，插接头插入部分应有锁紧装置（或钢丝应力针）。在使用前，应检查导线绝缘良好无破损。

（2）打开被检电能表接线盒、试验端子盒盖，检查所有端子与导线连接应紧密、牢固。

（3）检查现校仪电源设置开关位置，应与选择的仪器电源方式匹配。可选择外接 220V 电源或内接电源（100V），接通现校仪电源。

（4）按规定顺序接连接测试导线，安全可靠地从接线盒（试验端子）接入与被检表相同的电流、电压回路，满足电流回路串联，电压回路并联的原则。经联合试验盒接入现校仪前后的接线图如图 ZY2400602003-1、图 ZY2400602003-2 所示。

如果仪器选择内接电源，则应先将仪器电压测试线接入电能计量装置，然后开启仪器电源开关，再接入电流测试信号。

（5）根据被校表型式设置校验仪工作参数。

（6）打开电流试验端子连接片，用现校仪的电流指示值界面进行监视，接线人员、监视仪表人员要前后呼唤应答。现校仪的电流指示应为流经被检电能表电流线圈的电流值。

（7）从校验仪界面上检查电能计量装置的向量关系和实负荷各项参数是否满足技术要求。

（8）在负荷相对稳定的状态下，采用光电采样控制或脉冲信号控制进行误差测试并记录校验条件参数和误差数据。

（9）检验结束，短接电流试验端子。用现场校验仪电流指示值界面监视并确认短接良好，流经校验仪的电流趋于零值。接线人员、监视仪表人员要前后呼唤应答。

（10）从电能计量装置二次回路拆除试验导线。关闭校验仪电源开关，盖好试验接线盒盖，紧固所有的封装螺丝。

（11）粘贴现场检验证，给被检表接线盒盖及装置加装封印。清理现场，恢复原状。请客户对现场检验记录、检验结果和现场电能计量装置恢复确认签字。

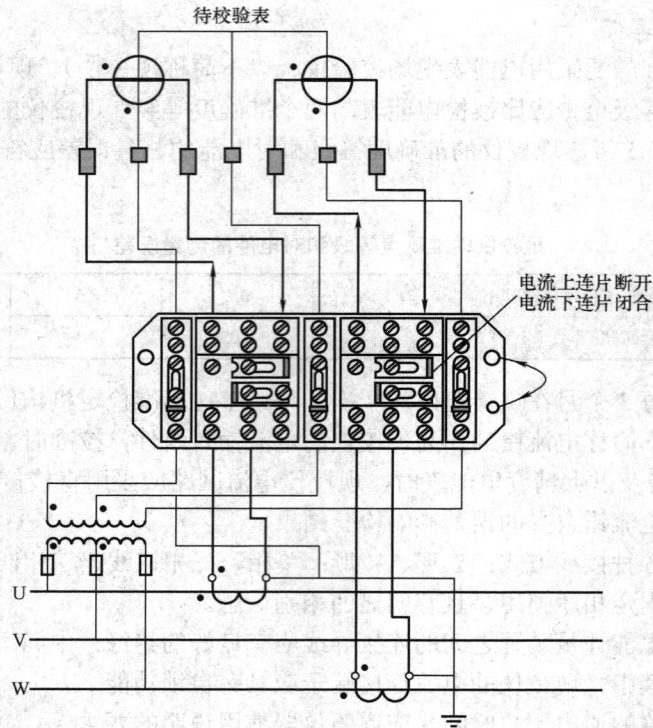

图 ZY2400602003-1　三相三线电能表现场实负荷运行接线图

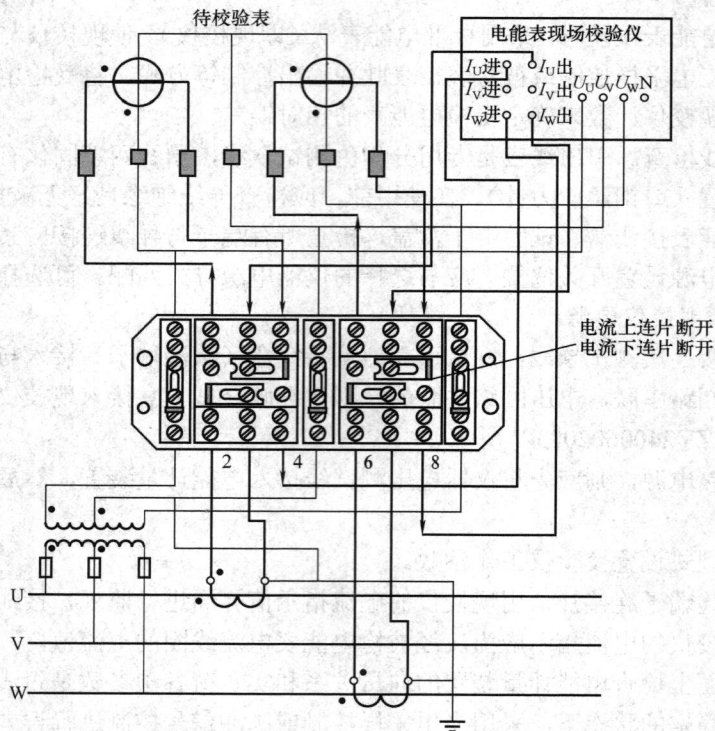

图 ZY2400602003-2　三相三线电能表现场实负荷检验接线图

三、现场检验注意事项

（1）现校仪的接线要核对正确、牢固，特别要注意电压与电流不能接反。

（2）现校仪的接入和拆除不应影响被检电能表的正常工作。

（3）现校仪与被检电能表对应的元件接入的是同一相电压和电流。

（4）接线过程中，严禁电压回路短路或接地，电流回路开路。

（5）现场检验时，本工种人员无权打开电能表大表盖。

（6）在打开电流端子的过程中，动作要慢，发现异常应立即停止并进行还原操作。

（7）如采用校表脉冲信号控制线测试误差时，控制线在连接被检表校表脉冲输出端时，应小心谨慎，避免与其他带电体接触。控制线如有多余的金属线头，应做绝缘处理。

（8）测试线连接完毕后，应有专人检查，确认无误后，方可进行检验。

（9）现场检验三相三线电能表时，应将捆扎成束的测试线中的空置导线做临时绝缘处理，避免误碰带电体造成事故。

（10）电能表现场校验过程中不应插、拔电流钳插头。

（11）电流钳使用前应检查钳口结合部是否清洁，如有污垢杂质应仔细清理后再使用，否则会带来较大的测量误差。使用时钳口闭合接触应良好，测量时不要用手挪动钳口，或用手施力夹紧钳头。

（12）与现校仪配用的标准电流钳在出厂前已与现校仪一起做配对调试，使用中，必须按照原配相色使用，更不能与另外的仪器互换，否则会带来额外的测量误差。

四、现场检验结果处理

1. 电能表现场检验误差限的管理

电能表现场检验的外部条件达不到试验室规定的检定条件，因此判定现场运行的电能表是否超差，以电能表室内检定标准规定的误差限判定是不合适的。JJG 1055—1997《交流电能表现场校准技术规范》中规定，现场校验时，运行中电能表检验误差均做适当放大，电能表现场检验允许误差限参见表 ZY2400602003-2、表 ZY2400602003-3 和表 ZY2400602003-4。

表 ZY2400602003-2　　　　电子式电能表现场检验时允许的工作误差限

类　别	负荷电流	功　率　因　数[②]	工作误差限（%）			
			0.2 级	0.5 级	1 级	2 级
安装式有功电能表[③]	$0.1 \sim I_{max}$[①]	$\cos\varphi = 1.0$	± 0.3	± 0.7	± 1.5	± 3.0
	$0.1I_b$	$\cos\varphi = 0.5$（感性）	± 0.5	± 1.0	± 2.5	± 4.0
		$\cos\varphi = 0.8$（容性）	± 0.5	± 1.0	± 2.5	± 4.0
	$0.2I_b \sim I_{max}$	$\cos\varphi = 0.5$（感性）	± 0.5	± 1.0	± 2.0	± 3.4
		$\cos\varphi = 0.8$（容性）	± 0.5	± 1.0	± 2.0	± 3.4
安装式无功电能表[③]	$0.1 \sim I_{max}$[①]	$\sin\varphi = 1.0$（感性或容性）			± 1.5	± 3.0
	$0.1I_b$	$\sin\varphi = 0.5$（感性或容性）			± 2.0	± 4.0
	$0.2I_b \sim I_{max}$	$\sin\varphi = 0.5$（感性或容性）			± 1.7	± 3.4
	$0.5I_b \sim I_{max}$	$\sin\varphi = 0.25$（感性或容性）			± 2.0	± 4.0

注　表中未给定值［如 1.0 > $\cos\varphi$ > 0.5（L）］用内插法求出。

① I_b—标定电流，I_{max}—额定最大电流。

② 角 φ 是指相电压与相电流之间的相位差。

③ 包括由电子测量单元组成的电能表。

表 ZY2400602003-3　　　　机电式电能表现场检验时允许的工作误差限

类　别	负荷电流	功　率　因　数[②]	工作误差限（%）			
			0.5 级	1.0 级	2 级	3 级
安装式有功电能表[③]	$0.1 \sim I_{max}$[①]	$\cos\varphi = 1.0$	± 1.0	± 1.5	± 3.0	
	$0.1I_b$	$\cos\varphi = 0.5$（感性）	± 2.0	± 2.5	± 4.0	
		$\cos\varphi = 0.8$（容性）	± 2.0	± 2.5	± 4.0	
	$0.2I_b \sim I_{max}$	$\cos\varphi = 0.5$（感性）	± 1.5	± 2.0	± 3.4	
		$\cos\varphi = 0.8$（容性）	± 1.5	± 2.0	± 3.4	

续表

类　别	负荷电流	功率因数[2]	工作误差限（%）			
			0.5 级	1.0 级	2 级	3 级
安装式无功电能表[3]	$0.1I_b$	$\sin\varphi = 1.0$（感性或容性）			± 4.0	± 5.0
	$0.2I_b \sim I_{max}$	$\sin\varphi = 1.0$（感性或容性）			± 3.0	± 4.0
	$0.2I_b$	$\sin\varphi = 0.5$（感性或容性）			± 5.0	± 7.4
	$0.5I_b \sim I_{max}$	$\sin\varphi = 0.5$（感性或容性）			± 3.4	± 5.0
	$0.5I_b \sim I_{max}$	$\sin\varphi = 0.25$（感性或容性）			± 6.0	± 8.0

注　表中未给定值[如 $1.0 > \cos\varphi > 0.5$（L）]用内插法求出。

① I_b—标定电流，I_{max}—额定最大电流。

② 角 φ 是指相电压与相电流之间的相位差。

③ 包括由电子测量单元组成的电能表。

按照 JJG 1055—1997《交流电能表现场校准技术规范》的定义，对于用于重要贸易结算和经济核算的电能表，经供用电双方同意，在现场校验时的工作误差，在满足现场校验条件下，可按照表 ZY2400602003-4 判断是否合格。

表 ZY2400602003-4　　用于重要贸易结算Ⅰ~Ⅲ类电能表现场检验时允许工作误差限

类　别	负荷电流	功率因数[2]	工作误差限（%）		
			0.2 级	0.5 级	1 级
安装式有功电能表	$0.1 \sim I_{max}$[1]	$\cos\varphi = 1.0$	± 0.2	± 0.5	± 1.0
	$0.1I_b$	$\cos\varphi = 0.5$（感性）	± 0.5	± 1.3	± 1.5
		$\cos\varphi = 0.8$（容性）	± 0.5	± 1.3	± 1.5
	$0.2I_b \sim I_{max}$	$\cos\varphi = 0.5$（感性）	± 0.3	± 0.8	± 1.0
		$\cos\varphi = 0.8$（容性）	± 0.3	± 0.8	± 1.0
安装式无功电能表	$0.1I_b$	$\sin\varphi = 1.0$（感性或容性）			± 1.5
	$0.2I_b \sim I_{max}$	$\sin\varphi = 1.0$（感性或容性）			± 1.0
	$0.2I_b$	$\sin\varphi = 0.5$（感性或容性）			± 2.0
	$0.5I_b \sim I_{max}$	$\sin\varphi = 0.5$（感性或容性）			± 1.0
	$0.5I_b \sim I_{max}$	$\sin\varphi = 0.25$（感性或容性）			± 2.0

① I_{max}——额定最大电流。

② 角 φ 是指相电压与相电流之间的相位差。

在各网省公司的电力营销管理标准中，也制订有相关的现场检验标准，表 ZY2400602003-2 ~ 表 ZY2400602003-4 中列出的现场检验时允许的工作误差限供参考。

2. 电能表现场检验误差的处理

按照 JJG 1055—1997《交流电能表现场校准技术规范》的规定，现场校准的结果应进行做修约化整处理并出具校准证书。在实际运用中，由于现场检验的条件不可控，按趋势性判定检定结果更符合实际，因此，对于电能表现场检验（不是检定或校准）结果不做化整修约，不出具证书，只记录检测误差数据。原始记录填写应用签字笔或钢笔书写，不得任意修改。

电能表现场检验误差测定次数一般不得少于 2 次，取其平均值作为实际误差，对有明显错误的读数应舍去。当实际误差在最大允许值的 80% ~ 120% 时，至少应再增加 2 次测量，取多次测量数据的平均值作为实际误差。当现场检验电能表的相对误差超过规定值时，不允许现场调整电能表误差，应在 3 个工作日内换表。

需要特别指出的是，按照《供用电营业规则》的规定，电能表现场检验获得的误差数据不得作为计算退补电量的依据。

【思考与练习】

1．电能表现场校验时主要检查内容有哪些？

2．电能表现场校验时注意事项有哪些？

3．采用现校仪校表时的步骤有哪些？

4．画出用标准表对三相三线电能表进行现场校验的接线原理图。

第二十章 TV 二次回路压降和 TA 二次负荷测试

模块 1 TV 二次回路压降测试（ZY2400603001）

【模块描述】 本模块包含电压互感器二次回路压降测试程序及注意事项。通过操作程序介绍、图解说明，掌握电压互感器二次回路压降测试方法。

【正文】

TV 二次回路压降引起的计量误差与二次负荷大小、性质及接线方式有关，在绝大多数情况下，二次回路压降引起的计量误差为负值，如果误差较大，将造成电能表少计。为保证现场运行的电能计量装置的准确性，DL/T 448—2000《电能计量装置技术管理规程》规定：Ⅰ、Ⅱ类用于贸易结算的电能计量装置中 TV 二次回路电压降应不大于其额定二次电压的 0.2%；其他电能计量装置中电压互感器二次回路电压降应不大于其额定二次电压的 0.5%。因此应遵照 DL/T 448—2000《电能计量装置技术管理规程》的规定，对运行中的 TV 二次回路压降进行定期检测，发现问题及时处理。

一、人员、设备、安全工作要求

1. 安全工作要求

（1）进行 TV 二次回路压降的测试工作，应办理第二种工作票。

（2）至少有 4 人一起工作，其中两侧各 2 人进行监护。

（3）应在工作区范围设立标示牌或护栏。

（4）确认工作位置与工作票相符。确认测试仪接入电能计量装置端子。

（5）工作时，按规定着装，戴绝缘手套、安全帽，穿绝缘鞋，并站在绝缘垫上，操作工具绝缘良好。

（6）在带电的电压互感器二次回路上工作时，严格防止短路或接地。

2. TV 二次回路压降测试设备

进行 TV 二次回路压降的测试，目前广泛采用二次压降测试仪。对二次压降测试仪的要求如下：

（1）二次压降测试仪应具有经权限部门检测合格的有效证书。

（2）二次压降测试仪的允许误差应不低于 ±2.0%（允许误差应包含测试引线所带来的附加误差，实际使用时应进行修正）（实际上仪器已达到 ±1%比差读数 +±1%角差读数）。

（3）二次压降测试仪的分辨力应不小于：比差 f：0.01%，角差 δ：0.01（′）。

（4）二次压降测试仪工作回路（接地的除外）对金属板及金属外壳之间的绝缘电阻应不小于 20MΩ，工作时不接地回路线（包括交流电源插座）对金属外壳应能承受效值为 1.5kV 的 50Hz 正弦波电压 1min 耐压试验。

（5）二次压降测试仪对被测试回路带来的负荷最大不超过 0.5VA（实际仪器已做到 0.2VA）。

（6）接入系统产生的冲击电流不大于 100mA。

二、TV 二次回路压降测试方法及步骤

1. 准备工作

（1）测试前用 500V 绝缘电阻表（或万用表高阻档）检查所有测试导线（包括电缆线车）的每芯间，芯与屏蔽层之间的绝缘情况。

（2）测试导线应有明显的相别标志，连接 TV 和电能表侧的鳄鱼嘴夹绝缘护套完好。

（3）检查测试导线接头与二次压降测试仪的接触是否紧密、牢固。

（4）检查二次压降测试仪工作电源是否充电完好。

2．二次压降测试仪自校

二次压降测试仪在现场使用时，需要在电能表与TV之间接入一根辅助测试电缆，利用辅助电缆获取的参数与实际计量回路的参数进行比较，得到我们需要的二次回路电压降等运行参数。然而，辅助电缆自身是有内阻的，而且这个"负荷"的性质是容性的，加之二次压降测试仪的两个输入端的阻抗也差别很大，将辅助电缆线车放在二次压降测试仪侧或放在电能表侧，会带来不同的测量误差。因此，要求将二次压降测试仪的连接方式所带来的附加误差先测出来，保存在仪器中，便于在实际测量时自动修正，以得到正确的测量数据，这项工作叫"自校"。

一般仪器在出厂时按照配置的一个测试线车的标准长度（如：200m）自检并将误差存入仪器内，实际使用时，若辅助电缆长度发生变化或更换电缆时必须重新测量。三相三线始端自校接线图如图ZY2400603001-1。按照示意图连接好导线时，开机，选择自校界面，再选择"始端方式"，确认，仪器自动开始自校，提示完毕时，按"Yes"保存。

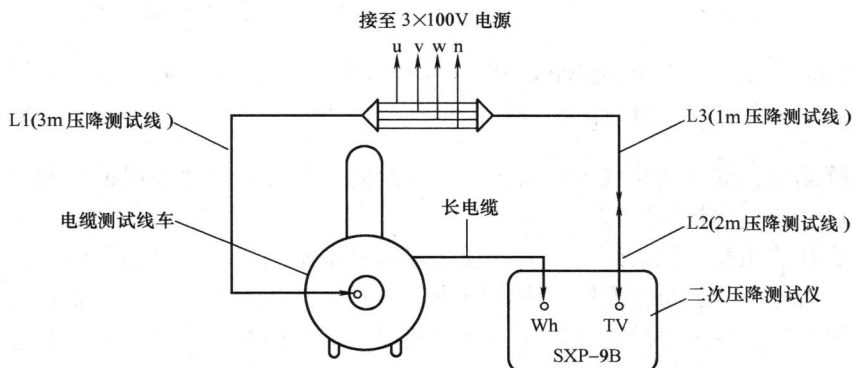

图ZY2400603001-1　测试仪始端自校接线示意图

三相四线自校，在连接好电源后，选择四线模式，按"Yes"键即可完成自校。

自校工作可以在有三相100（57.7）V工作电源的室内进行（如校表台），也可以在现场进行。仪器可根据接入的自检电源，选择三相三线和三相线自检模式。

如果采用预先自校模式，到现场工作后，也应该保持自校时的接入模式。

末端自校的操作与连线与始端自校方式相同，不同的是此时长电缆应接仪器的TV输入端，而短线L2接仪器Wh输入端，如图ZY2400603001-2所示。

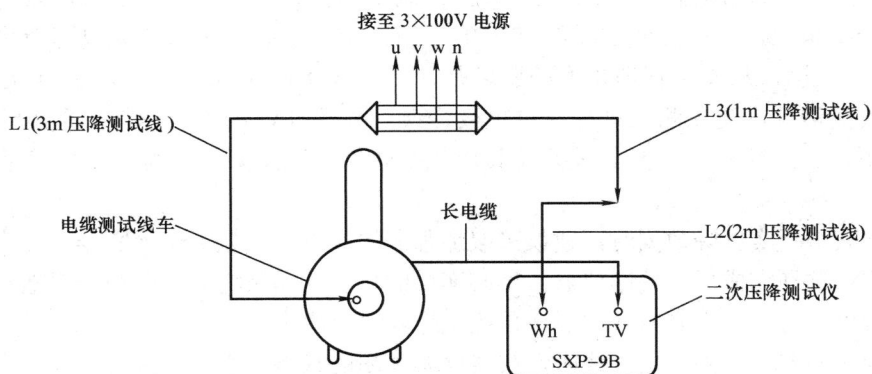

图ZY2400603001-2　测试仪末端自校接线示意图

在实际运用中采用何种自校方式，并没有刻意要求，只是仪器自身的特性可能由于现场仪器、线车摆放位置的变化，导致附加误差产生提出的技术要求。

3．二次压降的测试

（1）接线。按照自校时确定的模式，正确地将辅助电缆、测试短线连接在TV出口侧和电能表端子侧（图 ZY2400603001-3 为始端方式现场测量接线图；图 ZY2400603001-4 为末端方式现场测量接线图，线车与仪器一起——仅适合测 TV 二次压降）。

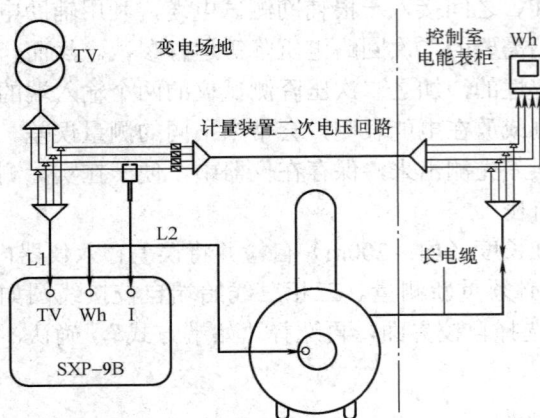

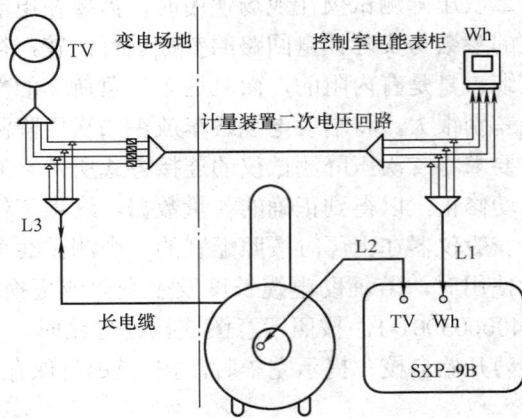

图 ZY2400603001-3 始端方式现场测量接线图

（适合测 TV 二次压降、二次负荷）

图 ZY2400603001-4 末端方式现场测量接线图

（仅适合测 TV 二次压降）

一般二次压降测试仪提供的接线方式有多种，使用时，应按照仪器使用说明书的要求，根据现场情况和测试需要选择合适的接线方式。

所有测试线头都按照黄、绿、红、黑分相色，接入时应根据电能计量装置导线编号分别接入对应的电压回路。测试线与仪器之间的连接件应按照特定方向插入并锁紧，TV、电能表侧采用带绝缘护套的鳄鱼嘴夹，夹入时应确保夹接的可靠，还应将连接鳄鱼嘴夹的电缆做临时悬挂固定，防止鳄鱼嘴夹受力脱落造成安全事故。

（2）检查接线无误时，开启测试仪电源开关，仪器会自动校对 TV、电能表两侧接入电压的一致性，当出现错相报警时，应关闭仪器电源，仔细检查两侧的对应关系，将其更正后，重新开机。

（3）需要时，根据连接方式进入自校界面，完成仪器自校程序。

（4）从主菜单选择测试方式，按照仪器使用说明开始测试项目的选择和设置，启动测试功能，完成压降的测试。

（5）检查仪器测试数据并记录或保存。关机，拆除测试线，恢复电能计量装置封印，结束工作票。

三、TV 二次回路压降测试注意事项

（1）现场开展 TV 二次压降测试工作时，安全控制是排在第一位的，特别是 110kV 及以上的 TV，一次直接接入一次系统，二次出线进场的 TV 端子箱，箱内安装有熔断器或快速断路器，用于保护 TV 二次回路短路故障。从安全管理角度的要求是，二次压降测试只能在端子箱 TV 出口熔断器（隔离开关）的出线侧进行，避免测试过程发生短接错误，危及 TV 的安全运行。采用这种方式，二次压降测量值就不包含熔断器（隔离开关）及其接触电阻对二次压降的影响，由此可能导致测量量值不真实。

在确实需要获得真实压降数据时，建议采取加强监护的方式，先测试熔断器（隔离开关）出线侧二次压降，在测试顺利完成后，关闭仪器，小心谨慎的将测试鳄鱼嘴夹，一个一个地夹在熔断器的电源侧，检查连接可靠时，开机测取数据后，再逐项拆除鳄鱼嘴夹。

（2）为了操作的安全，测试仪接线时，仪器电源关闭的状态下进行。接线的顺序应先连接仪器板面测试线和电缆车的端子，后连接被测线路。接电的顺序是先结 TV 侧，后接电能表侧。测试结束，拆除接线的顺序应与此相反。

（3）绝不可将仪器的任何一输入端接地，一旦这样做，可能导致电力系统事故。

（4）在三相三线模式下测试时，测试电缆的 N 相（黑色鳄鱼嘴夹）应悬空并做绝缘包扎，不允许做短接处理。

（5）仪器工作时，测试电缆的屏蔽层允许不接地。当在变电场地，强电磁场环境测试数据不稳定

时，应将测试电缆的屏蔽线接地。

（6）对于因熔断器（隔离开关）接触电阻明显影响二次压降的回路，应将分析结果、整改方案上报管理部门，安排技改。

（7）关于压降计算中的功率因数值。在计算二次压降所带来的偏差时，需要确定电能计量装置所带负荷的功率因数值，由此获得 φ 角，取正切值后代入压降引起的综合误差计算式，求得综合误差。一般来讲，一条线路，一经投入运行其二次压降基本不变，但是负荷的功率因数却存在一个波动范围，从有限波动的角度讲，通常是采取线路的平均功率因数，代入计算。为提高计算准确度，建议二次压降测试工作与电能表现场校验工作同时进行，利用校验仪接入计量二次回路所测量的 φ 角，输入测试仪，以获取更准确的误差数据。

四、TV 二次回路压降测试结果分析与处理

（1）TV 二次回路压降超差，应在现场做技术分析，在原始记录上注明原因。如果涉及电量退补，应保全现场接线状态，通知用电管理部门介入处理。

（2）测试数据应包含回路中全部影响因素，如果存在未包括项应，在原始记录中注明。

（3）测试中发现因设计原因产生的不符合项，只能上报管理部门，不允许本工种现场做任何整改。

（4）判断 TV 二次回路电压降误差是否超过误差限值，应以修约后的数据为准。误差限值及误差的修约间距见表 ZY2400603001-1。

（5）测试数据应按规定的格式和要求填写在原始记录单中，原始记录的填写应用签字笔或钢笔书写，不得任意修改。对于运用测试器完成的测试项目，还应将数据保存在仪器中。

表 ZY2400603001-1　　现场电压互感器二次回路压降的相对限值

电能计量装置类型	相对限值（%）	修约间距
Ⅰ、Ⅱ类	0.2	0.02
其他	0.5	0.05

【思考与练习】

1．某 $3 \times 100V$ 三相三线电路，电压二次回路压降测试数据为：$f_{UV} = -0.1\%$，$\delta_{UV} = 1'$，$f_{WV} = -0.2\%$，$\delta_{WV} = 2'$，求 $\cos\varphi = 0.8$ 时电压降。

2．某三相四线电路，电压二次回路压降测试数据为：$f_u = 0.2\%$，$\delta_u = 4'$；$f_v = -0.3\%$，$\delta_v = 5'$；$f_w = 0.1\%$，$\delta_w = 3'$。求 $\cos\varphi = 0.9$ 时电压降。

3．光明机械厂系 10kV 客户，变压器容量为 $1250kVA \times 2$，说明计量配置 TA、TV 的二次负荷和压降允许值分别为多少？

4．在进行电压互感器二次回路的电压降测试时，其接线时的注意事项是什么？

模块 2　TA 二次负荷测试（ZY2400603002）

【模块描述】 本模块包含电流互感器二次负荷测试程序及注意事项。通过操作程序介绍，掌握电流互感器二次负荷测试方法。

【正文】

TA 的二次负荷是指 TA 二次回路所接的测量仪表、连接导线、继电保护、数据采集装置及回路接触电阻的总和。

与 TV 一样，TA 二次负荷特性与误差特性曲线相对应，呈非线性关系。负荷过重或过轻，都会导致误差特性变坏从而引起较大的计量偏差。在必要时，对运行中的 TA 二次回路负荷进行测量是掌握和调整电能计量装置综合误差的一个重要途径。

一、人员、设备、安全工作要求

1．安全工作要求

（1）进行电流互感器（以下简称：TA）二次负荷测试工作，应办理第二种工作票。

（2）至少有 2 人一起工作，其中 1 人进行监护。

（3）应在工作区范围设立标示牌或护栏。

（4）工作时，按规定着装、戴绝缘手套、安全帽，穿绝缘鞋，并站在绝缘垫上，操作工具绝缘良好。

（5）在带电的 TA 二次回路上工作时，严禁将 TA 二次侧开路。

2. TA 二次负荷测试设备

进行互感器二次负荷测试，广泛采用二次回路负荷在线测试仪（以下简称：二次负荷测试仪）。对二次负荷测试仪的要求如下：

（1）二次负荷测试仪应具有经权限部门检测合格的有效证书。

（2）二次负荷测试仪的允许误差应不低于 ±2.0%（允许误差应包含测试引线所带来的附加误差，实际使用时应进行修正）（实际上仪器已达到 ±1%电阻读数 +±1%电抗读数）。

（3）二次负荷测试仪的分辨力应不小于：电阻读数 R：0.01%（单位：Ω），电抗读数 X：0.01%（单位：Ω）。数字电流表：±1.0%读数 + 末位 1 个字（单位：V）。

（4）电流采样钳精度等级：1A、5A 时，0.2 级。

二、TA 二次负荷测试方法和步骤

1. 准备工作

（1）测试前用绝缘电阻表（或万用表高阻挡）检查各测试导线的绝缘情况。

（2）检查测试导线接头与二次负荷测试仪的接触是否紧密、牢固。

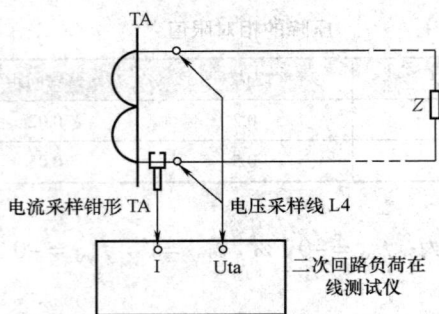

图 ZY2400603002-1　在线测量 TA 二次负荷接线图

（3）检查 TA 二次回路接线是否正确，接线端子处连接是否牢固。

（4）检查二次负荷测试仪工作电源是否充电完好。

2. 测试

（1）正确的采样应靠近 TA 出口侧。按照二次负荷测试仪要求，接入测试导线。打开二次负荷测试仪电源，分别接入电压采样线和电流采样钳。注意，钳形电流表测点应在取样电压测点的前方（靠近互感器侧）。使用二次负荷测试仪实现 TA 二次负荷在线测量接线示意图如图 ZY2400603002-1 所示。

电流互感器二次负荷容量按式（ZY2400603002-1）计算：

$$S = I_{2N}^2 (K_{jx} R_L + K_{jx2} Z_m + R_k) \qquad (ZY2400603002\text{-}1)$$

式中　K_{jx}——二次回路导线接线系数，分相接法为 2，不完全星形接法为 $\sqrt{3}$，星形接法为 1；

　　　K_{jx2}——串联线圈总阻抗接线系数，不完全星形接法时如存在 V 相串联线圈（例：接入 90°跨相无功电能表）则为 $\sqrt{3}$，其余均为 1；

　　　I_{2N}——电流互感器二次额定电流，A，一般为 5A；

　　　Z_m——计算相二次接入电能表电流线圈总阻抗，Ω；

　　　R_L——二次回路导线电阻，Ω；

　　　R_k——二次回路接头接触电阻，Ω，一般取 0.05～0.1Ω，此处取 0.1Ω。

（2）严格按照二次负荷测试仪使用说明书，正确操作二次负荷测试仪，完成测量工作。完整地记录和保存测试数据。

（3）测试工作结束，先拆除测试导线，然后关闭测试仪电源。

（4）测试完成后，清理现场，恢复原状，确认无误后方可撤离现场。

三、TA 二次负荷测试注意事项

（1）负荷电流应相对稳定，二次电流不低于二次负荷测试仪的启动电流。

（2）接线要牢固、可靠，测试过程中避免碰触接线，有防止电压采样线鳄鱼嘴夹脱落的措施。

（3）使用二次负荷测试仪配套的测试导线及标准钳形电流互感器。

（4）保持标准钳形电流互感器钳口的清洁及闭合良好。

（5）二次负荷测试仪标准配置有 1、5A 钳形电流互感器，应根据被测 TA 二次电流选择适当的钳形电流互感器，以提高测量精度。

四、TA 二次负荷测试结果分析与处理

（1）根据 TA 额定二次负荷和测试情况判断其实际二次负荷状态，对不符合要求的，应在原始记录上说明原因。如果涉及电量退补，应保全现场接线状态，通知用电管理部门介入处理。

（2）测试中发现因设计原因产生的不符合项，只能上报管理部门，不允许本工种现场做任何整改。

（3）测试数据应包含回路中全部影响因素，如果存在未包括项应，在原始记录中注明。

（4）判断 TA 二次负荷是否负荷要求，应以修约后的数据为准。电流互感器实际二次负荷记录值按 0.1VA 修约。

（5）测试数据应按规定的格式和要求填写在原始记录单中，原始记录的填写应用签字笔或钢笔书写，不得任意修改。

【思考与练习】

1．进行电流互感器二次负荷测量时，应注意哪些问题？

2．技术管理规程对 TA 二次运行负荷有什么要求？

模块
2

ZY2400603002

第七部分

营销业务应用

第二十一章　营销业务应用

模块 1　营销业务应用系统中的装表接电业务
（ZY2400701001）

【模块描述】本模块包含"SG186 工程"营销业务应用系统中与装表接电工作有关的业务子项，如周期轮换、关口新装、设备更换、设备拆除、关口计量异常处理和故障、差错处理，以及终端安装、更换、拆除等内容。通过框图讲解、截图介绍，掌握营销业务应用系统中的装表接电业务流程及具体操作方法。

【正文】

国家电网公司"SG186 工程"的含义是：SG 是国家电网公司英文缩写；1 代表建设成一体化企业级信息化集成平台；8 代表八大应用模块（财务资金、营销管理、安全生产、协同办公、人力资源、物资管理、项目管理、统合管理）；6 代表六大保障体系（安全防护体系、标准规范体系、管理调控体系、评价考核体系、技术研究体系、人才队伍体系）。"SG186 工程"营销业务应用系统，是国家电网公司"SG186"工程的重要组成部分，是一个业务涵盖范围宽、应用技术复杂、覆盖范围广、涉及面宽的综合营销业务处理平台，将营销业务领域相关的业务划分为"客户服务与客户关系"、"电费管理"、"电能计量及信息采集"和"市场与需求侧"等 4 个业务领域及"综合管理"，共 19 个业务类、137 个业务项及 753 个业务子项。

营销业务应用系统中的装表接电业务主要涉及"计量点管理"业务类中的周期轮换、关口新装、设备更换、设备拆除、关口计量异常处理和故障、差错处理等 6 个业务子项与"电能信息采集"业务类中的终端安装、更换、拆除 3 个业务子项。

一、周期轮换

周期轮换是"计量点管理"业务类中"运行维护及检验"业务项下的一个业务子项，是按照 DL/T 448—2000《电能计量装置技术管理规程》和电能计量器具检定规程的要求将现场运行的设备定期拆回实验室检定，以确保设备的计量准确性和运行可靠性。包括：轮换计划制订、调整、审批以及轮换的执行情况，如图 ZY2400701001-1 所示。

1. 周期轮换流程

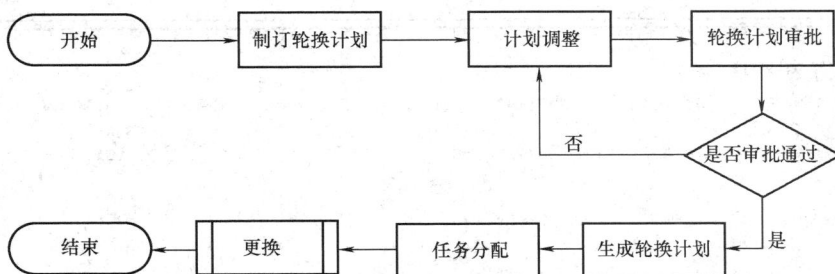

图 ZY2400701001-1　周期轮换流程图

2. 具体操作方法

（1）周期轮换计划制订人员定期编制周期轮换计划（电能表轮换、互感器轮换），提交计划审批人员进行审批。周期轮换计划界面如图 ZY2400701001-2 所示。在 A 区中选择计划年份、工作内容后，点击<制订计划>按钮，系统将按照年份、月份自动制订计划。

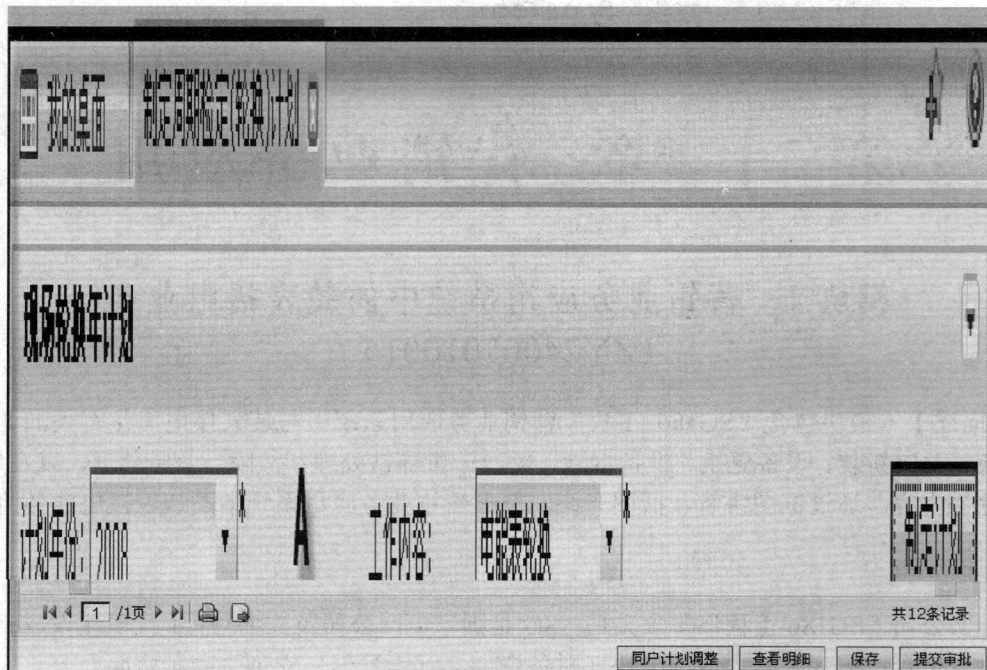

图 ZY2400701001-2　制订周期轮换计划

（2）计划审批人员对周期轮换计划进行审批，输入审批意见，审批同意后计划生效，对轮换计划资料进行归档，形成台账。

（3）计划不同意则需要将计划返回给制订人员重新修改。

（4）执行已经审批通过的年度周期轮换计划，由现场检验派工人员根据工作人员现有工作情况，将任务安排给现场检验人员，并将工作单传送到现场工作受理。

周期轮换计划执行界面如图 ZY2400701001-3 所示。在 A 区选择计划年份、工作内容，点击查询按钮，B 区中列出所有符合条件的周期轮换计划明细。在 B 区中选择将要执行的周期轮换计划，点击<执行>按钮，则所选计划被执行。点击<中止>按钮可以将计划永久终止。点击界面右上角的推进按钮 ⇨ ，即弹出一个确认提交流程对话框，点击<确定>按钮，流程将推到"周期轮换计划派工"工作环节。

图 ZY2400701001-3　周期轮换计划执行

周期轮换计划派工界面如图 ZY2400701001-4 所示。选中需要派工的工单信息，点击<派工>按钮，弹出人员选择界面，点击指定人员前面的 🔲 按钮，在弹出的菜单中点击<历史派工>按钮，将显示该人员当前未完成的工作；点击<派工>按钮后，在已派信息中增加派工记录，点击确定<按钮>，派工完毕。

（5）由指定的现场安装人员接收装拆任务，接收装拆任务界面如图 ZY2400701001-5 所示。打印装拆工作单，录入装拆任务信息，其界面如图 ZY2400701001-6 所示。根据现场工作通知单的内容进行现场装拆，如果装换表方案有变动，可在此环节进行修改调整。如无修改调整，由工作人员根据安装工作单到库房中领取相应的安装设备和材料。

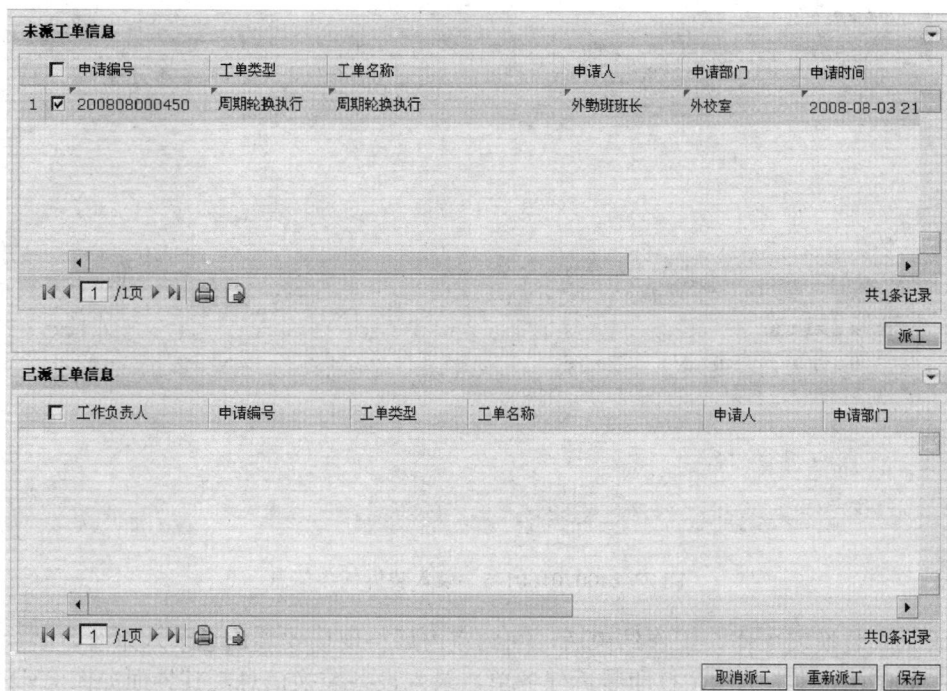

图 ZY2400701001-4　周期轮换计划派工

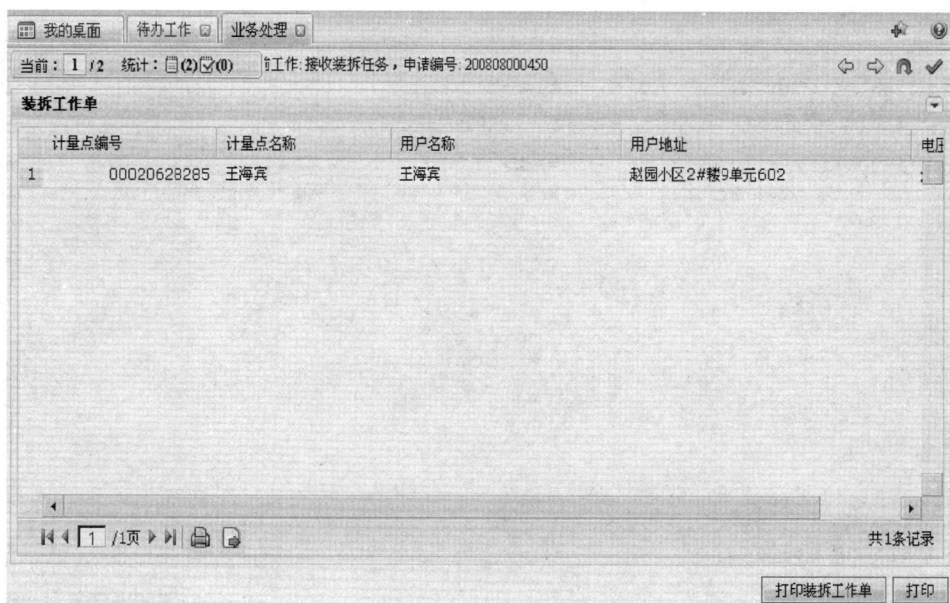

图 ZY2400701001-5　接收装拆任务

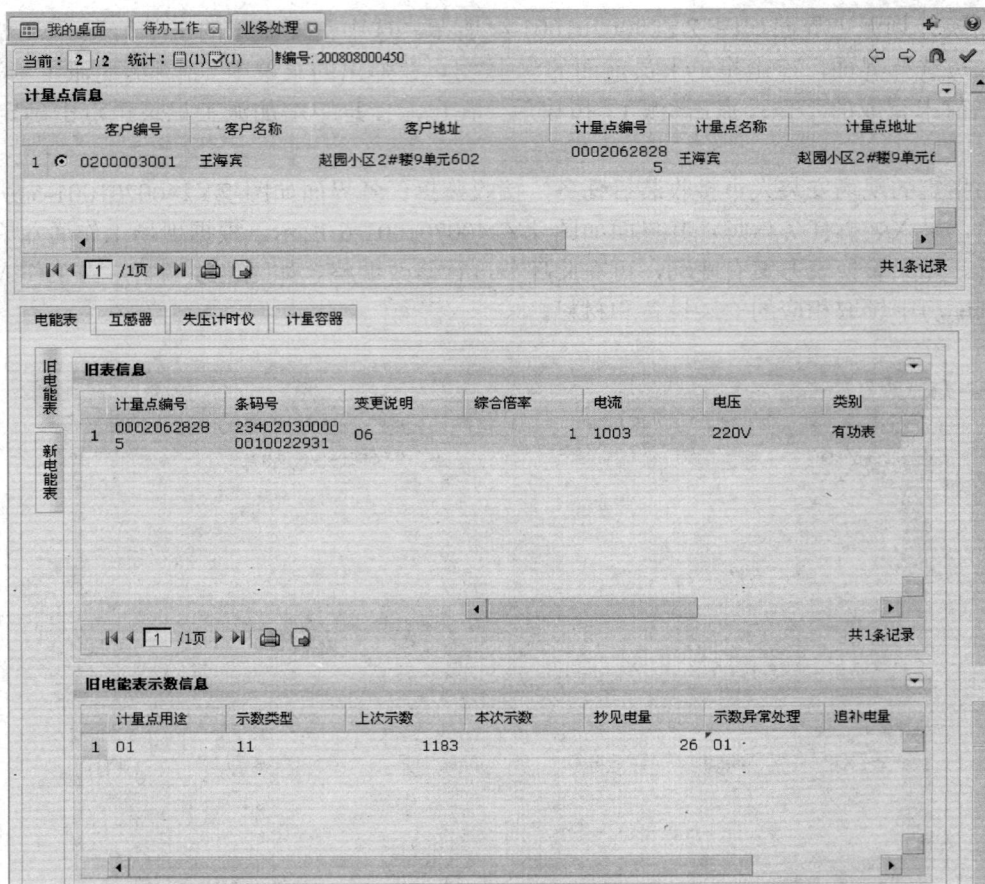

图 ZY2400701001-6 录入装拆任务信息

（6）现场完成装换表工作，工作结束后，回到室内后将现场安装信息录入系统，装换表现场处理界面如图 ZY2400701001-7 所示，打印装拆任务单，录入设备装换信息，其界面如图 ZY2400701001-8 所示。并将拆回的设备进行入库，同时由安装信息审核人员对安装的结果进行审核。

（7）审核结束后对周期轮换的整个工作流程的资料和数据进行归档，形成台账。

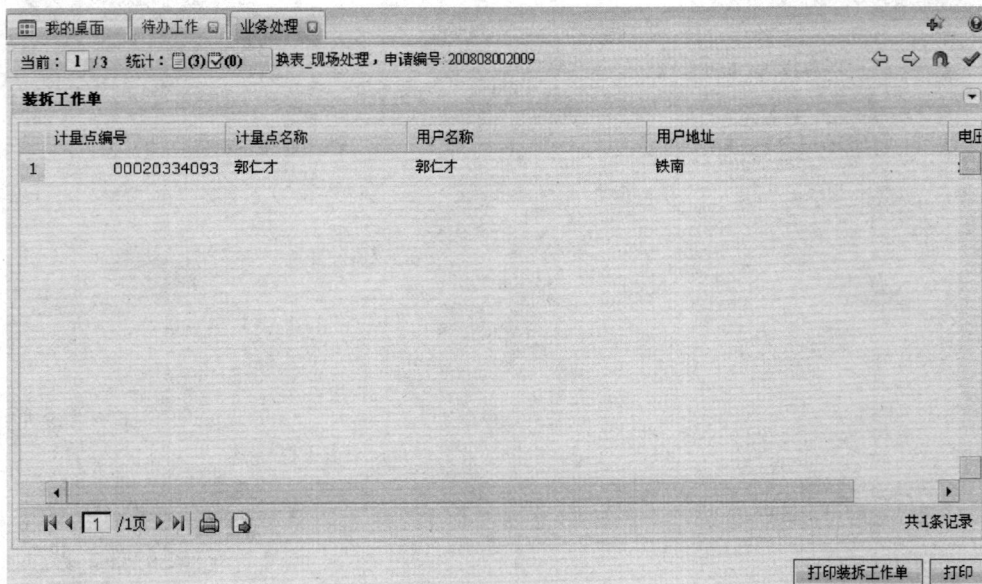

图 ZY2400701001-7 装换表现场处理

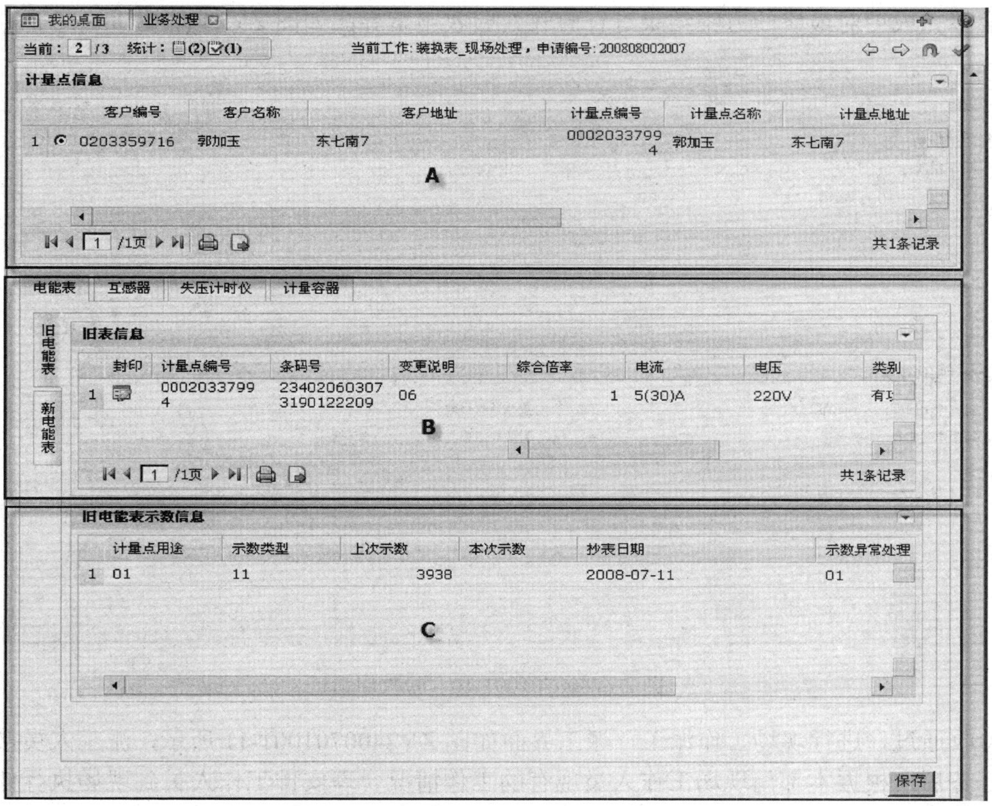

图 ZY2400701001-8 设备装换

二、关口新装

关口新装是对关口计量点和用电客户计量点进行集中统一管理，通过参与设计方案审查、设备安装、竣工验收工作，对计量点设置、计量方式确认、电能计量装置配置、安装情况、验收结果等相关内容进行过程管理。

1. 关口新装流程

新装的业务项包括低压居民新装、低压非居民新装、小区新装、高压新装，其业务流程有所不同，此处不再一一给出。

2. 具体操作方法

（1）根据接收到的设计方案审查通知，登记工程申请信息和资料，生成工作单发送到设计方案审查结果录入环节，如图 ZY2400701001-9。设计方案审查是指对电力工程建设、技术改造项目中有关关口计量部分的设计审查，主要是对计量点设计方案中有关计量点设置、计量方式设置、电能计量装置的配置要求进行审查确认。设计方案审查仅适用于关口计量点。

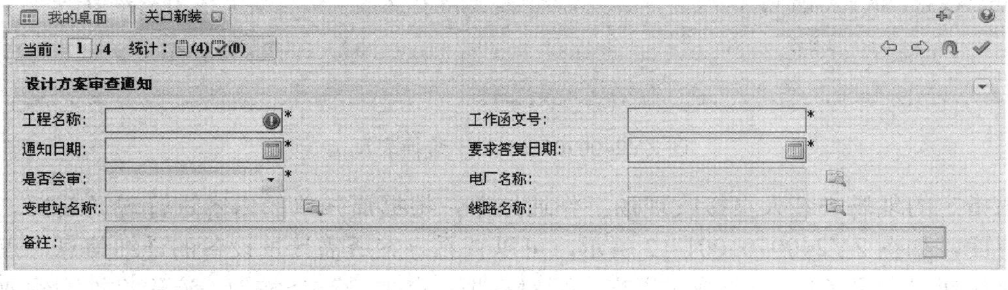

图 ZY2400701001-9 设计方案审查通知

（2）对设计方案会签，在设计方案会签环节，如审查结果为不同意，则流程回退到方案修改流程。具体操作方法同关口新装。区别在于：关口新装为原始数据录入，而方案修改是在已有方案基础上进行修改。会签完成后对最终的方案结果进行验收。验收申请界面如图 ZY2400701001-10 所示。

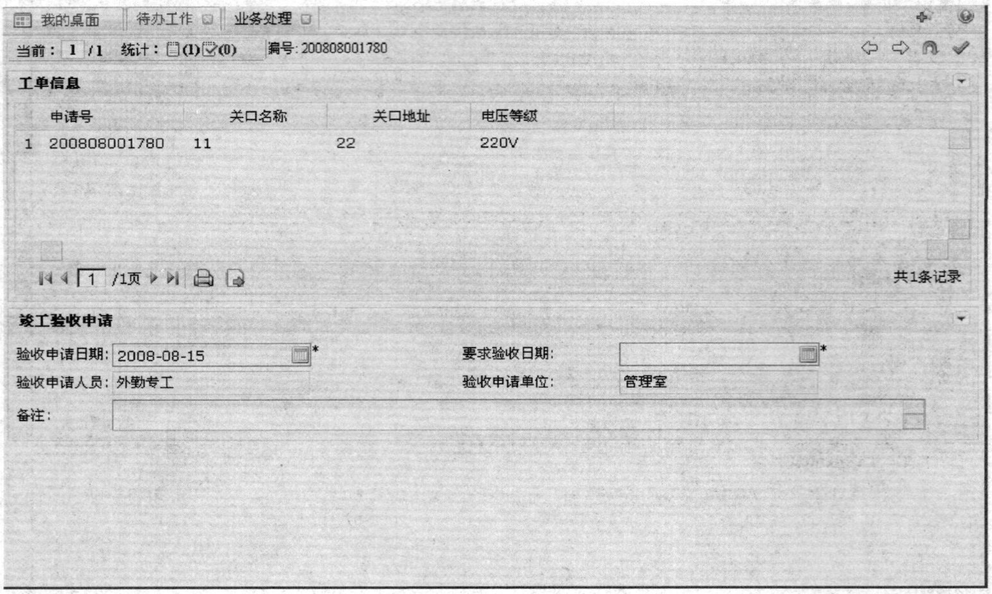

图 ZY2400701001-10 验收申请

（3）验收通过，进行现场工作派工，派工界面如图 ZY2400701001-11 所示，派工人员接收到现场检查派工任务后，根据本部门现场工作人员现有的工作情况合理安排工作人员到现场执行任务。

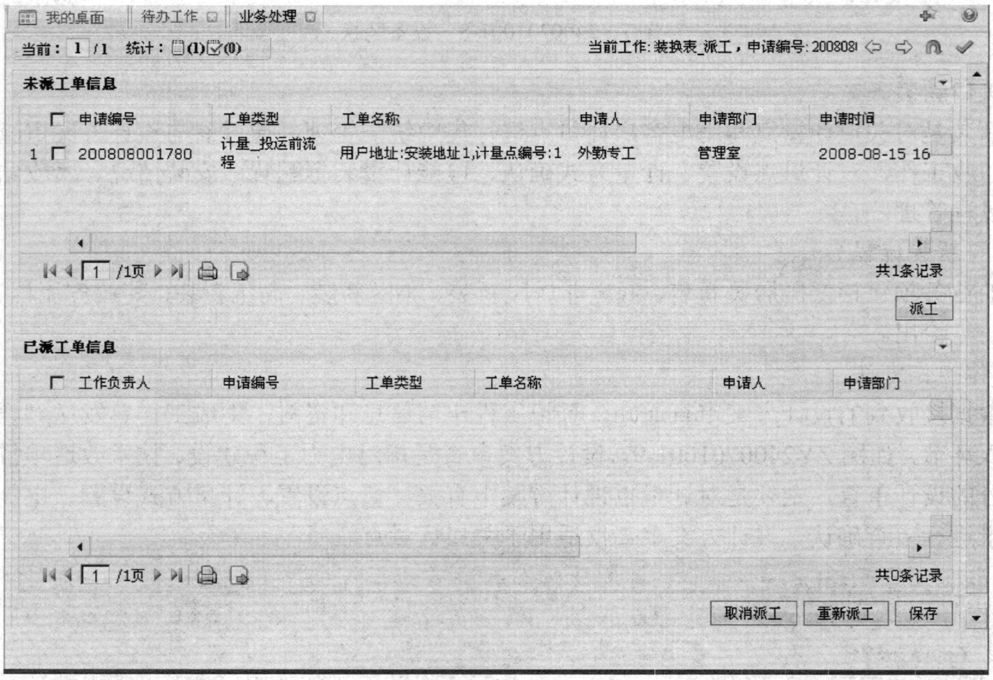

图 ZY2400701001-11 装换表派工

（4）由指定的现场安装人员接收现场工作通知单，根据通知单的内容进行现场装拆。根据装拆任务信息界面，如图 ZY2400701001-12 所示，可以查看方案所需计量设备的详细信息，点击界面右上角的推进按钮 ⇨ ，即弹出一个确认提交流程对话框，点击<确定>按钮，流程将推到领取安装设备工作环节。

（5）工作人员根据安装工作单到库房中领取相应的安装设备和材料。出库界面如图 ZY2400701001-13 所示。

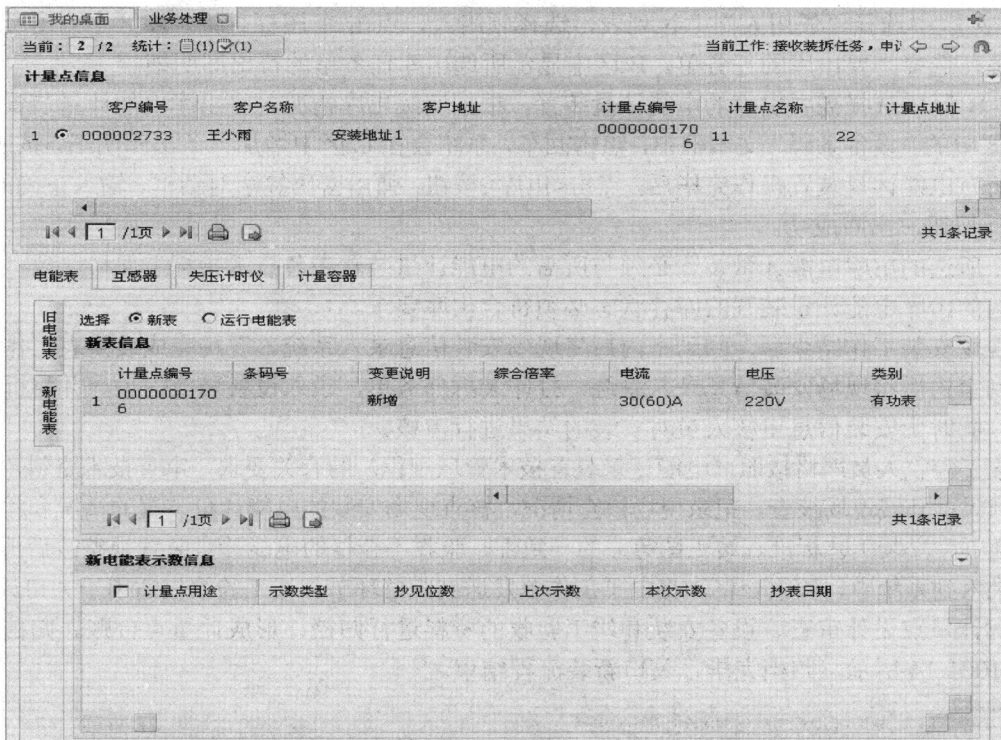

图 ZY2400701001-12　装拆任务信息

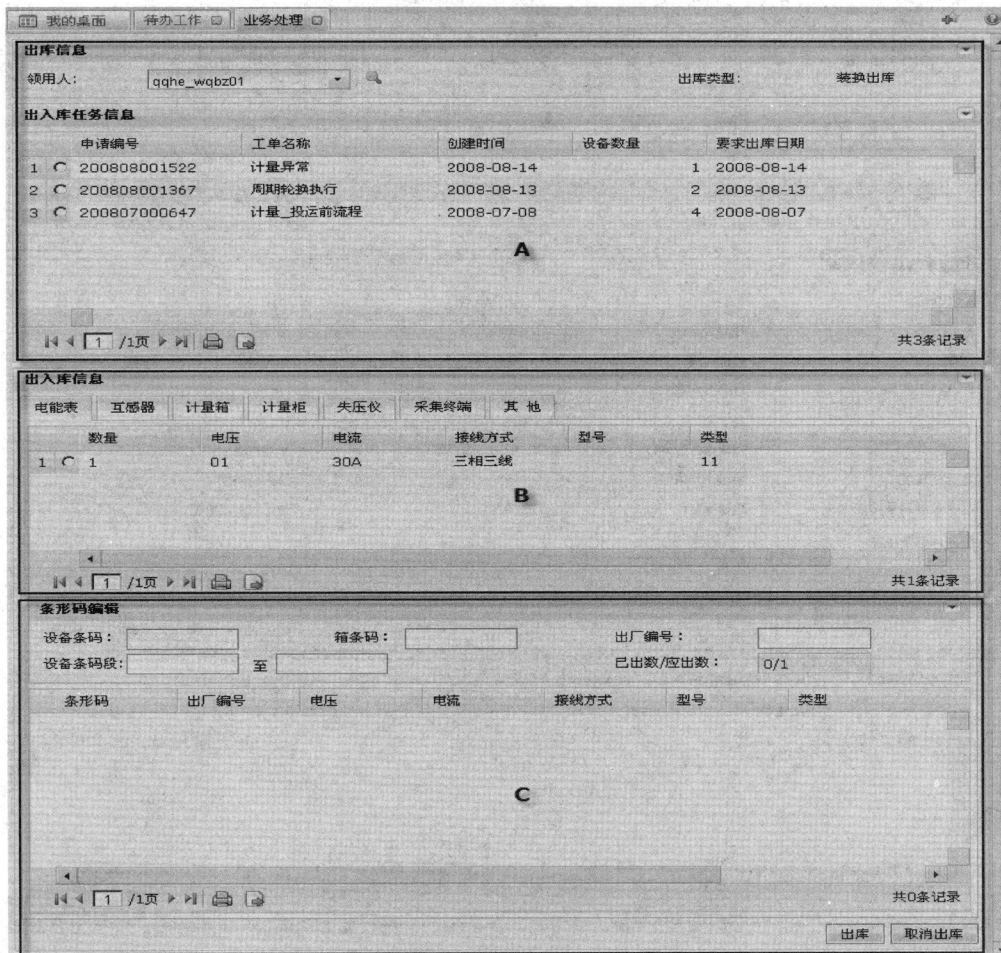

图 ZY2400701001-13　装换表出库

1）在 A 区中选择"领用人"下拉列表，选择领用人，点击 🔍 图标查询，A 区中列出所选领用人的所有任务，选择需要出库的任务单，B 区中显示所选出库任务单的待出库明细。

2）在 B 区中选择需要出库的电能计量装置，根据实际出库情况，将出库电能计量装置设备条码录入到 C 区中的"设备条码"文本框中，点击回车，系统会在 C 区中增加一条出库明细，按照此方法，将所需的所有电能计量装置操作完毕后，点击<出库>按钮，弹出密码签字对话框，输入正确的密码后，点击<确定>按钮，出库成功。

注意：所选的出库电能计量装置必须与所需的电能计量装置在各技术指标上保持一致，否则不能出库。所选的出库电能计量装置的库存状态必须符合出库要求。

（6）现场安装工作结束后，回到室内后将现场安装信息录入系统。现场完成装换表工作，工作结束后，回到室内后将现场安装信息录入系统，打印装拆任务单，录入设备装换信息。并将拆回的设备进行入库，同时由安装信息审核人员对安装的结果进行审核。

（7）竣工验收人员严格按照《电能计量装置技术管理规程》的有关要求，审查技术资料，记录技术资料验收结果；开展现场核查，记录现场核查情况，核查现场安装的电能计量装置的情况和相关技术资料（检定证书、安装工艺标准、竣工图等）的一致性，验收不合格的电能计量装置须整改后再验收，将验收结果录入到系统中，验收合格，将电子工作单发送到归档环节。竣工验收仅适用于关口计量点。

（8）对计量点设计审查、设备安装和竣工验收的资料进行归档，形成计量点台账。归档界面如图 ZY2400701001-14 所示，归档完毕，关口新装流程结束。

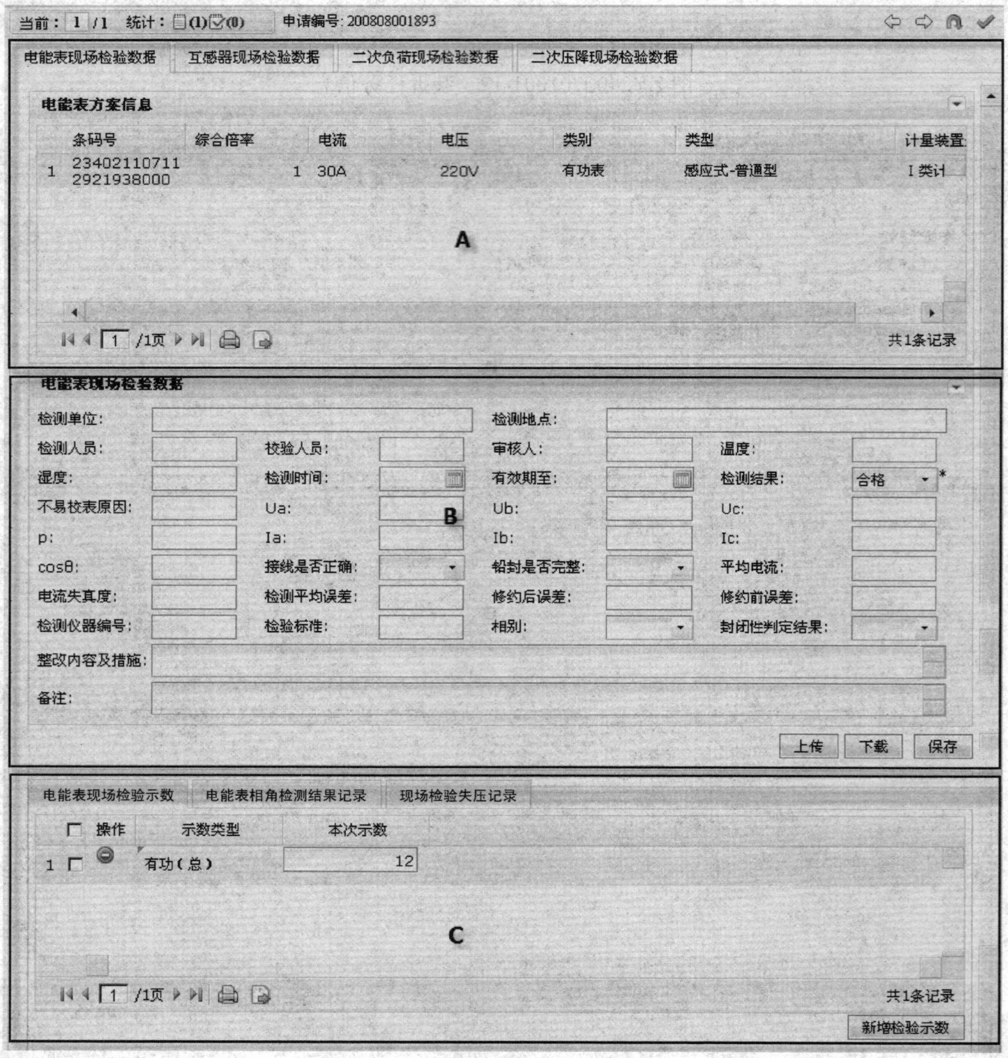

图 ZY2400701001-14 关口计量点信息归档

三、设备更换

设备更换是根据更换任务单，安排工作人员领取安装设备到现场执行更换作业，记录现场安装和拆除信息结果，将拆回设备送回到库房中。更换任务单来源有：新装、增容及变更用电更换任务，安全生产管理及项目管理应用更换任务，电能计量装置改造更换任务，周期轮换任务，用电客户申校更换任务，电能计量装置故障更换任务，运行抽检更换任务。

1. 设备更换流程

设备更换流程图如图 ZY2400701001-15 所示。

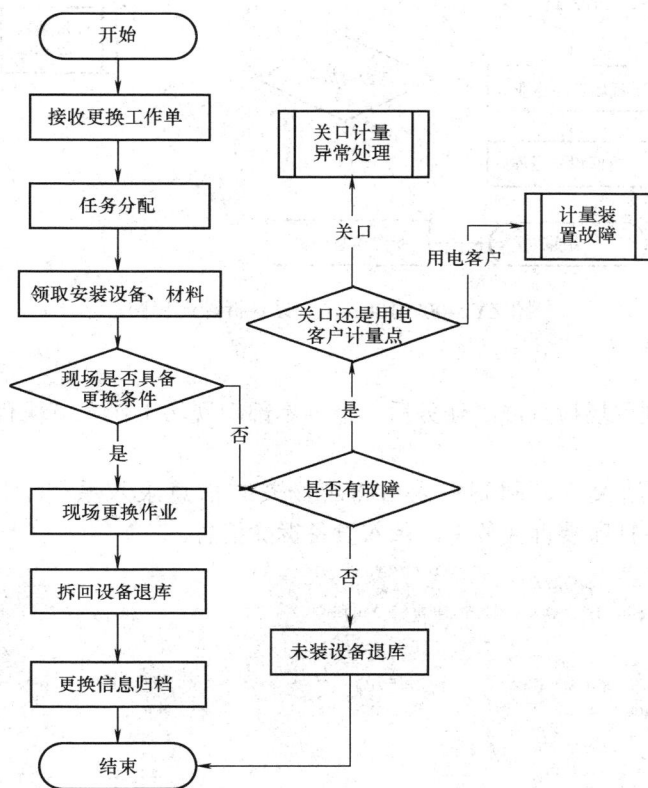

图 ZY2400701001-15　设备更换流程图

2. 具体操作方法

（1）派工人员接收到现场检查派工任务后，根据本部门现场工作人员现有的工作情况合理安排工作人员到现场执行任务。

（2）由指定的现场安装人员接收装拆任务，打印装拆工作单，根据现场工作通知单的内容进行现场装拆，由工作人员根据安装工作单到库房中领取相应的安装设备和材料。

（3）现场安装工作结束后，回到室内后将现场安装信息录入系统，打印装拆任务单，录入设备装换信息。

（4）将拆回的设备进行入库，把从库房领出，但没有安装的设备，送回库房。同时由安装信息审核人员对安装的结果进行审核。

（5）审核结束后对设备更换整个工作流程的资料和数据进行归档。

四、设备拆除

设备拆除是根据拆除任务单，安排工作人员现场执行拆除作业，记录现场拆除信息结果，将拆回设备送回到库房中。拆除任务单来源有：新装、增容及变更用电业务类的拆除任务，安全生产管理的拆除任务。

1. 设备拆除流程

设备拆除流程图如图 ZY2400701001-16 所示。

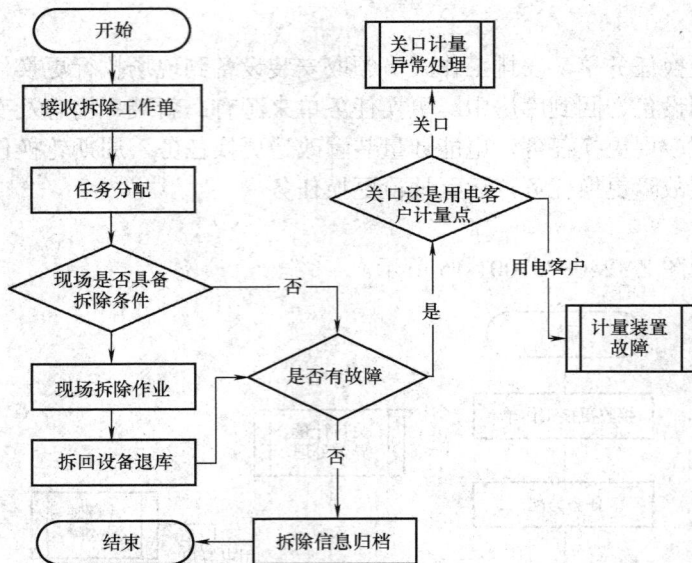

图 ZY2400701001-16　设备拆除流程图

2. 具体操作方法

（1）派工人员接收到现场检查派工任务后，根据本部门现场工作人员现有的工作情况合理安排工作人员到现场执行任务。

（2）现场拆除工作结束后，回到室内后将现场安装信息录入系统，拆表现场处理界面如图 ZY2400701001-17 所示，打印装拆任务单，录入设备拆除信息。

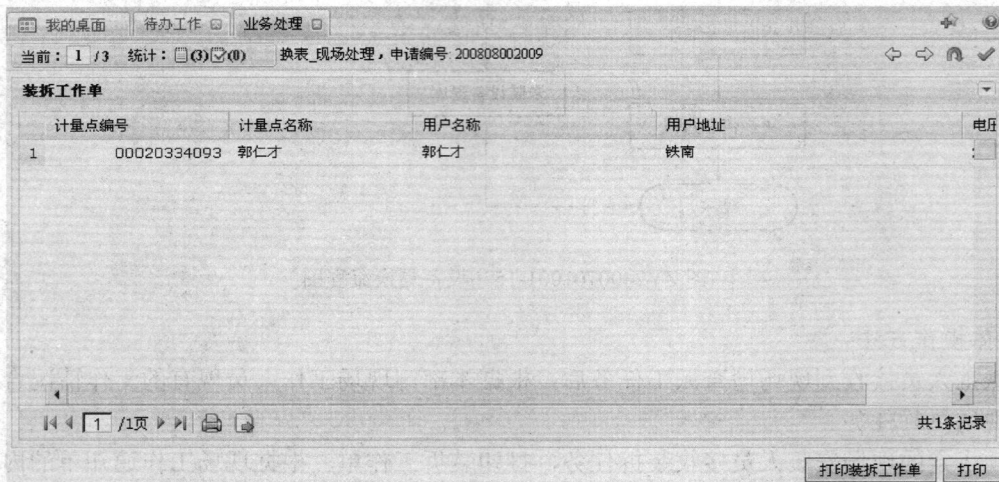

图 ZY2400701001-17　拆表现场处理

（3）将拆回的设备进行入库。

（4）对设备拆除的资料和数据进行归档。

五、关口计量异常处理

关口计量异常处理是根据来自安全生产应用、首次检验、周期检验、临时检验、更换、拆除、电能信息采集的关口计量异常处理任务，进行计量异常判断和故障、差错处理。

1. 关口计量异常处理流程图

关口计量异常处理流程图如图 ZY2400701001-18 所示。

2. 具体操作方法

（1）根据接收到的关口计量异常处理任务，安排落实现场检查工作内容、工作人员和工作时间，生成计量故障处理工单。现场检查派工界面如图 ZY2400701001-19 所示。

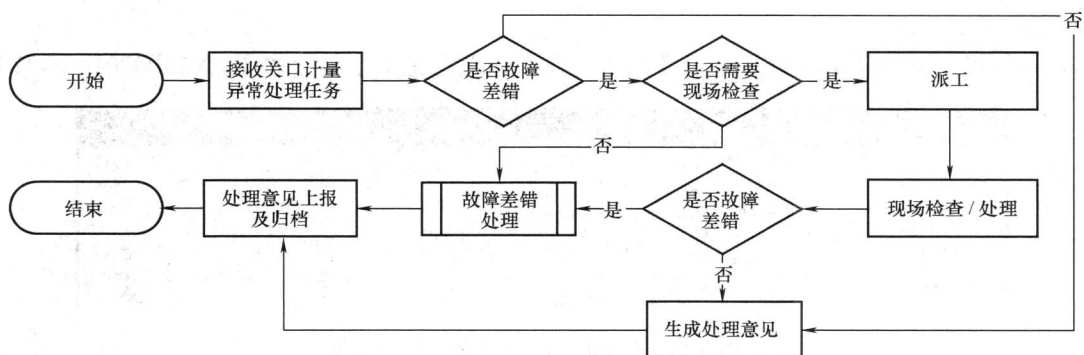

图 ZY2400701001-18　关口计量异常处理流程图

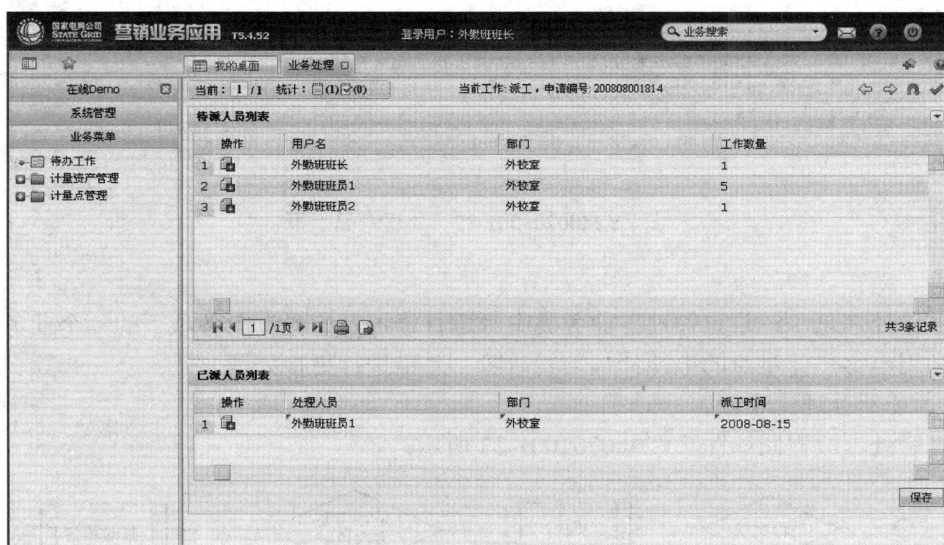

图 ZY2400701001-19　现场检查派工

（2）现场检查工作人员对关口计量点进行现场检查的信息录入。新增检查处理界面如图 ZY2400701001-20 所示，在此界面中填写新增现场核查信息，确认无误后提交完成此环节。

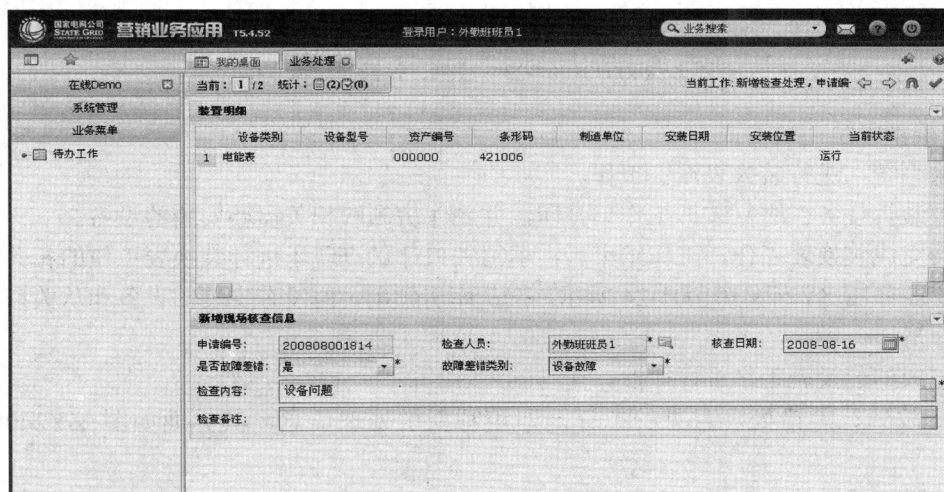

图 ZY2400701001-20　新增检查处理

注意：如果此环节选择了"是故障差错"，则提交完成后，应进行故障差错处理功能的操作。

（3）根据初步判定结果，结合现场核查信息，形成处理意见。新增异常处理意见界面如图

ZY2400701001-21 所示。

（4）对故障差错处理情况进行上报及归档工作。处理意见上报界面如图 ZY2400701001-22 所示。

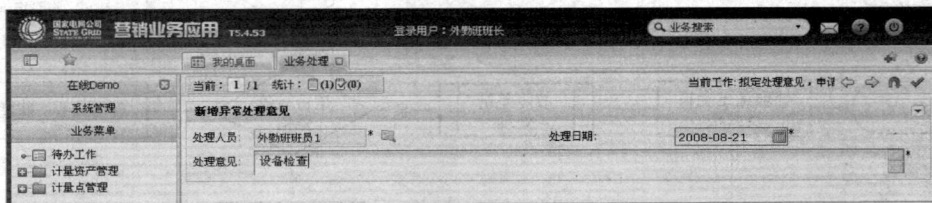

图 ZY2400701001-21　新增异常处理意见

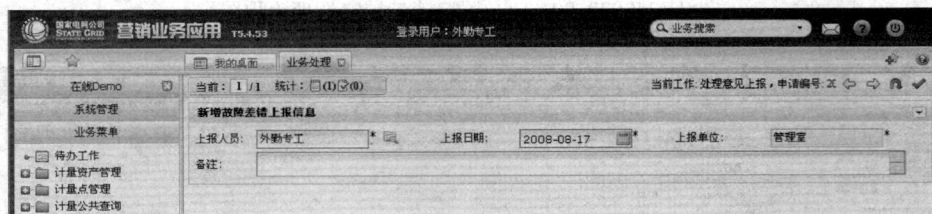

图 ZY2400701001-22　处理意见上报

六、故障、差错处理

故障、差错处理是"计量点管理"业务类中"运行维护及检验"业务项下的一个业务子项，是对关口计量点和用电客户计量点的电能计量装置故障、差错进行更换处理。

1. 故障、差错处理流程图

故障、差错处理流程图如图 ZY2400701001-23 所示。

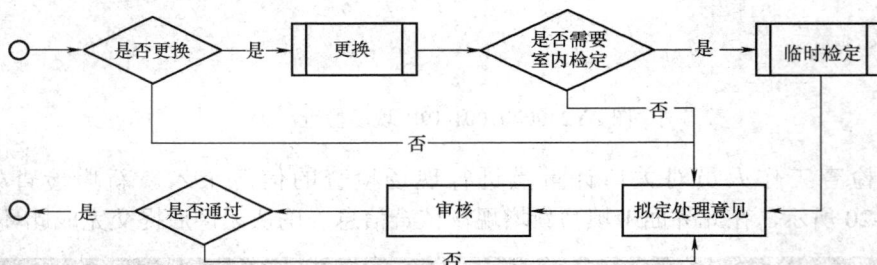

图 ZY2400701001-23　故障、差错处理流程图

2. 具体操作方法

（1）登录系统，进行装换表派工工作。

（2）接收装拆任务，进行装拆工作单打印，并到库房领取相关需要安装的设备。

（3）现场完成装换表工作，工作结束后，填写关口计量点现场进行装换表工作的相关信息，装换表现场处理界面如图 ZY2400701001-24 所示。把从库房领出，但没有安装的设备和从关口计量点拆回的设备送回库房。

（4）对完成的装换表工作进行审批。

（5）进行故障、差错处理意见的拟订。即填写新增处理信息，其界面如图 ZY2400701001-25 所示。

（6）对故障、差错的处理进行审核。

七、终端安装、更换、拆除

1. 终端安装

终端安装是根据所接收的终端安装任务制订安装工作单，领取安装设备到现场执行安装作业，记录现场安装信息。

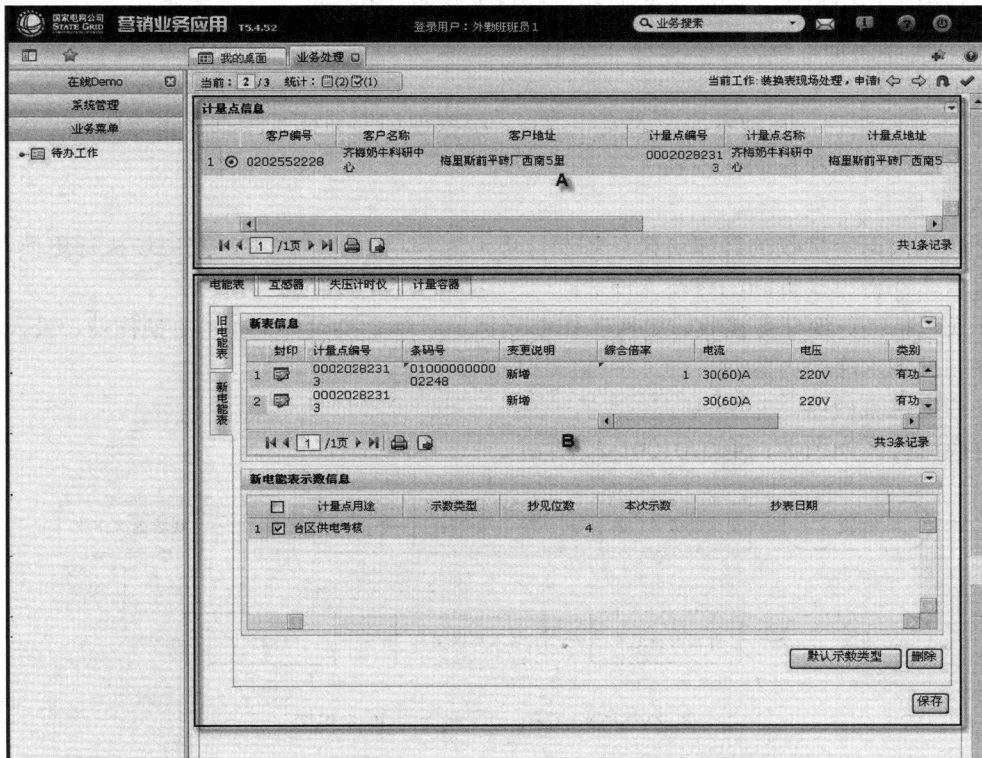

图 ZY2400701001-24 装换表现场处理

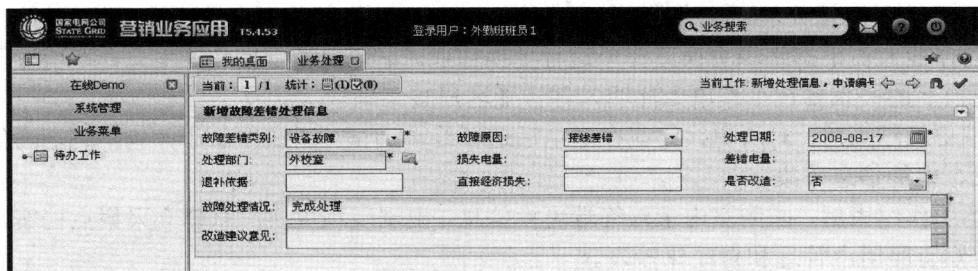

图 ZY2400701001-25 新增处理信息

终端安装包括：安装任务接收、制订安装工作单、申领安装设备、现场安装作业、录入安装信息等内容。

（1）终端安装流程图。

终端安装流程图如图 ZY2400701001-26 所示。

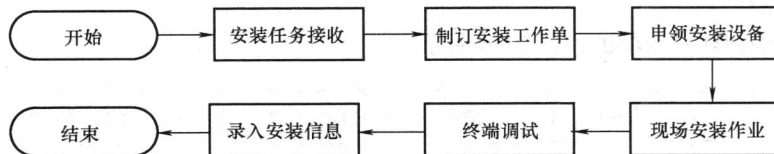

图 ZY2400701001-26 终端安装流程图

（2）具体操作方法。

1）接收新装增容及变更用电业务和安全生产管理提交的采集终端安装任务。

2）根据确定的安装方案制订安装工作单，申请并领取安装所需的终端及相关材料。

3）现场作业人员根据终端安装工作单和现场情况安装终端，将现场安装作业信息记录在安装工作单上，终端与现场用电设备之间的关系要在工作单上注明，并告知客户签字确认。

4）终端安装结束后，对所安装终端在送电后进行终端调试。调试作业业务包括终端通信设置、终端参数下发、电能信息采集。

5）现场工作结束后，回到室内录入安装信息。根据现场安装信息建立采集点档案，并将终端投运信息通知有序用电管理和自动化抄表。

2. 终端更换

终端更换是根据所接收的终端更换任务制订更换工作单，领取终端，到现场执行更换作业，记录现场更换信息，并将更换拆回的终端入库。

终端更换包括：更换任务接收、更换工作单制订、申领更换设备、现场更换作业、录入更换信息、更换拆回终端设备入库等内容。

（1）终端更换流程图。

终端更换流程图如图 ZY2400701001-27 所示。

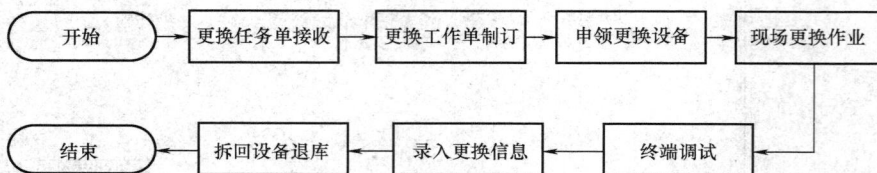

图 ZY2400701001-27 终端更换流程图

（2）具体操作方法。

1）接收终端更换任务单，任务单来自新装增容及变更用电业务的更换终端环节和现场消缺环节。

2）根据终端更换任务单制订终端更换工作单，申请并领取更换所需的终端及相关材料。

3）现场作业人员根据终端更换工作单进行更换作业，记录现场更换作业信息，终端与现场用电设备之间的更换后的关系要在工作单上注明，并告知客户签字确认。

4）终端更换结束后，对所更换终端在送电后进行终端调试。调试作业业务包括终端通信设置、终端参数下发、电能信息采集。

5）现场工作结束后，回到室内录入终端更换信息。根据现场更换信息建立采集点档案，并将终端投运信息通知有序用电管理和自动化抄表。

6）将现场拆回的终端及时入库。

3. 终端拆除

终端拆除是根据所接收的终端拆除任务制订拆除工作单进行拆除作业，记录现场拆除信息，并将拆回的终端入库。

终端拆除业务包括：拆除任务接收、拆除工作单制订、现场拆除作业、录入拆除信息、拆回终端入库等内容。

（1）终端拆除流程图。

终端拆除流程图如图 ZY2400701001-28 所示。

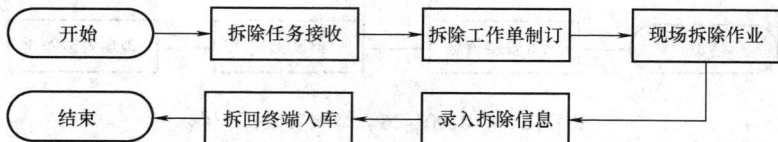

图 ZY2400701001-28 终端拆除流程图

（2）具体操作方法。

1）接收拆除任务单，接收来自销户业务和安全生产管理提交的采集终端拆除任务。

2）根据终端拆除任务单制订终端拆除工作单。

3）根据终端拆除工作单进行拆除，包括终端设备和附属材料。在拆除工作单上记录现场作业信息。

4）终端拆除工作结束后，回到室内录入终端拆除信息，并将终端拆除信息发送给销户业务。

5）将拆回的终端及时入库。

【思考与练习】

1．简述周期轮换的流程。

2．简述终端更换的流程。

模块 1

ZY2400701001

附录 A 《装表接电》培训模块教材各等级引用关系表

部分名称	章	模块名称（模块编码）	模块描述	等级 I	II	III
登高工具的使用与维护	登高工具的使用	登高工具和安全工具正确使用方法（ZY2400101001）	本模块包含登高工具和安全工具用途、使用方法及注意事项。通过操作技能训练，熟练掌握和规范使用与本岗有关的登高工具和安全工具	√		
	登高工具的维护	登高工具和安全工具维护、保管方法（ZY2400102001）	本模块包含妥善保管和维护本岗有关的登高工具、安全工具。通过要点讲解，熟练掌握妥善保管和维护与本岗有关的登高工具、安全工具	√		
		登高工具、安全工具的保养与定期试验（ZY2400102002）	本模块包含登高工具、安全工具的保养与定期试验。通过要点讲解，掌握保养登高工具和安全工具以及定期试验管理的方法		√	
		登高工具、安全工具维护和保管制度的建立（ZY2400102003）	本模块包含登高工具、安全工具的维护和保管制度的建立。通过要点讲解、列表说明，掌握建立登高工具、安全工具维护和保管制度的方法		√	
仪器仪表的使用与维护	电工仪表的使用与维护	常用电工仪表的使用方法和注意事项（ZY2400201001）	本模块包含常用电工仪表的结构和基本工作原理、主要技术指标、用途及使用注意事项。通过操作流程介绍，掌握常用电工仪表的使用方法	√		
	电工工具的使用与维护	常用电工工具的使用方法和注意事项（ZY2400202001）	本模块包含常用电工工具的结构、用途及使用注意事项。通过操作流程介绍，掌握常用电工工具的使用方法	√		
	仪器的使用与维护	常用仪器的使用方法和注意事项（ZY2400203001）	本模块包含常用测试仪器主要技术指标、用途及使用注意事项。通过操作流程介绍，掌握常用测试仪器的使用方法		√	
	仪器仪表工具的管理制度	仪器、仪表和电工工具的管理（ZY2400204001）	本模块包含常用仪器、仪表和电工工具保管制度的建立；通过建立保管制度格式和内容介绍，掌握仪器、仪表和电工工具保管制度建立的方法		√	
电能计量装置施工	电能计量装置施工方案编制	电能计量装置的施工方案（ZY2400301001）	本模块包含电能计量装置施工方案的编制。通过编制方案讲解、实例操作，掌握编制电能计量装置施工方案的内容			√
	电能计量装置验收	电能计量装置竣工验收（ZY2400302001）	本模块包含电能计量装置竣工验收的工作程序及相关注意事项。通过要点讲解、列表说明，掌握电能计量装置竣工验收方法和要求			√
	低压电能计量装置的安装	导线选择（ZY2400303001）	本模块包含低压电能计量装置导线选择。通过选择方法介绍、例题计算，掌握在现场正确选用导线线径和质量的方法	√		
		安装工艺（ZY2400303002）	本模块包含安装工艺一般概念、安装程序及注意事项。通过安装步骤介绍、图解说明，掌握安装工艺操作程序、工艺要求及质量标准	√		
		单相电能表安装（ZY2400303003）	本模块包含单相电能表的一般概念、安装程序及注意事项。通过安装步骤介绍、图解说明，掌握单相电能表的安装操作程序、工艺要求及质量标准	√		
		三相四线电能计量装置安装（ZY2400303004）	本模块包含三相四线电能计量装置一般概念、安装程序及注意事项。通过安装步骤介绍、图解说明，掌握三相四线电能计量装置安装操作程序、工艺要求及质量标准	√		
		送电后检查（ZY2400303005）	本模块包含低压电能计量装置送电后的检查项目、条件、方法。通过检查步骤介绍，掌握低压电能计量装置安装送电后检查、试验及验收规范	√		
	低压电能计量装置的调换	调换前后运行参数检查（ZY2400304001）	本模块包含低压电能计量装置调换前后运行参数检查、分析和纠正安装工作中可能出现的错误接线。通过操作技能训练，掌握低压电能计量装置调换前后运行参数检查方法		√	
		低压电能计量装置带电调换（ZY2400304002）	本模块包含低压电能计量装置调换前准备工作、安全和技术措施、操作项目、工作程序及相关注意事项。通过操作流程介绍，熟练掌握低压电能计量装置带电调换操作步骤、方法和要求		√	

续表

部分名称	章	模块名称 （模块编码）	模 块 描 述	等 级		
				I	II	III
电能计量 装置施工	高压电能 计量装置 的安装	高压电能计量装置安装 （ZY2400305001）	本模块包含高压电能计量装置的安装程序及注意事项。通过安装步骤介绍、图解说明，掌握高压电能计量装置安装操作程序、工艺要求及质量标准		✓	
		送电后验收 （ZY2400305002）	本模块包含高压电能计量装置投运后验收项目、试验方法、工作程序及注意事项。通过验收流程介绍，熟练掌握投运后验收的准备工作及相关安全和技术措施、装置验收项目及其操作步骤、方法和要求			✓
	高压电能 计量装置 的调换	调换前后运行参数的核查 （ZY2400306001）	本模块包含高压电能计量装置的调换前后运行参数的核查工作程序及相关安全注意事项。通过核查步骤介绍、图解说明，培养能及时发现、纠正安装工作中可能出现的错误接线的能力，熟练掌握核查各种设备的调试工艺标准和质量要求			✓
		高压电能计量装置带电调换 （ZY2400306002）	本模块包含高压电能计量装置调换前准备工作、安全和技术措施、操作项目、工作程序及相关注意事项。通过操作流程介绍、例题计算，熟练掌握高压电能计量装置带电调换操作步骤、方法和要求			✓
	低压带电 作业	低压带电作业技能 （ZY2400307001）	本模块包含低压带电作业方式、危险点分析与控制。通过作业方式介绍、列表说明，掌握低压带电作业技能			✓
		低压带电作业方案制订、 监护与实施 （ZY2400307002）	本模块包含低压带电作业的方案制订、施工监护组织。通过要点讲解、案例介绍，掌握低压带电作业方案制订方法和组织实施施工监护			✓
电能计量装 置的检查与 处理	低压电能 计量装置 的检查与 处理	低压直接接入式电能计量装 置检查、分析和故障处理 （ZY2400401001）	本模块包含直接接入式低压电能计量装置常见故障的现场操作程序、检查内容、分析方法等。通过要点讲解、图解说明、案例分析，掌握常见低压电能计量装置错误接线等异常现象分析、判断方法，并进行故障处理	✓		
		经互感器的低压三相四线电 能计量装置检查、分析 和故障处理 （ZY2400401002）	本模块包含经互感器的低压三相四线电能计量装置常见故障的现场操作程序、检查内容、分析方法等。通过要点讲解、图解说明、案例分析，掌握常见低压电能计量装置错误接线等异常现象分析、判断方法，并进行故障处理	✓		
	高压电能 计量装置 的检查与 处理	三相三线电能表简单错误接 线检查、分析和故障处理 （ZY2400402001）	本模块包含高压三相三线电能计量装置断相、相序正反、电流相序正反、电压正相序等简单组合错误接线检查和处理的现场操作程序、检查内容、分析方法等。通过列表介绍、图解说明、案例分析，掌握这些高压电能计量装置错误接线的分析、判断方法，并进行故障处理		✓	
		三相四线电能表简单错误接 线检查、分析和故障处理 （ZY2400402002）	本模块包含高压三相四线电能计量装置断相、相序正反、电流相序正反、电压正相序等简单组合错误接线检查和处理的现场操作程序、检查内容、分析方法等。通过列表介绍、例题计算、案例分析，掌握这些高压电能计量装置错误接线的分析、判断方法，并进行故障处理		✓	
		三相三线电能表复杂错误接 线检查、分析和故障处理 （ZY2400402003）	本模块包含高压三相三线电能计量装置断相、相序正反、电流相序正反、电压相序正反、反极性等组合的复杂错误接线检查和处理的现场操作程序、检查内容、分析方法等。通过列表介绍、图解说明、案例分析，掌握这些高压电能计量装置错误接线的分析、判断方法，并进行故障处理			✓
		三相四线电能表复杂错误接 线检查、分析和故障处理 （ZY2400402004）	本模块包含高压三相四线电能计量装置断相、相序正反、电流相序正反、电压相序正反、反极性等组合复杂错误接线检查和处理的现场操作程序、检查内容、分析方法等。通过列表介绍、图解说明、案例分析，掌握这些高压电能计量装置错误接线的分析、判断方法，并进行故障处理			✓
低压接户 线、进户线 及配套设备 安装	低压架空 接户线、进 户线及配套 设备安装	接户线与进户线金具材料 选配及安装 （ZY2400501001）	本模块包含根据接户线、进户线施工方案编制工程材料表，选配工程所需的导线、金具、熔断器（隔离开关）等施工器材的方法，通过方法介绍，掌握材料选配及安装的方法	✓		
		单相、三相接户线与进户线 及器具的安装 （ZY2400501002）	本模块包含按照架空接户线、进户线的设计方案、施工方案、操作程序及注意事项。通过要点讲解、列表介绍、图解说明，掌握安装安全控制、施工步骤的技术要求、质量控制、施工方法以及相关的技术指标	✓		

续表

部分名称	章	模块名称（模块编码）	模　块　描　述	等　级 I	II	III
低压接户线、进户线及配套设备安装	低压架空接户线、进户线及配套设备安装	制订接户线、进户线方案及工程器材（ZY2400501003）	本模块包含架空接户线、进户线的施工方案查勘、设计，依据方案制作工程器材计划表。通过案例分析介绍，掌握低压架空接户线安装工程查勘定点、方案制订、质量控制、施工验收的方法		✓	
		接户线、进户线工程施工组织及监护（ZY2400501004）	本模块包含接户线、进户线工程施工组织和监护。通过方案介绍、案例分析，掌握进户线、接户线的施工组织及安全监护方法		✓	
		根据负荷合理选择导线及相关材料（ZY2400501005）	本模块包含接户线、进户线配置导线的选择以及架设导线配套材料的选择。通过要点介绍、案例讲解，掌握选择方法		✓	
	低压电缆接户线、进户线及配套设备的安装	电缆架空接户线、进户线施工技术（ZY2400502001）	本模块包含采用电缆接户、进户方式的施工技术。通过要点讲解、例题计算，掌握安装步骤中的技术要求、质量控制、施工方法以及相关的技术指标		✓	
		电缆敷设技术（ZY2400502002）	本模块包含采用电缆接户、进户方式的低压 0.4kV YJV22 型电力电缆敷设施工作业及技术要求。通过操作步骤介绍、列表说明，掌握电缆地埋、杆上固定、穿管等施工敷设技术		✓	
		低压三相四线电力电缆头的制作技术（ZY2400502003）	本模块包含低压三相四线 YJV22 型交联聚乙烯绝缘电力电缆热缩电缆终端头制作。通过操作步骤介绍、图解说明，掌握依据电缆头制作技术尺寸图纸，合理使用工器具，制作低压电缆头的操作程序、工艺要求及质量标准		✓	
电能表、互感器现场检验	互感器极性判断和变比测量	互感器极性判断（ZY2400601001）	本模块包含互感器极性判断操作程序及注意事项、三相电压互感器组别试验方法及注意事项。通过操作程序介绍、图解说明，掌握互感器加、减极性的判断方法		✓	
		互感器变比测量（ZY2400601002）	本模块包含互感器变比检查内容、互感器变比现场测试方法。通过操作程序介绍、图解说明，掌握互感器变比的检查方法		✓	
	电能表现场检验	识读电子式多功能电能表（ZY2400602001）	本模块包含电子式多功能电能表各种显示信息内容。通过图形举例，掌握电子式多功能电能表各种参数识读	✓		
		电子式多功能电能表功能检查（ZY2400602002）	本模块包含电子式多功能电能表外观检查项目及要求、电子式多功能电能表基本功能检查项目及要求。通过操作过程介绍，掌握电子式多功能电能表外观检查和基本功能检查方法			✓
		测量实际负荷下电能表的误差（ZY2400602003）	本模块包含电子式多功能电能表现场检验项目、实际运行中电能表误差测试的工作程序及注意事项。通过操作程序介绍、图解列表说明，掌握实际负荷下电能表误差的测试方法			✓
	TV 二次回路压降和 TA 二次负荷测试	TV 二次回路压降测试（ZY2400603001）	本模块包含电压互感器二次回路压降测试程序及注意事项。通过操作程序介绍、图解说明，掌握电压互感器二次回路压降测试方法			✓
		TA 二次负荷测试（ZY2400603002）	本模块包含电流互感器二次负荷测试程序及注意事项。通过操作程序介绍，掌握电流互感器二次负荷测试方法			✓
营销业务应用	营销业务应用	营销业务应用系统中的装表接电业务（ZY2400701001）	本模块包含"SG186 工程"营销业务应用系统中与装表接电工作有关的业务子项，如周期轮换、关口新装、设备更换、设备拆除、关口计量异常处理和故障、差错处理，以及终端安装、更换、拆除等内容。通过框图讲解、截图介绍，掌握营销业务应用系统中的装表接电业务流程及具体操作方法	✓		

参 考 文 献

[1]《国家电网公司电力安全工作规程（变电部分）》. 北京：中国电力出版社，2009.

[2]《DL/T 825—2002 电能计量装置安装接线规则》. 北京：中国电力出版社，2003.

[3]《DL/T 448—2000 电能计量装置技术管理规程》. 北京：中国电力出版社，2002.

[4]《GB 7059—2007 便携式木梯安全要求》. 北京：中国标准出版社，2007.

[5]《GB 12142—2007 便携式金属梯安全要求》. 北京：中国标准出版社，2007.

[6]《供电营业规则》. 北京：世界图书出版公司，2001.

[7] 电力行业职业技能鉴定指导中心.《装表接电》. 北京：中国电力出版社，2008.

[8] 陈百瑞.《装表接电工》. 北京：中国电力出版社，2007.

[9] 河南电力技师学院.《装表接电》. 北京：中国电力出版社，2007.

[10] 王立波.《装表接电》. 北京：中国电力出版社，2007.

[11] 孙成宝.《装表接电》. 北京：中国电力出版社，2005.

[12] 陈向群.《电能计量技能考核培训教材》. 北京：中国电力出版社，2003.

[13] 孙方汉，王新，杜启刚等.《电能计量及其管理》. 北京：中国水利水电出版社，2005.

[14] 郑尧、李兆华等.《电能计量技术手册》. 北京：中国电力出版社，2001.

[15] 吴安岚.《电能计量基础及新技术》. 北京：中国水利水电出版社，2004.

[16] 丁毓山.《电子式电能表与抄表系统》. 北京：中国水利水电出版社，2005.

[17] 刘润民.《电能计量技术常见问题解析》. 北京：中国计量出版社，2006.

[18] 康广庸.《电能计量装置故障接线分析模拟与检测》. 北京：中国水利水电出版社，2007.

[19] 阎士琦.《电能计量装置接线分析 200 例》. 北京：中国电力出版社，2008.

[20] 商福恭.《电能表接线技巧》. 北京：中国电力出版社，2007.

[21] 邱炳正.《交流电能表错误接线 100 例解析》. 北京：中国计量出版社，2005.

[22] 北京电力公司.《农村供电所现场工作标准化作业指导书》. 北京：中国水利水电出版社，2007.

[23] 丁毓山，徐义斌等.《配电线路工》. 北京：中国水利水电出版社，2009.

[24] 刘清汉，林虔，丁毓山等.《内线安装工》. 北京：中国水利水电出版社，2003.

[25] 史传卿.《电力电缆》. 北京：中国电力出版社，2006.

[26] 中国电力企业家协会供电分会.《全国供用电工人技能培训教材 电测仪表 高级工》. 北京：中国电力出版社，2008.

[27] 周启龙.《电工仪表及测量》. 北京：中国水利水电出版社，2008.

[28] 林向准.《电工仪表的使用入门》. 北京：中国电力出版社，2008.

[29] 刘常满.《电工测量仪表的使用 维护 保养 400 问》. 北京：国防工业出版社，2008.

[30] 张应龙.《电工工具和仪器仪表》. 北京：化学工业出版社，2008.

[31] 贺令辉.《电工仪表与测量》. 北京：中国电力出版社，2006.